图解现代建筑要素

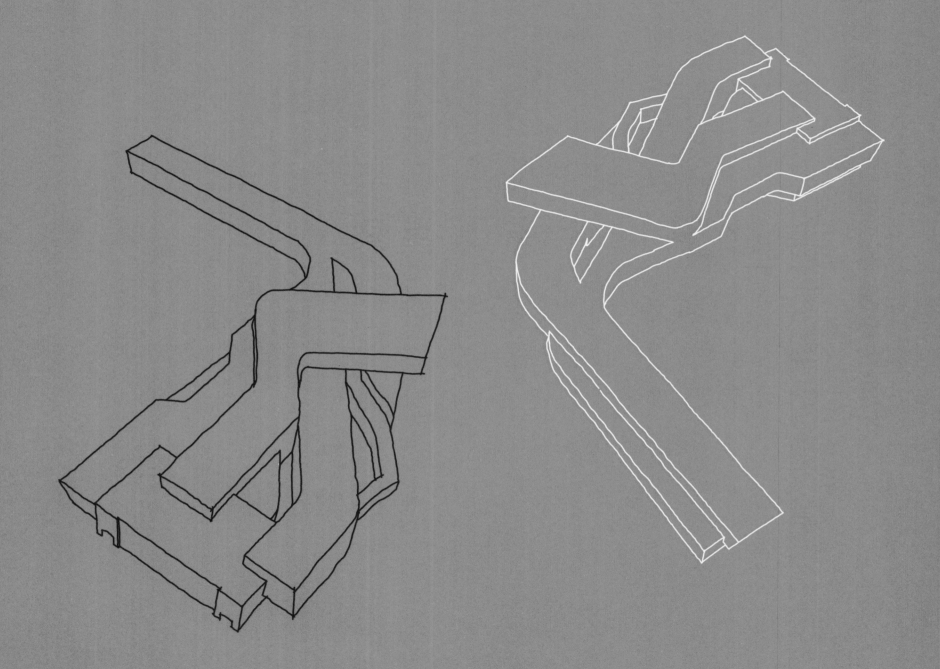

图解现代建筑要素

[澳]塞伦·莫可　[澳]安东尼·拉德福德　[澳]阿米特·斯里瓦斯塔瓦　著　邢真　译

北京出版集团公司
北京美术摄影出版社

版权声明

Published by arrangement with Thames and Hudson Ltd, London,
The Elements of Modern Architecture: Understanding Contemporary Buildings
© 2014 Thames & Hudson Ltd, London
Text © 2014 Antony Radford, Selen B. Morkoç & Amit Srivastava
Photographs and Artworks © 2014 Antony Radford, Selen B. Morkoç & Amit Srivastava, unless otherwise stated.

图书在版编目（CIP）数据

图解现代建筑要素 / （澳）塞伦·莫可，（澳）安东
尼·拉德福德，（澳）阿米特·斯里瓦斯塔瓦著 ； 邢真译 . —
北京 ： 北京美术摄影出版社，2017.5
　　书名原文：The Elements of Morden Architecture
　　ISBN 978-7-80501-933-8

　　Ⅰ . ①图… Ⅱ . ①塞… ②安… ③阿… ④邢… Ⅲ .
①建筑艺术 —世界—图解 Ⅳ . ① TU-861

中国版本图书馆CIP数据核字（2016）第178386号

北京市版权局著作权合同登记号：01-2015-1333

责任编辑：刘　佳
责任印制：彭军芳
书籍装帧：杨　峰

图解现代建筑要素
TUJIE XIANDAI JIANZHU YAOSU
[澳]塞伦·莫可　[澳]安东尼·拉德福德　[澳]阿米特·斯里瓦斯塔瓦　著
邢真　译

出　版	北京出版集团公司
	北京美术摄影出版社
地　址	北京北三环中路6号
邮　编	100120
网　址	www.bph.com.cn
总发行	北京出版集团公司
发　行	京版北美（北京）文化艺术传媒有限公司
经　销	新华书店
印　刷	北京华联印刷有限公司
版　次	2017年5月第1版第1次印刷
开　本	889毫米×1194毫米　1/16
印　张	21.5
字　数	880千字
书　号	ISBN 978-7-80501-933-8
审图号	GS（2016）1021号
定　价	148.00元

如有印装质量问题，由本社负责调换
质量监督电话 010-58572393

封面：路易斯安娜现代艺术博物馆（1956—1958）
这座砖木结构新建筑极好地表现了建筑、艺术和景观之间的响应式结合【项目7】。
卷首插画：MAXXI博物馆（1998—2009）
博物馆形态像一条盘绕的蛇，蛇头枕在身体上，朝场地外张望【项目50】。

目录

沃斯堡现代艺术博物馆|1996—2002

在建筑内部可以欣赏到外部的池塘。池塘的反射光线同时增强了建筑内部和周边的自然光效果〔项目38〕。

建筑分析：50座建筑（1950—2010）的视觉之旅

本书探讨了现代建筑要素与其多样化的物理、社会、文化以及环境文脉的相互呼应关系。书中研究的50座著名建筑均建于1950年之后，借助照片、文字描述、虚拟现实体验和实地考察等手段，力图为读者提供对每座建筑的简明分析。

任何建筑作品都是复杂的文化产物，承载了建设者的雄心壮志。其中部分（极少）建筑蜚声国际，经常成为建筑学探讨的对象。我们了解这些建筑的途径往往是观赏专业拍摄的照片，当中不见人影，它们总是被处理成与自身的物理、社会和环境文脉完全割裂的孤立存在。尽管照片旁边通常会附上平面图和文字，然而我们却鲜有机会看到剖面图，更不要说任何种类的分析图了。即使出现了细部介绍也是针对专业读者的。在某个孤立的专业知识范畴内呈现建筑已经成为如今的典型现象，拉开了文脉现实与图像成品间的差距。

对建筑本身来说，物理现实是无可替代的：由视觉、声音、气味、感觉、在建筑中移动时的动觉体验以及占有空间时的情绪反应所组成的感官集合。即使是沉浸式的3D数字媒体也不足以成为物理现实的替代品。极少数人能够身临其境，大部分人只能通过图标式的图片了解著名建筑。绘画和雕塑作品能够"旅行"，但是建筑只能固守原地（通常是私人场所）。

分析与解释

体验建筑的乐趣既有基于具体化的直接感官享受，也有经过深思熟虑的脑力愉悦（Scruton, 1979:73; Pallasmaa, 2011:28）。脑力愉悦依靠的是解释和理解，如果不能理解，乐趣自然少了大半（这也是为什么各领域的内行人在所关注的事物上得到的乐趣会比门外汉多得多）。分析是进行解释的方式，而解释是获得理解的尝试。

理解的目的不只是获得愉悦。只有通过批判性的思考、讨论和辩论，一个学科才能得到发展。过去的经验为未来的工作提供了模式和先例，了解过去有助于创造更美好的未来。这一点超越了近60年来设计界从传统媒体到数字媒体的转变，这种转变也是本书中区别最早和最新建筑的标准。事实上，数字设计媒体有利于改造成功的设计模式，无论这种模式是来源于过去还是对新形式的探索（Bruton和Radford, 2012）。

本书中的分析是为了解释。这些解释类似于评论家或批评家的观点，我们从没宣称这些是建筑师本人内心的想法。芬兰建筑师和理论家尤哈尼·帕拉斯马认为，负责任的建筑批评的作用是在一个被"商业化形象的建筑愈发虚化的"世界中，创造并保卫一种"真实感"（Pallasmaa, 2011:22—23）。作为批评家、分析者观察、阅读可以获得的文献（其中当然包括建筑师发表过的文字），并且发表对建筑作品的解读。这一点对回答"为什么"这种问题尤为重要。有些案例中，建筑师曾经描述建筑形式在设计过程中是如何成型的，而另外一些情况下，我们对建筑背后的论证知之甚少。

评价一本书、一部电影或者一家餐厅，分析的可信度在于其是否充分完整地讲述了一个忠于现实感的连贯故事，这个故事是否发人深省，同时启发读者思考新的解读。与评论类似，分析的目的是为读者提供一些经过挑选且有价值的观点，而不是追求面面俱到。对一座建筑的分析应该能够鼓励读者寻找进一步分析的方式，哪怕与作者给出的解释相左。由于本书中所选的建筑闻名于世，所以可能早有先入之见深入人心，有些甚至难以撼动。我们所希望的，是读者能够质疑既有解读，提出新的思路。

民事司法中心|2001—2007

建筑形式可以被描述为多个部件的层压组合（项目44）。

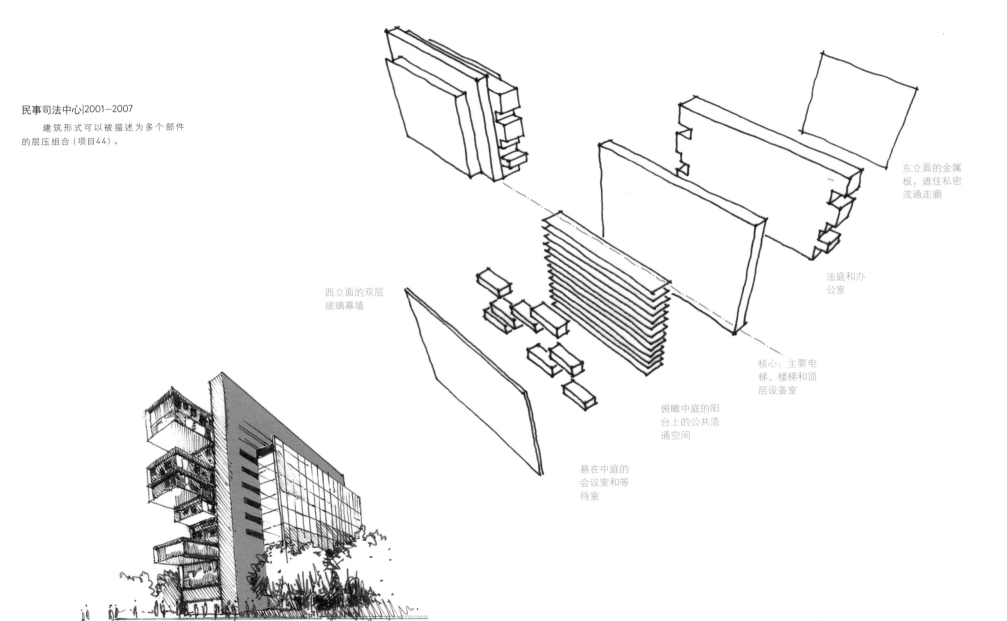

东立面的金属板，遮住私密流通走廊

法庭和办公室

核心：主要电梯、楼梯和顶层设备室

西立面的双层玻璃幕墙

俯瞰中庭的阳台上的公共流通空间

悬在中庭的会议室和等待室

毕尔巴鄂古根海姆博物馆|1991—1997

　　雕塑般动感形式的尖角突出在城市上方，在阳光下闪闪发光，像灯塔般引人注目【项目28】。

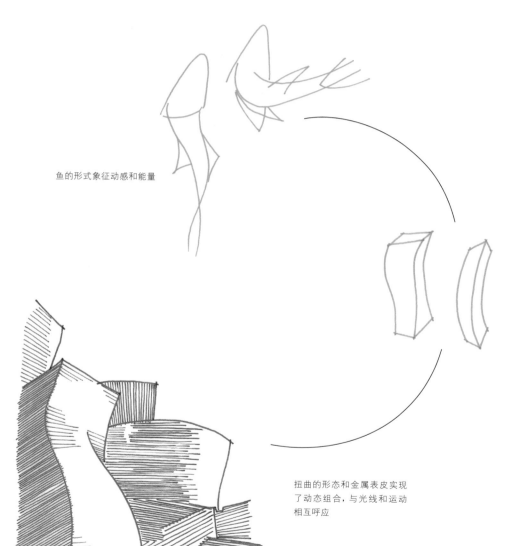

鱼的形式象征动感和能量

抽象化创造出了动态的建筑形式

扭曲的形态和金属表皮实现了动态组合，与光线和运动相互呼应

为什么要加入带注释的图解?

我们采用带注释的图解形式分析建筑。大多数情况下，图片能够比文字更加简洁、准确地表达对建筑的看法。尽管如此，有时"文字语言"反而比"图片语言"更有效，所以我们会在图示周围配一小段文字。本书的格式是高度视觉化的。作为一个集合体，这些带注释的图解被特意以采样式安排，因此读者不必拘泥于阅读顺序，既可以随意选择某一建筑，也可以选择特定建筑中的某一分析部分。读者们可以对这些集合进行反复研究。按照解释学的学习模式，如果循环学习某一相同主题，那么每次都可以获得不同的、更加深刻的知识背景，从而达到最终理解。通过将新、旧知识结合，知识的累积得以实现。在本书的尾注中，我们标记了图文集合中一些明显的共同主题。读者可以选择从尾注开始阅读。

在建筑领域中，使用带注释的草图和图解的历史由来已久，很多建筑师（以及其他设计师）会在个人日记或笔记当中记录下自己的想法以及可能与今后工作有关的见闻。一些著名建筑师的文档里还包括他们在设计过程中绘制的草图，并且记录了他们如何使用草图来分析、理解各种状况，以及如何提出方案应对这些状况。一直以来，批评行为被视为对创作行为的模仿。法国作家保尔·瓦雷里将解释与创作联系在一起，他说："'解释'完全就是描述创作的一种方式：只不过是在思维里重新创作。作为对这种想法之含义的仅有的两种表达办法，原因和方式被注入每一句叙述当中，并且不惜一切代价满足需求。"（Valéry，1956：117）如果我们能够"在思维里重新创作"，那么我们就会更好地理解别人的设计作品。

整体、部分以及响应式结合

建筑师们无法随心所欲地根据个人意愿进行创作；建筑总是受制于时间和地点的偶然性。在这些分析中，我们特别关注的是建筑整体、建筑部件以及它们所处的各种文脉之间的"响应式结合"的表现形式。"响应式结合"这一概念是由环境哲学家沃威克·福克斯提出的（Fox，2006；Radford，2009）。

响应式结合描述的是存在于"事物"（福克斯还使用了术语"组织"和"结构"）的内部部件，以及"事物"本身与其文脉之间的（举例来说，一座建筑与它所在的街道、地区、天气状况、社会条件等这些文脉之间的）关系特质。在形式语言中，福克斯写到，只要各个元素或显著内容能够以互动（无论是字面意思上的还是比喻意义上的互动）为特征，响应式结合的关联属性就存在。上述元素或显著内容间的互动方式是可以相互修正的，并且能够产生或维持一个整体的结合秩序——这种秩序以某种方式协调一致（Fox，2006：72）。因此，各个部分之间相互应答，从而产生、维持或有助于整体的结合。进一步来说，根据福克斯的"文脉理论"，实现"事物"与其大文脉之间的响应式结合总是应该优先于实现内部部件之间的响应式结合。

响应式结合与其他两种基本组织形式形成对照：固定式结合（指代的是固定的、没有弹性的关系）和无结合（指代的是不存在任何关系）。我们大概会发现，作为一个集合物体的建筑，其各个方面均可呈现出上述三种基本组织形式。福克斯认为，不只是各个领域中明智的批评家倾向于响应式结合的实例，而且这类组织还描述了所有有益体系的特征（Fox，2011）。一座完美的建筑能够以令人信服的方式解决任何关于建筑内部和文脉关系之优点的问题，不论这一问题是地区性的还是全球性的，但是即使是一些著名建筑也远远称不上完美。在建筑学探讨中那些广受赞誉的建筑也存在严重的功能、环境或其他方面的缺陷。尽管如此，这些建筑中的某些关系仍然呈现出卓越的响应式结合，有些则没有。在本书中，有很多建筑的某些方面堪称典范，值得效仿，但是整体上来说并不是其他建筑的一般模范。在分析时，我们会着力在这些积极方面，说明它们是如何展示出能够对建筑设计有所启发的响应式结合的。

分析一座建筑时，我们可以追踪建筑外部与其最直接的文脉间的关系，然后研究文脉与其背景间的关系。通过这种方式，我们能够推断出建

夸特希展厅|1994—2001

玻璃水平开口框起了强调结构元素重复的分隔物之间的景色〔项目32〕。

劳埃德保险公司伦敦办公大厦|1978—1986

供给系统塔令人联想到中世纪城堡中突出的塔楼和雉堞（项目19）。

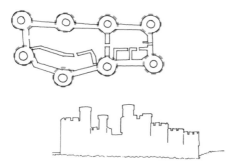

康威城堡，威尔士（13世纪）

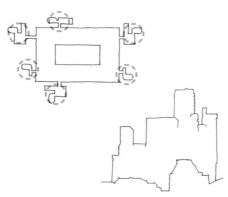

带供给系统塔的劳埃德大厦（20世纪）

筑与一些全球性关注问题之间的关系，比如环境和文化的可持续性。整体来说，从响应式结合的角度分析建筑强调的是联系而非个体。我们发现，那些体现出高度的响应式结合的建筑或建筑元素并不是以统一或单调为特点的，原因在于它们总是在追求为其文脉增值，而远远不止于简单地满足"适合"这一要求。

从何入手

为了达成任务，我们可以列出宽泛的分析类别和顺序。以下是一份有用的清单：地点/环境，紧接着是人/文化，然后是技术/构造，有时可以缩短成更容易记忆的三元一组："地点、人、技术"（Williamson、Radford和Bennetts，2003）。如果把这份清单转化成问题，那么分析师或批评家可以提问：

地点：这座建筑在哪里？设计是怎样与全球或当地的环境焦点问题、气候和微气候、阳光和噪声、植物和动物相互呼应的？它是怎样与相邻及附近的建筑形式相关的？

人：人群是如何靠近、进入并且在建筑内移动的？他们对建筑形式、空间和象征意义的体验如何？建筑的功能是如何发挥的？它是怎样响应人体工程学的？它是如何与儿童、老人以及在行动、视力或听力方面有障碍的人士呼应的？它怎样响应特定的地区文化？它怎样响应当地和全球建筑文化？

技术：建筑构造方面有哪些关键方面或原则？建筑结构是怎样与建筑整体关联的？细部与整体的关系是怎样的？选取了哪些建筑材料？为什么要选这些？建筑剖面与建筑平面是怎样关联的？

还有一些典型的评论性问题：这座建筑的设计与设计师的其他作品或者其他设计师的作品有什么关系？这座建筑在建筑学讨论中的地位如何？它为什么值得分析？简而言之，这座建筑有什么"特别之处"？在《建筑的设计策略：形式分析方法》（1989）中，乔弗瑞·贝克着重叙述了形式的产生、形式元素与靠近并进入建筑的方式之间的关系。西蒙·昂温在《解析建筑》（2003）中关注的是元素、空间和地点。贝克与昂温的著作均可从响应式结合的角度解读。

柏林犹太人博物馆|1988—1999

  "之"字形平面的形式特征通常被认为是对犹太教——大卫王之星——的象征记号的实际消解，用此作为发展建筑整体形式的技巧。还有人将它与被折磨的地景的表达进行比较（项目31）。

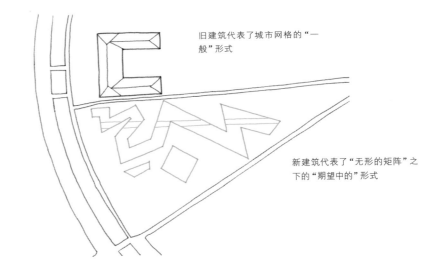

旧建筑代表了城市网格的"一般"形式

新建筑代表了"无形的矩阵"之下的"期望中的"形式

被扭曲的大卫王之星可以被视为象征形式生成器

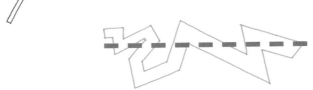

连贯但扭曲的柏林历史与笔直却破碎的犹太人历史相互交织

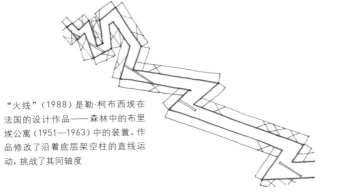

"火线"（1988）是勒·柯布西埃在法国的设计作品——森林中的布里埃公寓（1951—1963）中的装置。作品修改了沿着底层架空柱的直线运动，挑战了其同轴度

新馆的直线形式和斜切口与原有的学院建筑形成强烈对比

东门中心|1991—1996

　　建筑形式与气候、文化、功能和建筑方法等文脉相互呼应。银色的王冠标志着进入中庭的入口，令人联想到非洲的礼仪式头饰（项目26）。

立面细部

玻璃顶棚

停车场　　美食广场

如设计般的分析

做出此类分析犹如进行设计——这确实涉及分析过程的设计。其本身就是一个创作行为。同设计一样，分析是一个思考过程，包括调查研究、提出设想并进行测试，通过这一套程序，分析者加深了理解并获得自信。在进行设计时，我们需要对已知内容进行研究。涉及建筑，也就是指可以在文字、照片、模型和图纸中了解的有关某个建筑的信息。这些信息被整合以后，我们需要想办法将它们呈现在带注释的图纸中，从而回答上述关于地点、人和技术的问题，以及其他在分析和表达过程中出现的问题。我们应该力求表达得清晰并且有见解，谨记分析与单纯描述（用描述性文字再现设计图纸和照片）的区别，迎接批判性分析对智力的挑战。

衡量分析是否成功，标准在于它们能否帮助观赏建筑的人增长见识，无论是亲自前往还是通过数字模型、照片和传统描述文字等局部替代方式进行体验。我们希望了解这些分析后，读者在参观建筑时有能力进行比较，并且与关于该建筑的其他叙述联系在一起。如此一来，"理想读者"就能够为书页增加自己的笔记，为建筑作品贡献独到的解读。

阿默达巴德

印度

萨拉巴伊住宅 │1951—1955
勒·柯布西埃
印度，阿默达巴德

01

　　萨拉巴伊住宅位于印度，是一座私人居住综合建筑，由著名瑞士—法国建筑师勒·柯布西埃设计。这座建筑设计于第二次世界大战后，属于勒·柯布西埃"野兽派"阶段的早期作品，其间他尝试将混凝土和砖石原材料暴露在外，从而发展出一种与建筑的真实感相呼应的手法。印度的建造业属于劳动密集型行业，有条件使用这种材料处理方法，即在建造过程中保留材料的天然状态，强调成品的不精确性。

　　在萨拉巴伊住宅的设计中，勒·柯布西埃采用了自己的模块概念比例体系，同时使用了方格遮阳罩等兼顾气候特征的设计，从而使得整个建筑既实现了设计方案，也适应了当地的气候条件。除了对现代主义和通用主题的纯熟使用外，在设计中还通过一系列空间的运用确保了这个富裕的印度家庭能够进行日常宗教仪式，实现了对印度传统生活方式的延续，做到了与当地文化的相互呼应。现代主义的通用性与传统的地域性之间的平衡为居民提供了一种反映后殖民地背景的强有力的认同感。

亚当·芬顿（Adam Fenton）、鲁迈扎·哈尼·阿里（Rumaiza Hani Ali）、阿米特·斯里瓦斯塔瓦（Amit Srivastava）和阿里克斯·邓巴（Alix Dunbar）

与城市文脉的呼应

萨拉巴伊住宅位于阿默达巴德市，是一所巨大的私人住宅，占地面积达到8公顷。宅邸被包围在郁郁葱葱的树木中，与阿默达巴德市的城市肌理并不直接相连。因此，建筑的设计注重的是与自然元素和家庭需要的相互呼应。这座综合建筑由出资人的主楼和仆人区构成，以相连区块的形式散布在土地上，围合起各区块之间的空旷空间。

建筑体块与周边植被共同形成了屏障和边界，定义出各种空间和出入口的公共或私密属性

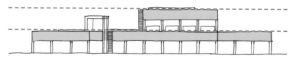

主楼

仆人区

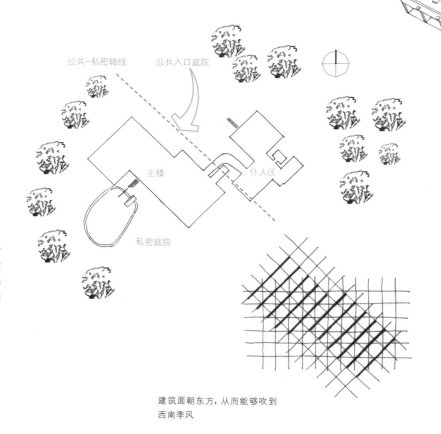

两个建筑区块围合出西北公共入口庭院

立面的处理采用了简单的材料和形状，与周围风景相融合，创造出美感。使用直线元素加强与周围有机自然环境的对比，两种形式互相补充

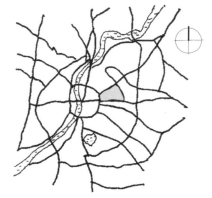

阿默达巴德的萨拉巴伊住宅

阿默达巴德天气炎热，建筑师在设计时充分利用了当地的西南季风，建筑面朝东方，使其能够最大限度地获得凉风。"Z"形规划元素组织区别出朝北的公共场地和朝南的私密场地。建筑与周边风景和谐统一，构成了有聚合力的住宅环境整体。

公共–私密轴线　公共入口庭院

主楼　仆人区

私密庭院

建筑面朝东方，从而能够吹到西南季风

混凝土条带充分体现了建筑的扁平、横向特征

砖石细墩柱呼应了周围树木的垂直感

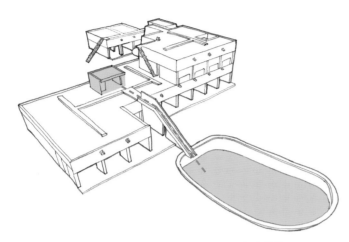

与设计程式的呼应

这些居住设施都是为寡居的曼诺拉马·萨拉巴伊和她的两个儿子服务的。因此，建筑师设计了一系列不同的半私密和私密空间，满足各种家庭需要。主楼可以被视为两个私密区块，即西边长子的卧房区与东边母亲、次子的卧房区，它们能够完全关闭从而成为静养的私密空间。围绕着这两个区块的是一系列半私密空间，朝南边和西边私密庭院开放。中间的共享区域连接起这片私密区和朝向建筑北面的更加开放的入口及起居区。

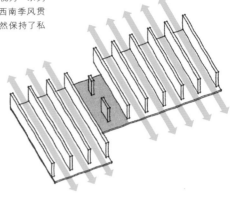

我们可以将这个结构视为一系列拱顶，不仅能够帮助西南季风贯穿整个建筑，同时仍然保持了私密性

连接着屋顶凉亭和一个大型有机形状游泳池的轴线定义出建筑西南侧的私密区域。这些元素为夏季活动营造出理想的场所，同时将建筑形态与私密景观有机联系起来。夜晚的微风中，坐在屋顶凉亭里，居住者可以欣赏到诱人的池水和远处葱茏的植物。如果遇到炎热的夏夜，他们甚至还能沿着滑梯一跃而下，跳到凉爽的游泳池里。沿着建筑南立面的一组阳台同样连接着南面的苍翠风景。

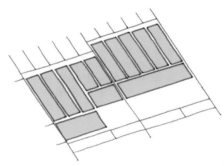

半私密阳台打断了拱顶朝南方向的连贯性

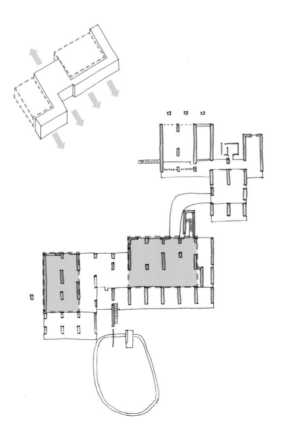

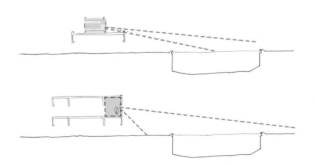

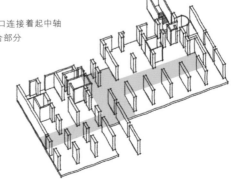

两翼的私密空间入口连接着起中轴线作用的南、北结合部分

形式和物质性

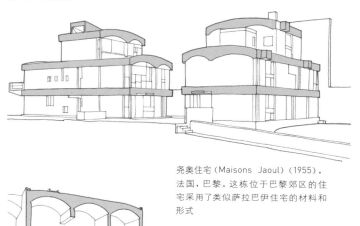

尧奥住宅（Maisons Jaoul）（1955），法国，巴黎。这栋位于巴黎郊区的住宅采用了类似萨拉巴伊住宅的材料和形式

混凝土檐部条带后面的拱顶体系

肖特汉住宅（ShodhanHouse）（1956），阿默达巴德。与萨拉巴伊住宅同样位于阿默达巴德，这座私宅发掘了适应当地气候的混凝土方格遮阳罩的潜力

萨拉巴伊住宅的设计结合使用了砖和混凝土这两种基本建筑材料。外立面表皮未加装饰，保持了材料和建造过程的天然状态。对这两种截然不同的建材的和谐应用也反映出建筑师对传统与现代的结合的渴望。

与同时期的其他建筑作品相同，萨拉巴伊住宅使用了一系列由外露的砖墙支撑的混凝土拱顶作为屋顶结构。这些混凝土拱顶与方格遮阳罩形成了一种混合结构，极其适应印度的天气特点和建筑业状况。纵贯建筑的一系列拱顶上方加盖了混凝土条带，构成另一层遮阳结构。建筑师使用拱形开间而非墙体进一步定义出内部空间的分隔。

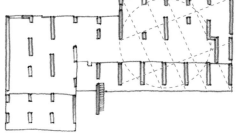

简洁的比例体系明确了各种平面和剖面元素的组织。在内部剖面里，空间高度的发展参照了拱顶的宽度。这一体系进一步定义了由这些拱顶框架出的内部和外部空间的深度，使其聚合成一个整体组合

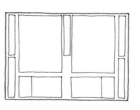
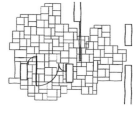

勒·柯布西埃的"模块"概念定义了一套单一的比例系统，萨拉巴伊住宅的方方面面都遵循着这一体系，从窗户元素到沿墙体的窗和门的分布，以及马德拉斯石头地板的图案，皆是如此

与气候的呼应

萨拉巴伊住宅的拱顶结构还能起到调节室内气候的作用。混凝土拱顶构成的波浪状屋顶上填满了泥土，成为一座屋顶花园，增加了热质量并降低了热增量。拱形的室内同样有助于凉爽的季风在内部流通。另外，荫蔽下的阳台和冰凉的黑色马德拉斯石头进一步加强了被动降温系统。

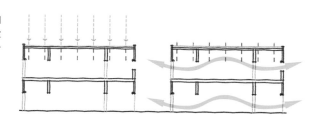

与当地文化和模式的呼应

沿着建筑南边的巨大滑梯连接着屋顶的凉亭和游泳池,体现出标志性的简塔·曼塔天文台
(Jantar Mantar, 建于18世纪的建筑尺度天文仪器, 位于印度北部) 般的正规品质

南立面上方格遮阳罩的尺度和性质体现出法塔赫布尔·西格里城中阴凉的连拱和其他类似传统印度建筑
的特点

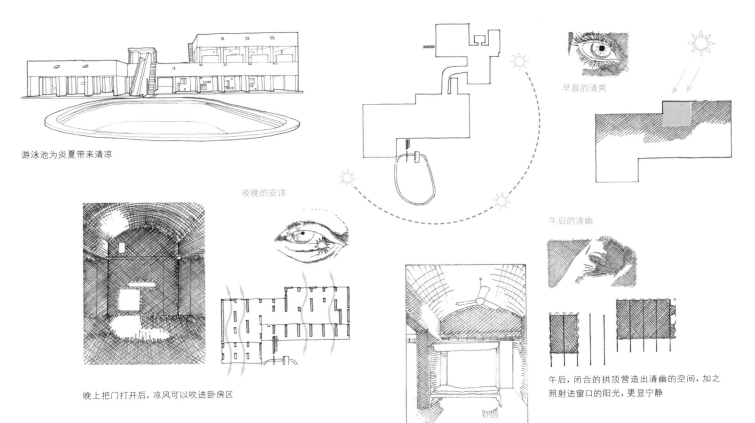

游泳池为炎夏带来清凉

夜晚的安详

早晨的清爽

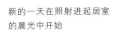

新的一天在照射进起居室
的晨光中开始

午后的清幽

晚上把门打开后,凉风可以吹进卧房区

午后,闭合的拱顶营造出清幽的空间,加之
照射进窗口的阳光,更显宁静

　　设计中各种元素的运用集中满足
了居住者遵循文化模式的生活方式的
需要。能够在一整天里不断被重新定
义的空间考虑到不同活动的进行,而整
个住宅也成为日常仪式的重要部分。

波萨尼奥

意大利

卡洛·斯卡帕

意大利，特雷维索，波萨尼奥

02

自然光线、空间和形式交融在卡诺瓦博物馆，整个建筑简洁而有力。馆中展出的是意大利古典主义大师安东尼奥·卡诺瓦的大理石雕塑的石膏模型。这些作品原本被收藏在建于19世纪30年代早期的一栋巴西利卡大厅里，1955年，卡洛·斯卡帕受委托对其进行小规模扩建。巴西利卡仍然是这座博物馆的重要部分，它的对称性、尺度和主导力固定了新建部分的准确性和精美度。宏大的新古典主义建筑和私密性的非对称现代结构，这一对看似不可能的并列却产生了响应性结合。

安东尼·拉德福德 (Antony Radford)，米歇尔·梅尔 (Michelle Male) 和闵苏梅 (Su Mei Min)

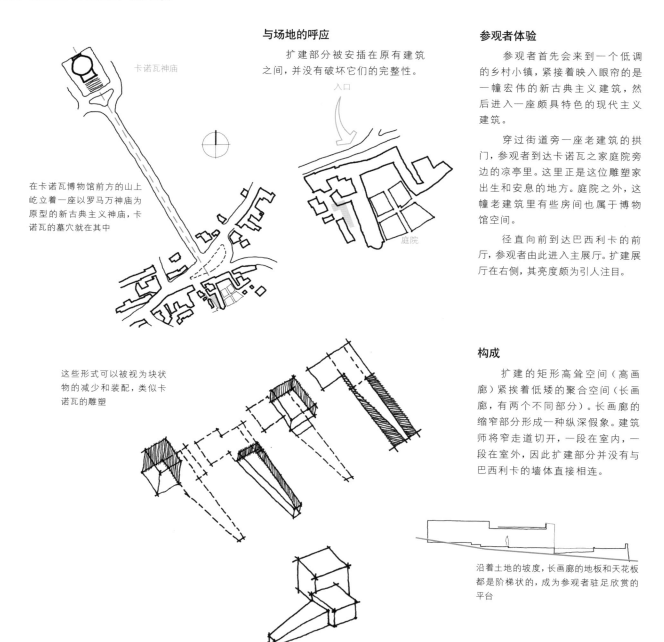

卡诺瓦神庙

入口

庭院

在卡诺瓦博物馆前方的山上屹立着一座以罗马万神庙为原型的新古典主义神庙，卡诺瓦的墓穴就在其中

这些形式可以被视为块状物的减少和装配，类似卡诺瓦的雕塑

与场地的呼应

扩建部分被安插在原有建筑之间，并没有破坏它们的完整性。

构成

扩建的矩形高耸空间（高画廊）紧挨着低矮的聚合空间（长画廊，有两个不同部分）。长画廊的缩窄部分形成一种纵深假象。建筑师将窄走道切开，一段在室内，一段在室外，因此扩建部分并没有与巴西利卡的墙体直接相连。

沿着土地的坡度，长画廊的地板和天花板都是阶梯状的，成为参观者驻足欣赏的平台

参观者体验

参观者首先会来到一个低调的乡村小镇，紧接着映入眼帘的是一幢宏伟的新古典主义建筑，然后进入一座颇具特色的现代主义建筑。

穿过街道旁一座老建筑的拱门，参观者到达卡诺瓦之家庭院旁边的凉亭里。这里正是这位雕塑家出生和安息的地方。庭院之外，这幢老建筑里有些房间也属于博物馆空间。

径直向前到达巴西利卡的前厅，参观者由此进入主展厅。扩建展厅在右侧，其亮度颇为引人注目。

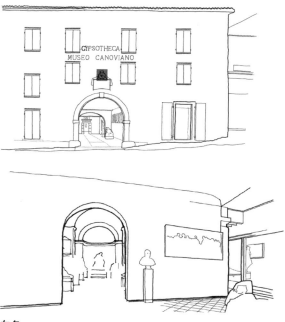

白色

石膏是不定型的哑光白色材料，只有在灯光下这些石膏模型才会有生气。一般传统博物馆的做法是将模型置于深色背景墙前从而突出展示。原本的新古典主义巴西利卡就是如此。而建筑师斯卡帕认为，白墙反而更能营造出模型需要的高光环境。

扩建部分紧贴着尺度大得多的巴西利卡大厅

参观者首先要通过路边建筑中的一段过道（1）进入凉廊（2），此时可以转到一旁的庭院（3），接着通过前厅（4）进入巴西利卡大厅（5），然后返回前厅并前往扩建部分。

在一块狭小的区域，空间的混合令人着迷。通过水平高度、比例、高度和方向的变化，强调了形式的意识。表皮的白色加强了光与影的交错。雕塑作品构成了参观路线的事件和标志。建筑充当了雕塑的中性背景，而绝不尝试主导它们。

卡诺瓦的传世名作"三女神"的石膏模型（8）摆放在长画廊的窄端，后面是倒影池（9）和青葱草木，光线从窗式墙和屋顶上的水平延伸部分（10）进入。

扩建部分的外部只能望见一瞥，难以见其全貌

镶有玻璃的墙壁顶部隐藏在天花板边缘之后

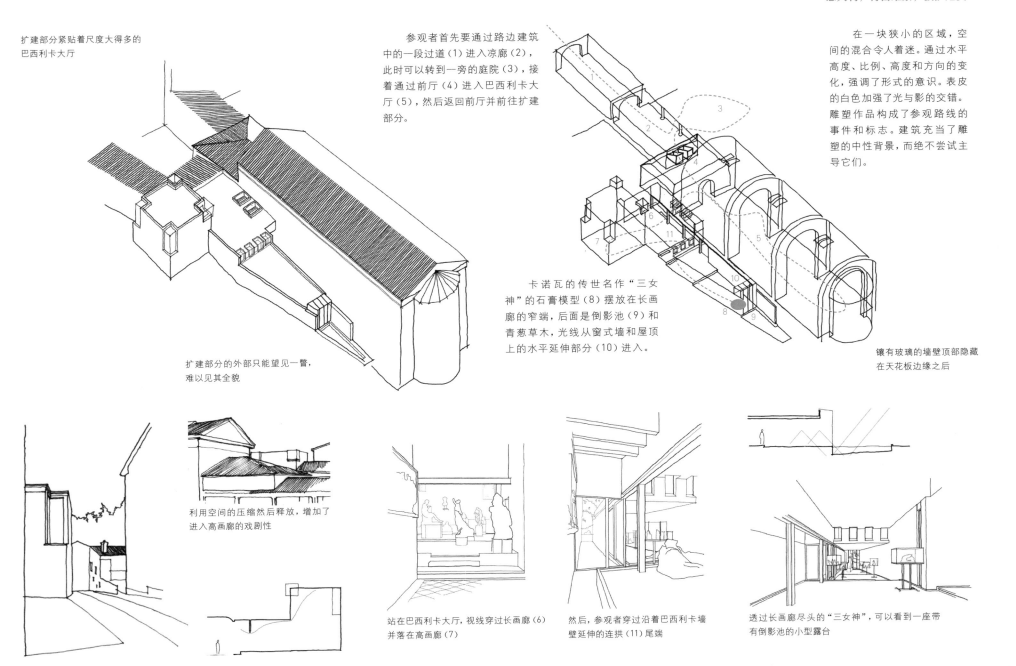

利用空间的压缩然后释放，增加了进入高画廊的戏剧性

站在巴西利卡大厅，视线穿过长画廊（6）并落在高画廊（7）

然后，参观者穿过沿着巴西利卡墙壁延伸的连拱（11）尾端

透过长画廊尽头的"三女神"，可以看到一座带有倒影池的小型露台

纹理

扩建部分所用材料的色调极其有限。外部采用灰墁打底石材，混凝土条带围绕在窗户四周并划分了墙体表面，类似原有建筑。内部保留了灰泥打底的自然粗糙状态，与石膏模型的光滑表面形成对比。

展示柜也是由斯卡帕设计的，采用金属、木头和玻璃材料，细节丰富

室内表皮的图案多变

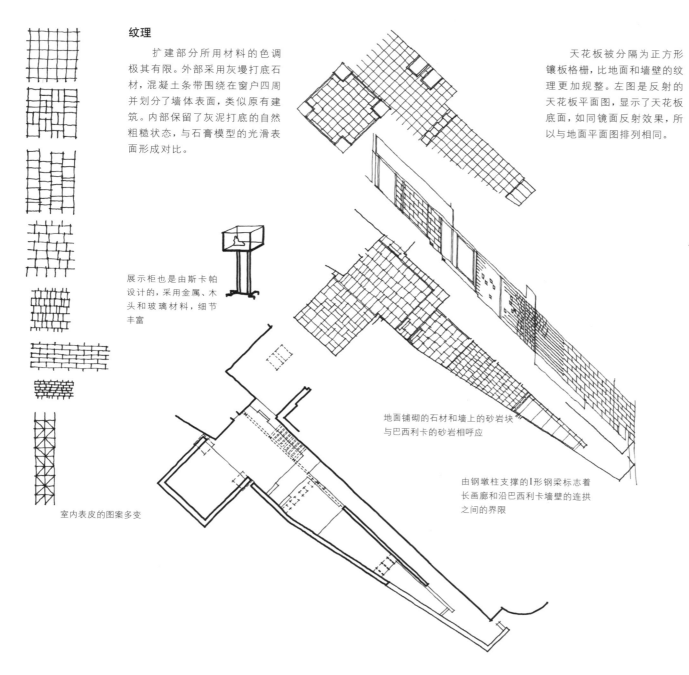

天花板被分隔为正方形镶板格栅，比地面和墙壁的纹理更加规整。左图是反射的天花板平面图，显示了天花板底面，如同镜面反射效果，所以与地面平面图排列相同。

地面铺砌的石材和墙上的砂岩块与巴西利卡的砂岩相呼应

由钢墩柱支撑的I形钢梁标志着长画廊和沿巴西利卡墙壁的连拱之间的界限

边界

狭窄的黑色金属贴墙板标示出墙体与地面的连接，就像盖住白色表面转角的线条。

高画廊中，天花板和墙体的连接处向后缩进凹槽中，所以天花板仿佛是悬浮在墙壁之上的。

黑色金属边界

台阶底部被削去一部分，所以看起来像飘浮在下层地面上的无支撑平台

突出的条带分开了巴西利卡和扩建部分的外墙表皮

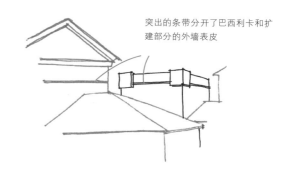

自然光

不同于油画和素描，明亮的光线和阳光不会损坏石膏模型，所以斯卡帕能够使用强烈的直射阳光使得空间和作品更具动感。白色的室内空间出现了变化多样的色调，轻柔、愉悦，且不失辨识度。

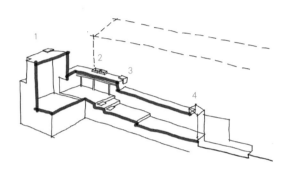

1. 高层玻璃窗转角

高画廊中的四个转角上部均安装了复合高层玻璃窗和天窗。东面，四个方形窗突出于屋顶和墙体之外，顶部还装备了水平玻璃。西面的窗户则是椭圆形，底部加装了玻璃。阳光光柱从一个或多个转角窗户里直射进室内，随着太阳的移动，地板和墙壁上的正方形光斑更加明亮，同时其他非直射光也在墙壁上漫射。视觉上，转角处几乎难以定型，消失在一片光亮中。

垂直窗格的边缘被窄玻璃条填充，模糊了转角处的分割。

2. 有挡板的天窗

建筑师在原有的巴西利卡墙壁和后来扩建的博物馆之间的连拱水平天窗上加装了大型垂直挡板，因此从外部看不到这个狭小空间中的天窗。直射光可以照亮巴西利卡墙壁上的壁画，而反射光则进入相邻的房间。抛光的白色地面使得光线散布到各处。

3. 复合天窗-侧高窗

长画廊高、低屋顶间的缺口处插入了四扇侧高窗，并延伸至屋顶，用于房间后半部分采光。虽然房间后部朝南，但是由于房间内的白色地面反光以及视野内的前方玻璃幕墙透进来的与之竞争的光线，因此减弱了刺眼的眩光。

4. 镶有玻璃的端墙

长画廊较窄一端安装了整面通高的玻璃幕墙，树木不仅起到遮挡的作用，也减弱了阳光直射造成的眩光。比起硬质铺地，玻璃幕墙外的一小片池塘缓和了反射光线，并且将其转化为更清凉的色调。有角度的墙壁使得亮度阶梯更加平滑，相当于加长的普通厚墙窗户的"八"字形倾斜边界。

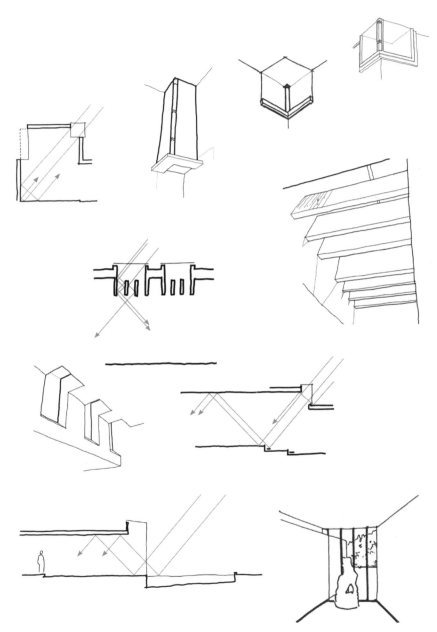

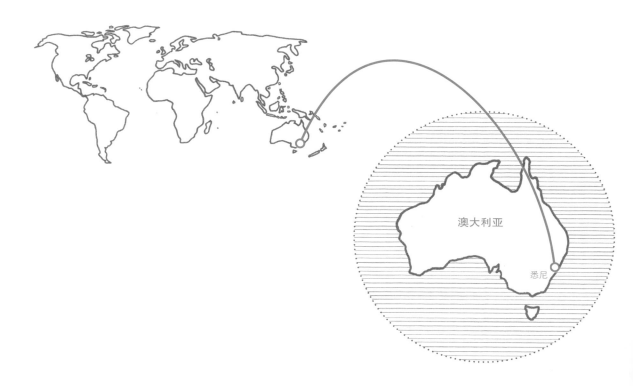

澳大利亚

悉尼

悉尼歌剧院 ｜1957—1973
约恩·伍重
澳大利亚，悉尼

03

　　1957年，丹麦建筑师约恩·伍重凭借自由形混凝土贝壳的设计赢得了设计悉尼歌剧院的国际竞标。这一结构在当时颇具野心，伍重后来把贝壳的造型分割成球体的若干瓣，从而能够被分析和建造。悉尼歌剧院是一座复杂的现代建筑的典范，屹立在突出到悉尼港的半岛之上，它史诗般且极具表现力的造型与其显要位置完美地搭配在一起。

　　悉尼歌剧院在整个建造过程中争议不断。时至今日，这座建筑已经成为世界闻名的悉尼和澳大利亚文化的象征。

塞伦·莫可（Selen Morkoç）、帝伊·阮（Thuy Nguyen）和艾米·荷兰德（Amy Holland）

概念

屋顶的白色造型受到了快艇风帆和白云的启发

屋顶和基础的关系令人联想到亚洲庙宇和固定在扁平基础上的自由流动形态的抽象雕塑

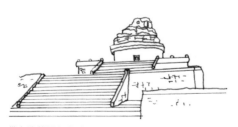

带台阶的平台受到了一座建于前哥伦布时期的古庙的启发，古庙立在人造山似的高起平台上

形式产生：屋顶

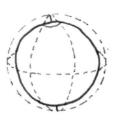

1957年的竞标图纸中使用的是自由形薄壳结构，后来证明在当时无法建造，于是改为使用球面几何学

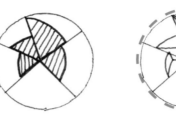

屋顶从球体中央衍生出来，并采用三维形态，就像剥开的橙子皮

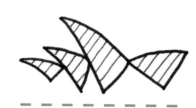

这些贝壳沿着一条轴线排列，形成屋顶集合。它们不是真的贝壳，而是用预制混凝土肋状元素制成的

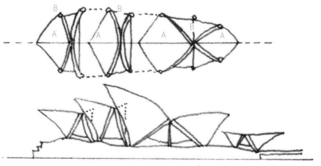

主厅贝壳的球体是由主拱顶A结合一对填充拱顶B组合而成的。建筑的三个贝壳集合都是采用的这种顺序

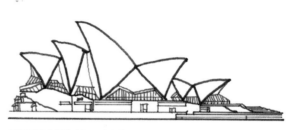

贝壳和基础间的空间用玻璃幕墙填充

形式产生：平台

此处被称为汇聚梁，构成了通往高起平台的楼梯

参观者的视觉锥面在走上楼梯的过程中不断抬升，慢慢看到歌剧院本体

从视觉连贯性上来说，港口景色中占主导地位的是被抬升的基础平台，使得建筑与周围环境区别开来

文脉
悉尼歌剧院矗立在悉尼港贝尼朗岬角上

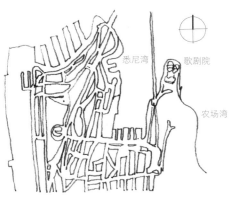

歌剧院所在地三面环海，平台和高耸的屋顶贝壳十分显眼，开口极少的平台起到了人工半岛的作用

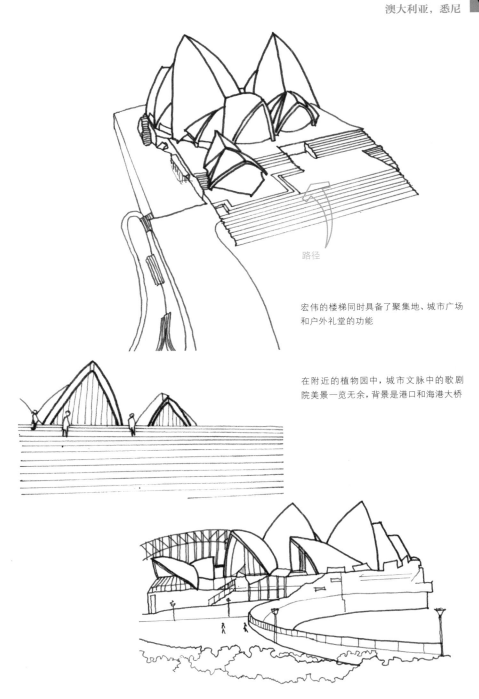

宏伟的楼梯同时具备了聚集地、城市广场和户外礼堂的功能

在附近的植物园中，城市文脉中的歌剧院美景一览无余，背景是港口和海港大桥

运动

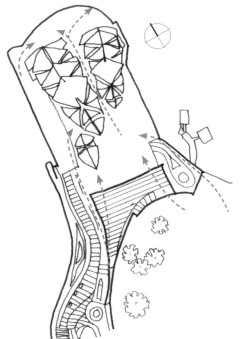

平台面积广阔，不仅可以容纳大量人群，而且便于参观者从建筑外部以各个角度观赏

植物园边缘的水和砂岩峭壁构成边界。歌剧院完工后，改造了该区域的城市设计，人行和车行道路都得到了改善

平面

地下室

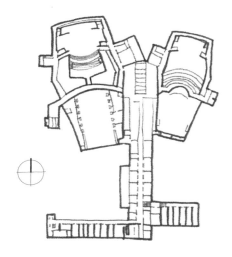

首层

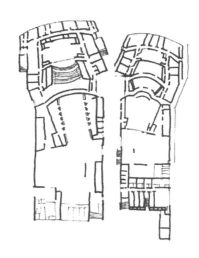

二层

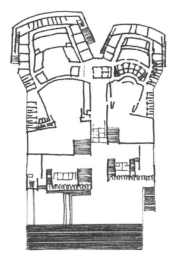

三层

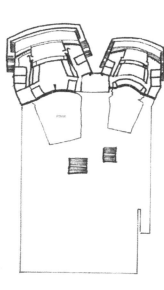

揭幕牌匾和网格系统

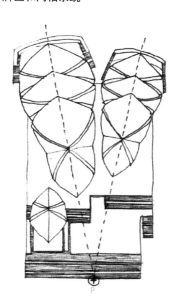

北立面

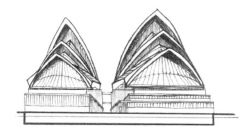

工作间和储存设施位于地下，减少了地面以上的可见层

牌匾（P）标明了两个主要建筑群的轴线交叉点，是设计开始的基本参考点

西立面

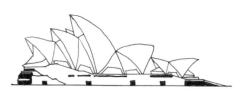

基础部分的开口较少，保证了人造平台的坚固性。水平平台的厚重感与白色的屋顶贝壳构成了强烈的对比

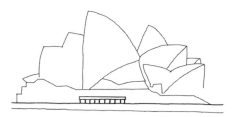

20世纪早期，伍重和他的儿子金姆·伍重设计了一个小型的扩建部分，并对内部进行了一些改造，使得裙房中戏剧厅的入口更加醒目、完善

中间空间

两个大厅和包裹式屋顶之间的空间由楼梯和门厅占据。屋顶的底面、巨大的玻璃和壮观的海港美景，令这部分空间充满戏剧性。

墙体和天花板结构在建筑内外创造出颇具动感的空间，即使内部形式不断变化，参观者也总是能够找到方向。

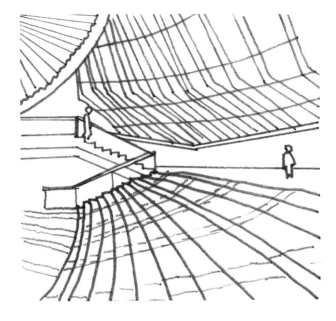

楼梯设计充满动感，通往各个功能空间，并且根据结构的形状变化而改变自身形式

采光

悉尼气候温和，日照充足。在阳光的照射下，屋顶瓦片熠熠生辉，高起的平台上也洒满了阳光。自然光只能照到建筑内部边缘，核心部分还要依靠人工照明。

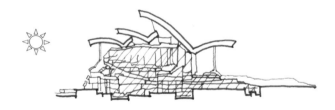

悉尼的标志

以海港大桥为背景的悉尼歌剧院已经成为悉尼的标志性景观。海港大桥是一座钢架建筑，垂直、外露的钢铁结构与歌剧院屋顶贝壳的亮白色曲面及平台岩石般的厚重感形成鲜明的对比

形式产生: 伍重在1962年提出的大厅设计方案

小厅　水的运动形成波脊，这一现象启发了小厅的设计

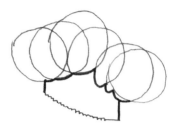

为了实现这种屋顶形状，伍重使用了基于连续圆弧网格的凸曲线

图中所示的是构成屋顶图案的重叠几何凸曲线

屋顶的凸曲线结构同时起到了传播声音的功能

外部壳形拱顶和屋顶波纹的对称结构构成了一个双层贝壳

主厅　仰视山毛榉树树枝的形态启发了主厅的设计

树枝的抽象形态形成了一个三角形网状系统

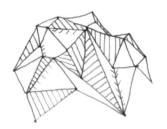

伍重以三角形为基础，创造出了多面屋顶平面

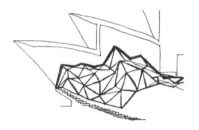

为了确保获得最大体量，天花板形状的设计尽量多地利用了壳状屋顶下的空间

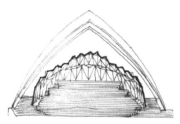

三角形网状系统使得天花板顺应了屋顶形状，而且有利于达到音乐所需的相对较长的回响时间

建造过程中，伍重修改了歌剧院平面图。面积更大的大厅原本计划作为歌剧厅，但是后来改成了单一功能的音乐厅。乐池被修建在面积较小的戏剧厅，后来此处被改建为歌剧厅。经过这一番改建，音乐厅能够容纳更多观众，但是也意味着歌剧厅的舞台塔和边翼相对有限。裙房中的一个排练厅被改为了一间较小的戏剧厅。

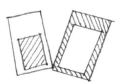

伍重在工程完工前辞职，彼得·霍尔、莱昂内尔·托德和大卫·利弗莫尔主持了大厅的内部设计，效果与原来伍重的设想差异巨大。

材料

南立面

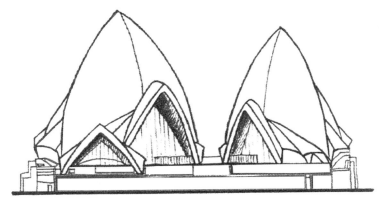

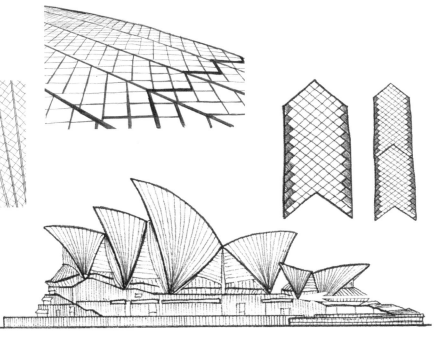

歌剧院的一层和二层有覆盖层，所以从外部看起来似乎是相同的。象征性的雕塑效果并没有影响到功能的必要性

歌剧院内部的混凝土壳状结构中使用了玻璃和纹理清晰的木材，预制混凝土屋顶元素的拱肋清晰可见。带木纹的木材和胶合板使得冰冷的混凝土显得更柔和

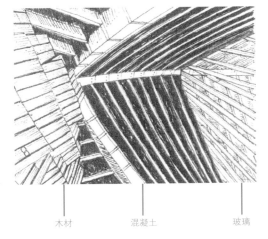

木材　　　　混凝土　　　　玻璃

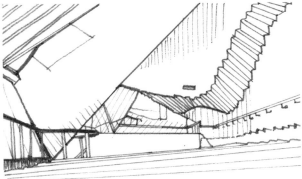

屋顶的贝壳外层包裹着白色瓷砖。平台的混凝土结构外铺设的是混合了当地砂岩的预制嵌板。白色瓷砖使得海港美景下的悉尼歌剧院更像一座雕塑

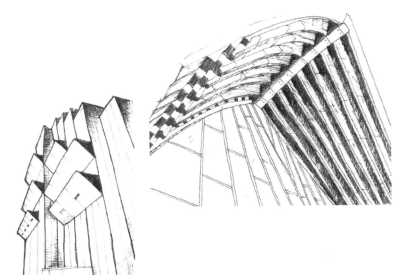

美国

纽约

纽约古根海姆博物馆是由美国著名设计师弗兰克·劳埃德·赖特设计的，保存了创建人所罗门·R.古根海姆的个人艺术收藏品。赖特倡导现代有机建筑，追求建筑与自然世界的和谐，因此古根海姆博物馆看起来似乎在与曼哈顿下城的城市网格进行对话，同时远眺中央公园的自然美景。

这座建筑独具特色的曲线轮廓与周围的直线条模式形成了鲜明的对比，为僵硬的城市网格注入了活力，作为一所文化机构，也起到了相应的地标建筑作用。在有机建筑的主题下，博物馆的设计模拟了贝壳形态，对陈列室的布置也进行了反思。建筑师打破了将分离的空间发展为不同展览厅的传统形式，认为其妨碍了运动的连续性。取而代之的是一个巨大的有斜坡的内部连贯空间，参观者可以不间断地行走，从而将整个展览尽收眼底。广阔而且光线充足的中庭便于参观者找到方向，同时也将整个设计凝结成一种单一的、连贯的欣赏体验。

阿米特·斯里瓦斯塔瓦 (Amit Srivastava)、凯瑟琳·赫尔福特 (Katherine Holford)、马修·布鲁斯·麦卡勒姆 (Matthew Bruce McCallum) 和拉娜·格里尔 (Lana Greer)

与城市文脉的呼应

古根海姆博物馆地处纽约曼哈顿稠密的城市文脉中，面朝第五大道，远眺中央公园。建筑设计充分利用了这一地缘条件，对周围城市文脉进行补充，而非模仿，已经成为附近一带的标志性建筑。

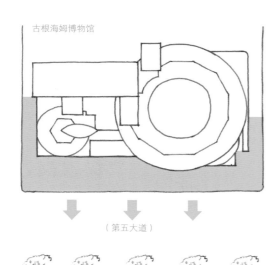

古根海姆博物馆

（第五大道）

中央公园

博物馆的整体平面逐渐从面向建筑的直线形式转变到有机形状，不仅明确了街道边界，而且呼应了中央公园的有机形状。有机形状临街面后退到实际街道边缘之后，退让出一块公共空间。一边是博物馆的曲线形态，另一边是开阔的中央公园，这块开放空间在曼哈顿稠密的城市肌理中显得无比珍贵。

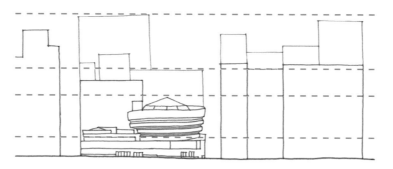

博物馆的有机形态打破了城市网格的常规节奏，吸引人们驻足停留，访问一下这座公共建筑

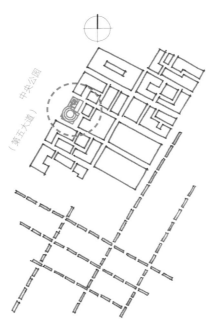

这座综合体的原有设计允许车辆驶入并落客

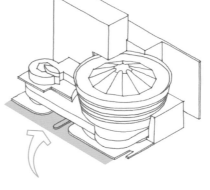

博物馆的形态与周边建筑的直线造型形成对比，但是在整体组合中，直线、曲线相辅相成，和谐并存。博物馆高度有限，使人错以为是进入背景中高层建筑的入口区

博物馆的规模是综合了其周边环境后进行缜密考虑的结果。一方面，使其曲线形式既能凸显特色，但是又不至于主导周围环境。建筑高度达到30米，在其周边高层背景中既不突兀也不寒酸。另一方面，有限的高度和分层的立面衬托了人体尺度，也有助于将街上的行人吸引到建筑中。向外倾斜的形态令建筑向边缘延伸，强化了高度，而且街道上的行人可以清楚地看到建筑上沿。

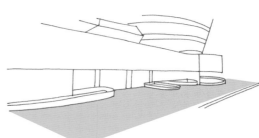

正面入口如今是一座扩展后的公共广场，其横向条带强化了人体尺度

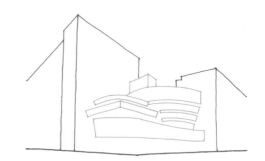

有机体和象征性形式

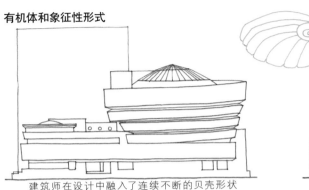

　　建筑师在设计中融入了连续不断的贝壳形状这一理念，满足了艺术展示的需要。弗兰克·劳埃德·赖特一直坚持设计"有机现代主义"建筑，即建筑形式反映自然的共生排序系统。因此，对贝壳的模拟贯穿了设计的方方面面，从外部的螺旋形态到内部的剖面元素，整个建筑形成了一个有机整体。

斯图加特新国立美术馆，建筑师：詹姆斯·斯特林（1984）

毕尔巴鄂古根海姆博物馆，建筑师：弗兰克·盖里（1997）

早期的设计方案基于类似金字形神塔的螺旋形态

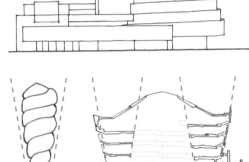

　　使用贝壳模拟形态不仅满足了设计的功能需要，而且使博物馆看起来极具雕塑感。这种不同寻常的雕塑造型令这一公共建筑成为城市的标志，并且促进了文化和艺术的传播。自此之后，借助在城市肌理中极其醒目的雕塑形态来设计博物馆成为普遍做法，世界各地很多重要的场馆都采用了这一策略。造型各异的博物馆建筑与其所处的城市肌理差异巨大，这一构成既是批判也是赞颂，由此实现了艺术展示的作用，自身也成为一座雕塑——但是只有极高质量的建筑才能获得成功。

空间的等级

　　博物馆的整个平面是围绕着中心圆形结构的多个形式的组合。此圆形结构是最重要的公共空间，因此起到了建筑关键点的作用。参观者沿着坡道上行或下行，可以进入各个依次展现的从属空间，看到不同的平面形式。由于中心区域用作展览而其他结构实现不同的行政功能，使得空间的等级关系仍然集中到这座建筑的核心目的——艺术展览。

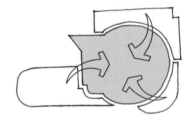
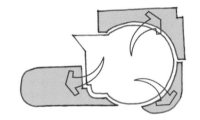

首层中庭是集合空间，吸引人流

在上层楼面中，路径从中心向周围发散，引导向次级功能

与设计程式的呼应

传统博物馆会将展品分类，然后分别在不同的房间展览，由此带来的参观体验是碎片式的。而古根海姆博物馆的设计程式需求被解析为一条单一而连续的参观流线。因此，博物馆中的展览空间围绕着一条单一的螺旋形坡道展开，参观者可以在一趟行程中从头至尾欣赏完所有展品。参观者首先被引领到顶层，然后沿着巨大的螺旋坡道缓缓下行，直至底层，在此过程中参观完所有展品。这种螺旋形式也允许将一场展览组织为一次由馆长精心设计的独立体验。

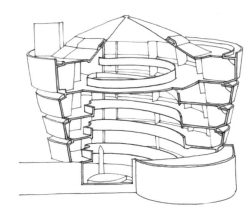

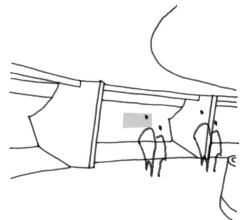
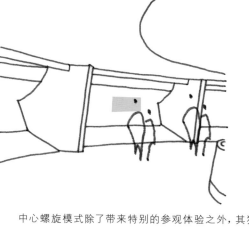

参观者从顶楼开始游览，沿着螺旋形坡道慢慢走到底部

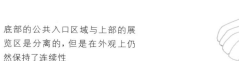

底部的公共入口区域与上部的展览区是分离的，但是在外观上仍然保持了连续性

中心螺旋模式除了带来特别的参观体验之外，其独特的形态组合也在满足展览需要方面留出了创新空间。靠近墙壁的地面有一定的倾斜角度，从而在无须栏杆的情况下就在参观者和展品之间产生了一道心理屏障，同时，垂直的隔离板又给参观者创造出不受打扰的私密欣赏空间。另外，倾斜的地板和天花板以及侧高窗使自然光产生漫射，照射在艺术品上。

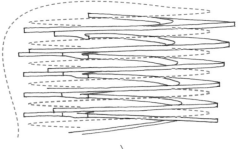

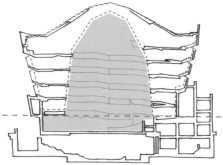

单个体量和螺旋形入口为展览体验增添了两种特别方式。首先，下层中庭的赞助人和上层展览空间的赞助人之间的视觉联系起到参与事件的线索的作用。其次，透过中庭可以看到的多个展览之间的视觉联系使得参观者能够更好地欣赏展览的广度和多样性。

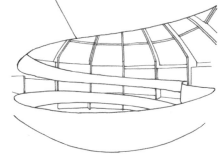

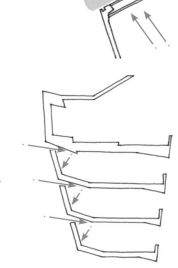

体量惊人的中庭有利于把各种空间和活动连接为一个完整的体验

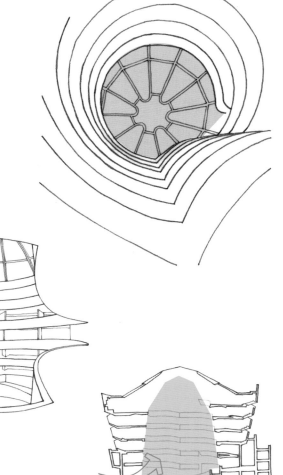

与用户体验的呼应

对中央中庭的处理采用了弗兰克·劳埃德·赖特惯用的建筑技巧，即先让参观者进入一个被压缩的空间，然后突然释放到尺度惊人的室内空间。因此，在古根海姆博物馆里，参观者首先进入的是一个单层空间，然后才会被引领到中央中庭这个十分开阔的区域。当他/她抬头仰望光线充足的中庭时，整个展览空间的体验和其他参观者的行动变得一目了然，于是参观者立刻就成为共享体验的一部分。

沿着螺旋形坡道，参观者的欣赏旅程还在继续，但是他们仍然通过与中庭空间的联系而始终保持着最初的参观体验。即使驻足欣赏展出的艺术品时，游客也仍然可以立刻返回到以中庭为代表的共享空间中。

参观者沿着绕中庭而上的坡道行进时，螺旋形的弯曲形状为他们构建出极其有趣的视野。这些曲线形态进一步反映在建筑外部，其外观被构建在某个有利的位置上。

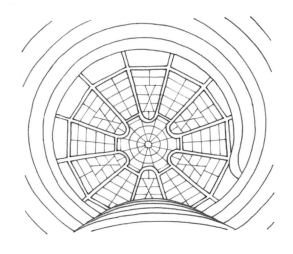

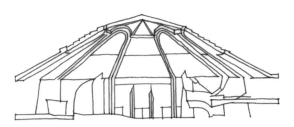

白色的内部空间加盖了巨型天窗，整个中庭都沐浴在阳光中。本来在如此广阔的体量中感受充足的阳光已经令人激动万分，但是天窗的配置更进一步将参观者的视线吸引到其中心配件。天窗构件的排布构成了一个华丽的结构，令原本简洁、单色的内部空间顿生华贵之感。参观者站在中庭抬头仰望时，天窗本身就成为一件艺术品，同时一股敬畏之情油然而生。

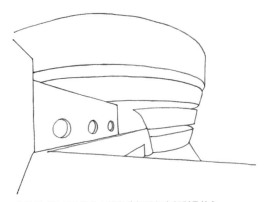

曲线形式使得建筑的内部和外部看起来都别具特色

　　莱斯特大学工程系大楼位于英国莱斯特，是莱斯特大学里第一批建造的大楼之一。设计者是詹姆斯·斯特林和詹姆斯·高恩，两人合作时间虽然短暂，但是产量丰富。

　　一方面，适合不同功能的各种可辨识部件组合在一起，并且在外部形式上也充分表现出这种功能性，从此意义上来说，该大厦属于功能主义建筑。另一方面，这座建筑刻意表现出别致的组合和外露的服务系统，因此又被归为后现代主义。它的形式是有逻辑的，但是又不乏精致雕塑般的诗意。莱斯特大学工程系大楼不仅做到了与建筑中进行的各项活动的呼应，更是完成了对此的进一步开发。同时，该建筑创造出了不同形式组合后的新的可能性，比如用瀑布般落下的玻璃幕墙围绕起大厦塔楼之间的圆形空间。

安东尼·拉德福德 (Antony Radford) 和威廉姆·莫瑞斯 (William Morris)

莱斯特大学坐落在市中心南面，毗邻维多利亚公园。对于建筑的尺度来说，场地有些狭小。规划当局放开了公园边的建筑不能超过三层楼高的限制。

在北半球，工作间通常优先选用北侧采光。工作间屋顶采光跨越了矩形平面的对角线。该功能性组合的各元素形成45°角，建筑的平面布局则顺应了这一设计主题。

场地的大部分被一个矩形工作间占据，工作间的边缘对齐了场地边界。

靠近公园一侧是一组堆叠式办公室、实验室和阶梯教室，还建造了楼梯和电梯为其服务。较小的阶梯教室上方是四个小实验室，较大的阶梯教室上方则是高达七层的办公室。办公室组合上方是一个大型水箱。

建筑的主入口修建在一条坡道上方，坡道通向带露台和门廊的"主厅"。更常用的一层入口沿着两个阶梯教室下方的工作间的边缘，并通往裙房。

办公室原本使用的是与工作间相同的工业化、低成本专利装玻璃配件，与计划一致。后来被替换成热效能更高的铝板幕墙。这一变化并未显著降低建筑的美感

迟到者可以通过玻璃幕墙螺旋楼梯到达大型阶梯教室后排

裙房中包含了低层入口、实验室和工作间入口

建筑外部包裹着横向红砖、竖向瓷砖和玻璃。支柱和梁则采用了现浇混凝土

实验室的通风是借助穿过裙房的三角形基座顶端的一根通气管完成的，在满足现实需要的同时，又产生了雕塑般的效果

实验室的窗户突出墙外，有利于通过位于其三角形横截面底部的横向百叶窗进行交叉通风

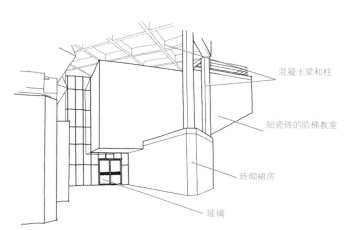

混凝土梁和柱

贴瓷砖的阶梯教室

砖砌裙房

玻璃

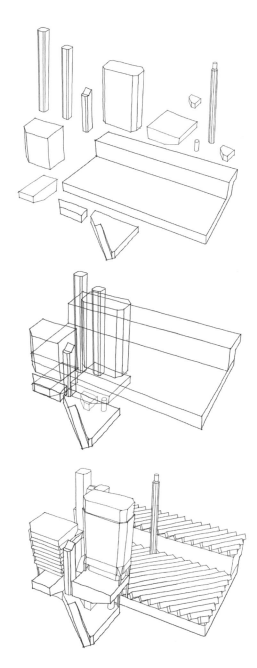

体量减少

为了适应活动所需的准确空间，建筑师减去了一些体量。斜切去了楼梯和电梯转角，倾斜了楼梯顶部使其与最上段阶梯相适应，并且去除了阶梯教室座位下方的未使用空间。

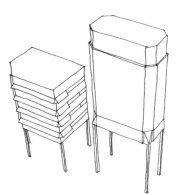

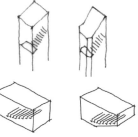

在办公室堆叠的最底层转角处，混凝土元素完成了从办公室被斜切的转角到单独支柱的优雅转换

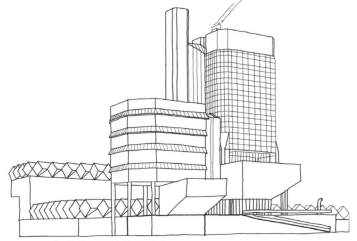

办公室塔楼可以被视为填充在结构之间的用来承载顶楼水箱的部分。与水箱的质量形成对比，包裹在办公室塔楼外层的是玻璃幕墙，更强化了这一概念。通过主楼梯两侧的管道，水流被运送下来。

塔楼的流通面积根据每层降低的需求而减少。因此，塔楼的玻璃幕墙向上逐渐收窄，成为所谓"水晶瀑布"。这是体量减小的另一个例子。

公园边缘的树木挡住了大楼的低矮部分，特别是在夏天。从办公室可以向外远眺

被作为一个对象的玻璃

在现代主义建筑中，玻璃往往因其透明性被用来填补元素间的空白，而没有被作为一个对象单独考虑。但是在莱斯特大学工程系大楼中，玻璃被用作一种雕塑材料，构成独立的体量。

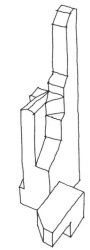

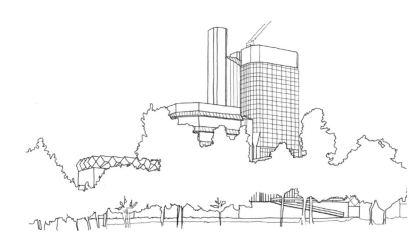

内部流通空间被处理成与"外部"相同的表皮和栏杆

空气动力学和电气工作间建在一楼锅炉房和维修间上方。屋顶采光、供应管道和屋顶结构延伸到工作间走廊

实验室的堆叠形式有利于完成各种供应和出入。主要垂直管井位于相邻的电梯塔内

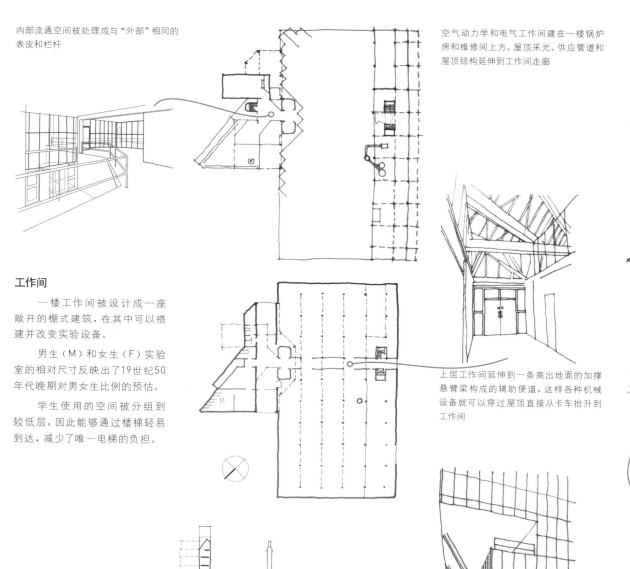

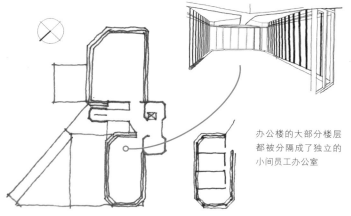

办公楼的大部分楼层都被分隔成了独立的小间员工办公室

工作间

一楼工作间被设计成一座敞开的棚式建筑，在其中可以搭建并改变实验设备。

男生（M）和女生（F）实验室的相对尺寸反映出了19世纪50年代晚期对男女生比例的预估。

学生使用的空间被分组到较低层，因此能够通过楼梯轻易到达，减少了唯一电梯的负担。

上层工作间延伸到一条高出地面的加撑悬臂梁构成的辅助便道，这样各种机械设备就可以穿过屋顶直接从卡车抬升到工作间

阶梯教室

小阶梯教室可以容纳100人，在纵向上悬臂展开，所以座位的倾斜底面向外伸出。拉长的教室形状有利于外部组合，但是对于坐在后排的学生来说，会距离教师太远。

大阶梯教室可以容纳200人，悬臂梁从塔楼的支柱开始向侧面伸展，悬臂梁的质量与上层办公室的堆叠相互平衡。

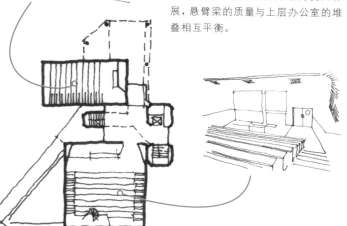

构造形式

实验室塔楼的楼板较厚，边梁之间采用类似装鸡蛋的条板箱一样的对角线结构

办公室塔楼的楼板较薄，只用独立的星形梁支撑

通常工厂会使用锯齿状屋顶，朝北的垂直条形玻璃窗与倾斜的单坡屋顶相连，而此处则设计成了朝南的倾斜面，端部是一条钻石形条带，位于无窗的砖面墙上

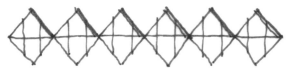

朝北的玻璃窗使用了胶合玻璃，这是一种玻璃纤维层，像夹三明治一样夹在两层透明玻璃之间。朝南的玻璃则在此基础上加了一层铝，起到隔离并反射阳光的作用

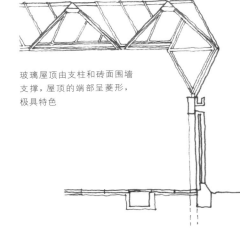

玻璃屋顶由支柱和砖面围墙支撑，屋顶的端部呈菱形，极具特色

玻璃屋顶有多个转角，屋顶网格与墙面网格的每一处过渡都采用了三角形平面设计

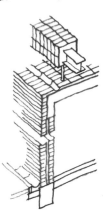

裙房的墙体用红色黏土砖垒砌，混凝土屋顶上铺砌了红色陶土瓦，强调了作为一个整体的一致性。栏杆仅用薄钢管支撑，且用与屋顶相似的材料铺砌，看起来就像飘浮在裙房上方的条带

坡道侧面下方的钢制安全门外覆盖了一层薄砖，以此保持与裙房材料的一致性

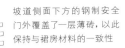

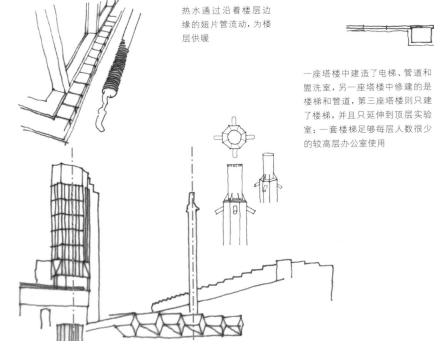

热水通过沿着楼层边缘的翅片管流动，为楼层供暖

一座塔楼中建造了电梯、管道和盥洗室，另一座塔楼中修建的是楼梯和管道，第三座塔楼则只建了楼梯，并且只延伸到顶层实验室；一套楼梯足够每层人数很少的较高层办公室使用

细长的锅炉房烟囱与建筑正面的主要垂直元素相呼应，有着像雕塑般精美的烟囱帽，侧面还有通气孔用以改善空气流动

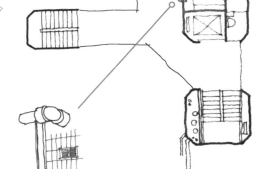

管道暴露在流通空间转角处，与塔楼里有垂直管道的实验室相连

美国

拉霍亚

索尔克生物研究所 ┃ 1959—1966
路易·康
美国，加利福尼亚州，拉霍亚

06

索尔克生物研究所由美国建筑师路易·康设计，是一栋致力生物研究的实验室和办公综合体。为了满足实验室设施的技术需要，建筑师重新考虑了服务与被服务的实验室空间之间的关系，创造出一个相互协调的研究环境。

在达到技术要求的基础之上，这座建筑还满足了研究所创建人乔纳斯·索尔克的个人愿望，即建立一个超越科学和人文之间的文化鸿沟的综合体。建筑被设计为一场科学实验室所在的技术空间与中心广场所代表的冥想——几乎神秘的——空间之间的对话，研究人员的办公室悬在广场中央，提供一个用来沉思的安静场所。在加利福尼亚州强烈的阳光下，宏伟的混凝土相互作用形成一系列过渡空间，将实验室中的实证过程与办公室里研究员们的思考任务绑定在一起。

阿米特·斯里瓦斯塔瓦 (Amit Srivastava)、李一凡 (Yifan Li)、斯塔夫罗斯·扎卡赖亚 (Stavros Zacharia) 和拉娜·格里尔 (Lana Greer)

与场地的呼应

拉霍亚沿海而多山，北邻圣地亚哥城。索尔克生物研究所屹立在悬崖之上，可以眺望西面的太平洋。因此，新综合体建筑力求抓住西面最美的风景。实验室设施靠近向东的公共进口道路，而与居住设施和社交集会大厅——均未建造——有关的更私密区域计划建在紧邻海边的露出地面的岩石层。

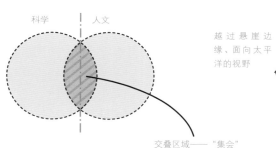

建筑师旨在建立一个位于科学和人文交叠区的场所

研究所的设计是在与其创建人乔纳斯·索尔克的讨论中完成的。索尔克希望这些设施能够帮助跨越科学与人文这"两种文化"之间的已被感知到的分水岭，这一区分是由英国科学家和小说家C.P.斯诺提出的。康试图通过关注两个区域间的过渡空间来促进二者的呼应，由此产生了规划的"三分式手法"。

建筑师计划通过集会厅（未建造）来鼓励两种文化的对话

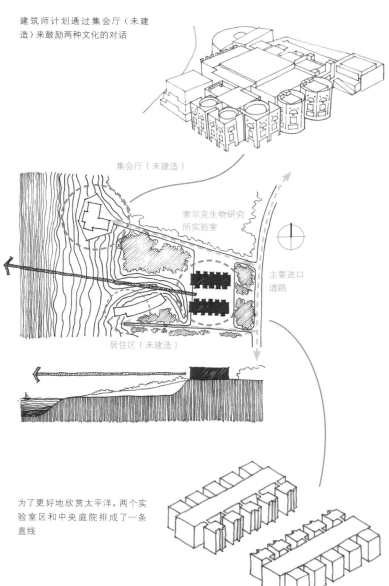

为了更好地欣赏太平洋，两个实验室区和中央庭院排成了一条直线

与形式原型的呼应

索尔克生物研究所是一座现代主义建筑，这一点毫无争议，但是对建筑和开放空间的处理却综合了多种形式原型，增添了体验的丰富性。

中央庭院的设计非常注重朝向太平洋的轴线，这条轴线类似巴西利卡建筑的轴线。重复的办公室区元素相当于巴西利卡的柱廊，将中央庭院的体验定义为巴西利卡中的"中殿"，中殿里圣坛的圣光在这里被落日重现。

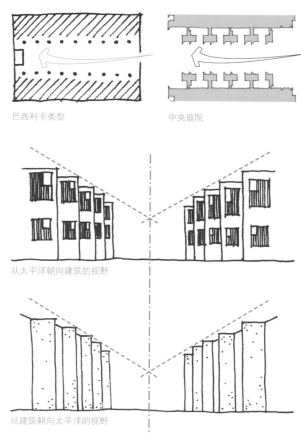

巴西利卡类型　　　　中央庭院

从太平洋朝向建筑的视野

从建筑朝向太平洋的视野

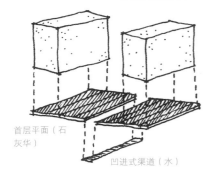

构筑块（混凝土）

首层平面（石灰华）

凹进式渠道（水）

象征主义和神秘体验

　　尽管建筑师原本将庭院设想为用绿树环绕四周，可以在盛夏为人们遮阴，而随后该中心庭院却被设计为石头广场。这种硬景观不仅没有削弱反而加强了日晒，使得庭院变成了一个空旷的中心，供人们进行安静的冥想，获得神秘体验。

一条浅水渠贯穿庭院中央

中央庭院被设计为一个石灰华平面——被墨西哥建筑师路易斯·巴拉甘称为"朝向天空的立面"

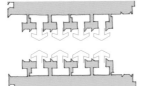

庭院类型　　　　中央庭院

水渠终点处是一个水槽，流水像瀑布般从一个"立方体滴水嘴"倾泻而下，汇聚到一个朝向太平洋的低矮水池

水渠中的水起始于位于广场东端的一个小型四方水池

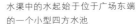

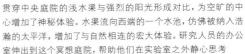

　　如果考虑中央庭院与东边树木和西边悬崖壁之间的关系，则可将其视为一个对应庭院类型的封闭而私密的圣殿。办公区块悬挂在其余结构之外，再现了修道院密室的体验，可以观望到中央冥想空间。

　　由于对表皮的材料处理方式，两个直线构筑块和中央庭院的水平基准面之间的原型关系得到提升。整个广场被设计为石灰华平面与露石混凝土块的对比，使得这些构筑块仿佛轻盈地飘浮在广阔的平面之上。与竖向构筑块的体验相反的是，一条凹进式的水渠沿着整个广场流动，并且与构筑块平行。

贯穿中央庭院的浅水渠与强烈的阳光形成对比，为空旷的中心增加了神秘体验。水渠流向西端的一个水池，仿佛被纳入浩瀚的太平洋，增加了与自然相连的宏大体验。研究人员的办公室伸出到这个冥想庭院，帮助他们在实验室之外静心思考

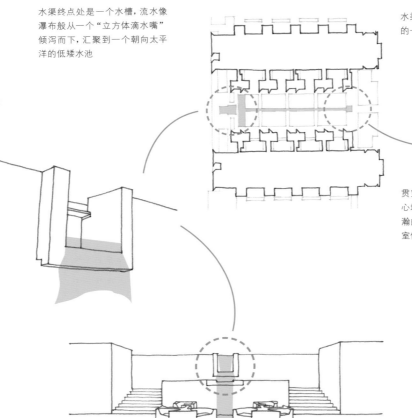

设计程式——过程领域

满足一所研究机构的程式必须考虑通过两种不同的物理环境，这两种环境分别与实证研究的实验室过程和概念化、理论化的智力过程相关。构成两个构筑块后部的实验室空间和服务核心定义了这个"过程领域"。

实验室和服务核心

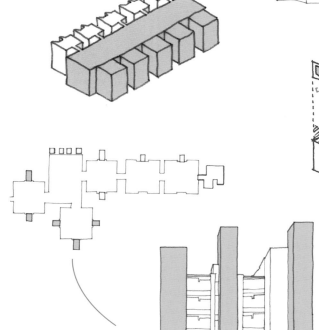

服务区块。理查兹医学研究实验室（1957—1962），美国，费城

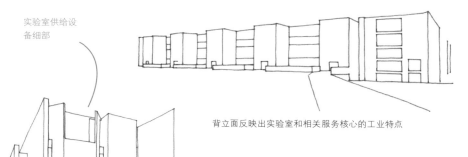

实验室供给设备细部

背立面反映出实验室和相关服务核心的工业特点

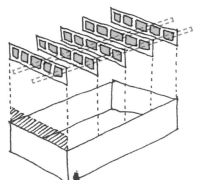

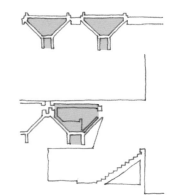

实验室空间需要连接若干机械和电气供给设备，而这些一般总是会令实际工作空间杂乱不堪。设计理查兹医学研究实验室时，康已经在尝试将服务空间和被服务空间清晰地分离，在索尔克生物研究所的设计中更是进一步将之应用到建筑的剖面。

按照原方案，康设计了一个由箱型桁架主梁和折板构成的结构系统，可以包围起一人高的服务核心，贯穿建筑跨度。真正建造时，结构系统被改为佛伦第尔式桁架，但是仍然保留了可以容纳所有必要服务的间隙空间。厚板中的狭槽使得这些供给设备能够按要求下降到工作区域。

设计程式——智力领域

研究环境的其他方面要求研究者将自己从实证过程的紧迫性里抽离出来，并且认真思考整个程序。为这一要求服务的是面向中央庭院的办公空间。借助一条短走廊，把这些小型研究室与实验空间分离开来，并且飘浮在构筑块之外，突出到中央庭院的宁静冥想领域。

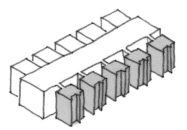

研究室突出到中央庭院中

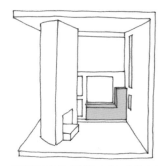

康在费雪之家（1967）中使用的柏木包层窗下座表现出了在私密住宅中由木材带来的温暖和亲密感。这些特征也被使用在索尔克生物研究所中的研究室里

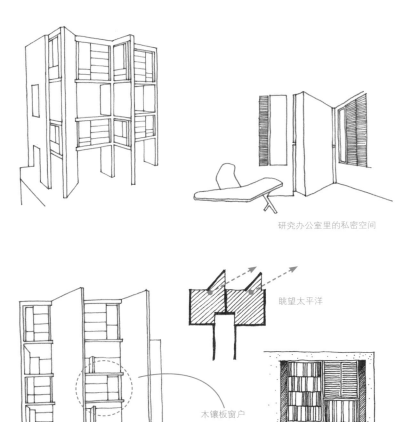

研究办公室里的私密空间

眺望太平洋

木镶板窗户

为了激发思维，研究室被设计为静修空间，研究员们可以让自己脱离实验室环境的紧迫性，投身到不同的、更广大的现实中。

与实验室区块的物理性分离不仅降低了噪声，而且在象征意义上将研究员带入中央庭院更大面积的神秘领域。在每一间研究室都能直接看到广场和海洋，但是窗户被限定了角度，从而无法看到其他房间，建筑师就是通过这种方式来支持上述关系的。在研究室中使用的木材与建筑其余部分的露石混凝土形成对比，帮助营造出有利于思考的温暖、私密的环境。

光线和视线的渗透性

　　未建造的集会厅被设计为双层墙壁，产生光线和视线的通透感。

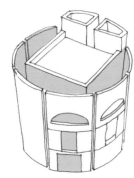

集会厅部分（未建造）

　　虽然对集会厅的设想从未实现，但是实验室区块的设计同样反映出对这些问题的重视。沿着实验室设施内表面展开的走廊空间与中央庭院分隔，中间是研究员的办公区块，但是两个区块的楼层被交替安排，以便都能看到中央庭院。这种分层的"相遇"通过光影效果增加了视觉趣味性。

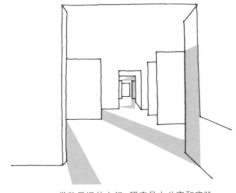

借助后退的大门，研究员办公室和实验室的过滤光线之间的连接桥呈现出有趣的图案

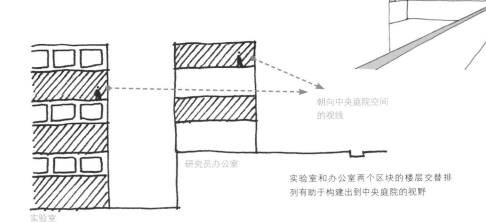

实验室

研究员办公室

朝向中央庭院空间的视线

实验室和办公室两个区块的楼层交替排列有助于构建出到中央庭院的视野

哈姆莱贝克

路易斯安娜现代艺术博物馆 ┃ 1956—1958
乔根·波和威尔海姆·沃莱赫特
丹麦，哈姆莱贝克

路易斯安娜现代艺术博物馆坐落在丹麦哥本哈根北部的一个名叫哈姆莱贝克的小村庄里。进入博物馆需先经过一座别墅，这座别墅建于19世纪，它的建造者结过三次婚，三任妻子都叫作路易斯。20世纪50年代，由建筑师乔根·波和威尔海姆·沃莱赫特设计的砖木结构新建筑继承了传统的丹麦技艺，同时受到加利福尼亚和太平洋地区，尤其是日本的木构建筑影响。

路易斯安娜极好地表现了建筑、艺术和景观——以及令人愉悦的咖啡馆中的食物——之间的响应式结合。三者相互支持，形成优势互补。这座建筑同时展示了简单直接的建造方法、普通的材料和约束也能创造出伟大的建筑。

对这座建筑的分析集中在1958年首次开放的陈列室。1966—1998年，波和沃莱赫特建筑事务所又陆续对其进行了扩建，极大地扩展了它的尺度。

安东尼·拉德福德 (Antony Radford)、查尔斯·惠廷顿 (Charles Whittington) 和梅根·利恩 (Megan Leen)

参观者可以穿过陈列室或公园般的花园。建筑内外都可以看到雕塑作品。一座由亨利·摩尔创作的巨大雕塑成为建筑天际线的一部分

整齐有序的水平屋顶平面强调了公园的繁茂树木。建筑围绕着场地的边缘，创造出一条温暖且受庇护的欣赏花园和户外雕塑的路径。每到冬季，大雪覆盖整个园区，一片和谐

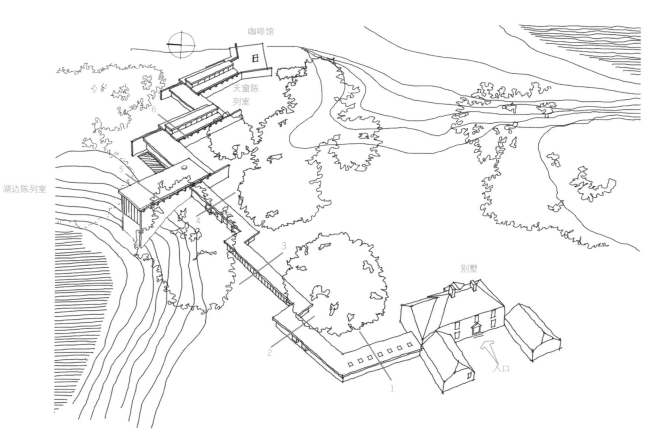

博物馆的创始人科纳德·詹森希望将入口保留在别墅的正门，让参观者感觉仿佛进入了一间私密住宅。他同时还要求建筑师设计的房间可以远望200米外的湖泊，在远处100米的峭壁上的咖啡馆以及朝向瑞典的一片海洋

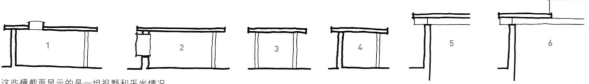

这些横截面显示的是一组视野和采光情况

路径

从街面上只能看到原有别墅。参观者穿过旧门进入正门，感受到回家般的温暖。走过门厅和三个纵向房间，转弯并走下几个台阶，便可到达与之前风格迥异的新建陈列室。在原有别墅中，参观者看到的是油漆过的木镶板、檐口、带三角山墙装饰的大门和小窗格窗户；别墅中的各个房间是独立的，围墙上凿出开口。与之形成对比的是，扩建部分是一座砖木结构建筑，在交替出现的砖或玻璃平面引导下形成连续的空间。

走过长长短短的轴线，感受各具特色的空间体验，陈列室的旅程可谓一场充满惊喜的冒险。靠近别墅的走廊转弯处有一棵雄伟的山毛榉树，近距离欣赏它巨大的树干，如艺术品一般优美。最大的陈列室两层通高，拥有一面可以看到湖水的玻璃幕墙。另外两个较小的陈列室是通过天窗采光的封闭空间，转角处可以获得比较狭窄的视野。流线尽端有一个家用尺寸的开放式壁炉，并且有开阔的全景视野可以看到朝向瑞典海岸的海洋。

绘画展品出现在参观者路径的白色侧墙或前方走廊的视线尽头。在陈列室里，它们被镶嵌在屏风上，参观者可以在四周随意走动。

雕塑展品通常被放置在玻璃前方，这样就可以以后方景观为背景。树木和屋顶挑檐的遮挡可以有效减少眩光。有些雕塑被放在室外花园里，只能透过窗户在花园路径上欣赏。

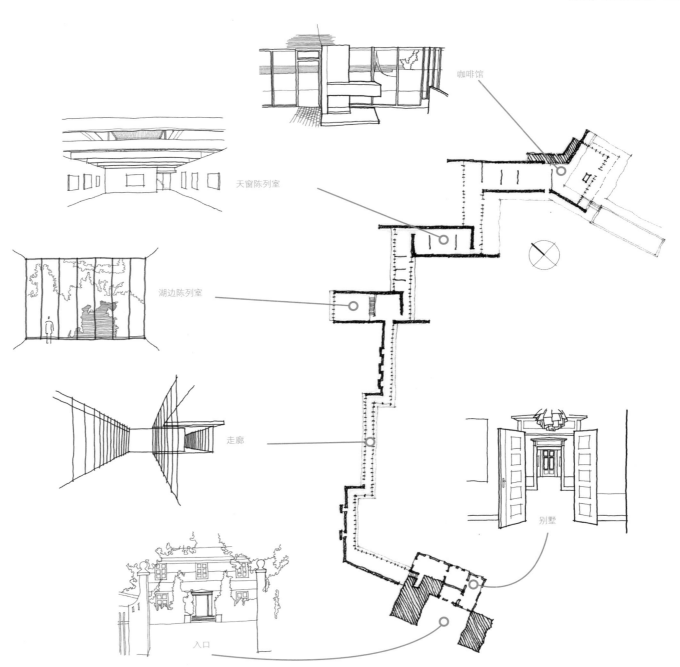

咖啡馆

天窗陈列室

湖边陈列室

走廊

别墅

入口

走廊

走廊采用最简洁的结构。轻盈的木框架立在混凝土基础之上，嵌入到深色层压木框架和天然木制天花板中的插槽里。地板铺设着深红色砖块大小的瓷砖。走廊外部，突出的屋顶和天花板以及一条与瓷砖相匹配的砖石铺路使得走廊看起来仿佛延伸到了景观中。屋顶的排水借助一条从屋顶底面延伸到地面的落水管。走廊侧面的有些部分用白色油漆漆过且未抹灰泥的砖墙代替了玻璃。

湖边陈列室

走廊将参观者引导到一间面积更大、更封闭的陈列室，在这里可以看到一组细长的贾科梅蒂创作的人像，光线透过唯一的圆形天窗落在雕塑上。左边，木屏风和窗棂框起了一方湖水的美景。屏风后面的楼梯向下连接到一个较低的两层通高的楼层。楼梯后方有一间私密的、天花板较低的陈列室。

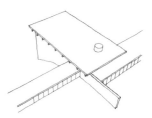

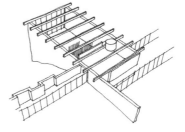

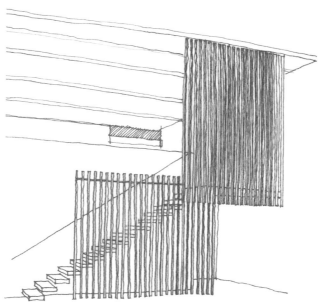

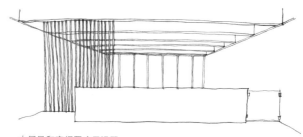

屋顶和天花板看起来似乎延伸到了窗户之外

木屏风和窗棂限定了视野

走廊内部的瓷砖接缝整齐统一，外部的砖石接缝则显得松散，与草地相融合

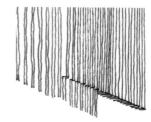

上层的木板突出在下层木板之外，因此看起来像两个矩形

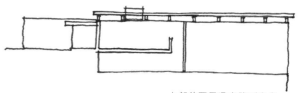

上部的两层通高陈列室和下部的较低矮陈列室具有完全不同的空间特征

天窗陈列室

接下来更宽的一部分走廊连接到两个天窗采光陈列室中的第一间。层压木梁搭在白砖墙上，梁之间安装了固定玻璃，探出于墙体之外。另有两根梁跨越层压梁之上。在这些梁的交叉处，一根直立的细长层压木柱支持着有大型天窗的屋顶。结构的辨识度没有受到窗框、踢脚板或檐口的破坏。在走廊中，地板铺设着砖块大小的瓷砖，天花板镶着木板。

咖啡馆

文化之旅结束后，就可以犒劳下自己了：坐在开放式的壁炉旁或窗户边，或到户外的露台上欣赏远处瑞典海岸的游艇、帆船，享受咖啡和丹麦糕点。屋顶结构被隐藏在木天花板之后。为了适应开阔空间，建筑师把大部分地板降低了两个台阶，由此增加了房间高度，从后墙周围的餐桌可以察看较低矮的区域。这种令人怀旧的感觉，仿佛坐在一间大而舒适的起居室里。为了满足需要，后来的改造进一步扩大了面积——虽然设计精良，但是不可避免地失去了原有的私密性。

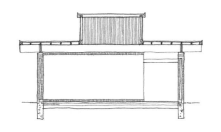

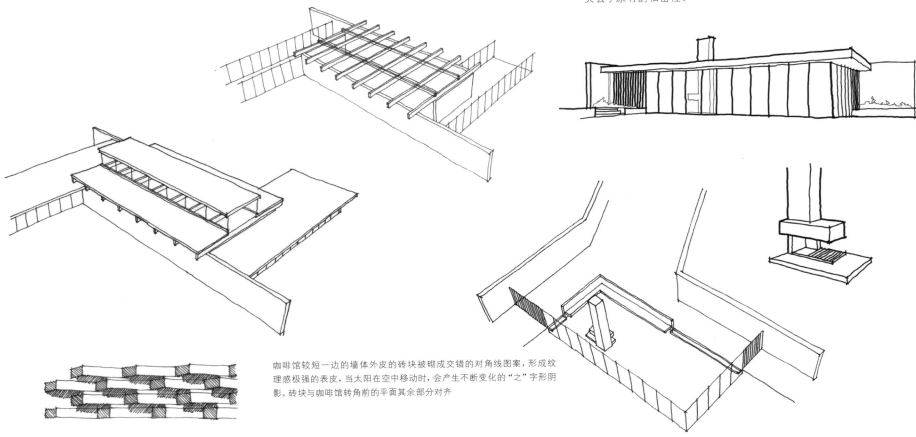

咖啡馆较短一边的墙体外皮的砖块被砌成交错的对角线图案，形成纹理感极强的表皮，当太阳在空中移动时，会产生不断变化的"之"字形阴影。砖块与咖啡馆转角前的平面其余部分对齐

扩建

博物馆开放后不久，就开始了
扩建工作，一直持续到1991年。

1855

原有别墅

1958

博物馆早先开放时的原有别墅以及
陈列室和咖啡馆

1966

别墅附近新增了一个用于临时展览
的空间。建材的色调和风格与原有陈列
室相同

1971

扩大了1966年的扩建部分，增加了陈
列室和一个小型地下室电影院

1976

在靠近咖啡馆的远端增加了一间用
于音乐和演讲的大厅，其中的阶梯式座
位可以容纳400人。其风格类似于原有别
墅，但是为了新型空间进行过改造。建筑
师没有使用层压木梁，而是用带有钢拉杆
的木桁架跨越两个方向支撑屋顶

1. 1971年的陈列室和1976年的大厅均采用了砖木样式

2. 1976年建造的大厅中的阶梯式座位

3. 在1982年的扩建中，视线高度接近于地面高
度——用另一种角度看世界

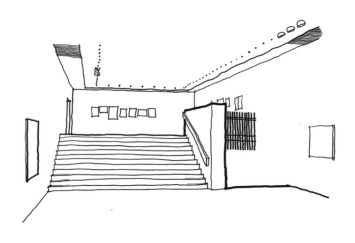

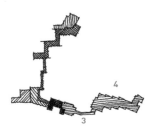

1982

　　新建了与别墅相连的新售票处和商店，为陈列室新增了一个侧翼结构。博物馆不再是以咖啡馆为终点的单一路径，而是以别墅为"首"，由两条"手臂"包围起花园的形态。第二个臂状结构的风格与第一个不同：用灰色大理石建造的楼层，其白色油漆未抹灰泥的墙壁比原有陈列室和白色天花板更加光滑。它的主要空间与外部的连接不像原有陈列室那么紧密，

其采光是通过覆盖着半透明玻璃布的天花板实现的。新的侧翼结构尾端是一个小露台

1991

　　地下陈列室连接起了臂状结构的尾端，围成了一个圆形。地下陈列室不能获得自然采光，使用的是可控的低照度灯光，用于展示绘画、织物和其他光敏感物品。形态类似露台的用钢和玻璃建造的一座展馆覆盖着从这些地下空间伸出的楼梯。咖啡馆曾经是参观完一座小博物馆后的终点，1991年后变成了参观一座大得多的博物馆的中途休息站。展览的潜力增大

了，但是参观者的体验却不再那么特别和愉快了

4. 1982年建造的通过天窗采光的陈列室

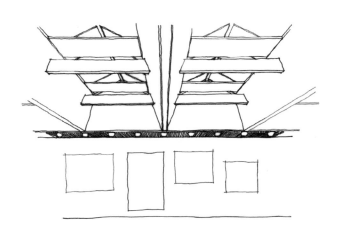

5. 1991年建造的白色油漆混凝土地下部分

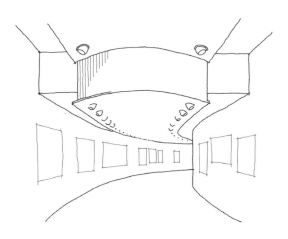

6. 1991年建造的露台的玻璃拱顶

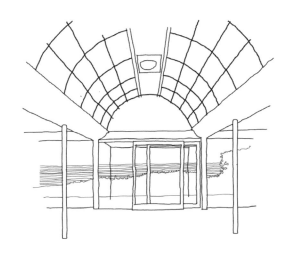

08

代代木国立体育馆是为举办1964年东京奥林匹克运动会而兴建的，共有两座场馆，一座包括游泳池和跳水池，另一座面积更小。因为奥林匹克运动会带来的国际关注，常常被举办国和举办城市视为展示现代国家地位的良机。这一点对当时第二次世界大战后的日本尤其重要。

丹下健三的作品把传统日本建筑的形式特质和创新的现代结构体系融合在一起。代代木国立体育馆对齐了供奉明治天皇的明治神宫，在明治天皇的监督下，日本完成了工业化和现代化，迈入了20世纪。建筑师通过这种方式延伸了体育馆与过去的联系。

裴曼·米尔扎伊 (Peiman Mirzaei)、春音劳 (Chun Yin Lau) 和阿米特·斯里瓦斯塔瓦 (Amit Srivastava)

与城市文脉的呼应

作为一幢大型公共基础设施，体育馆面向它的城市文脉全面开放。构成代代木国立体育馆两个场馆的巨大平面并没有明显区分前方和后方，并且两个平面在综合体内的位置有利于发展周边的市民空间。相应地，综合体有多个入口，可以从各个方向进入。

体育馆与明治神宫轴线的对齐关系不仅是与过去联系的象征，而且也为东京未来发展的潜力提供了框架。

与传统建筑语言的呼应

尽管体育馆的设计中运用了灵活的悬索屋顶结构，但是仍然选择以类似传统日本建筑的坚实大屋顶的建筑语言来表达，如附近的明治神宫和其他日本神道教神社。

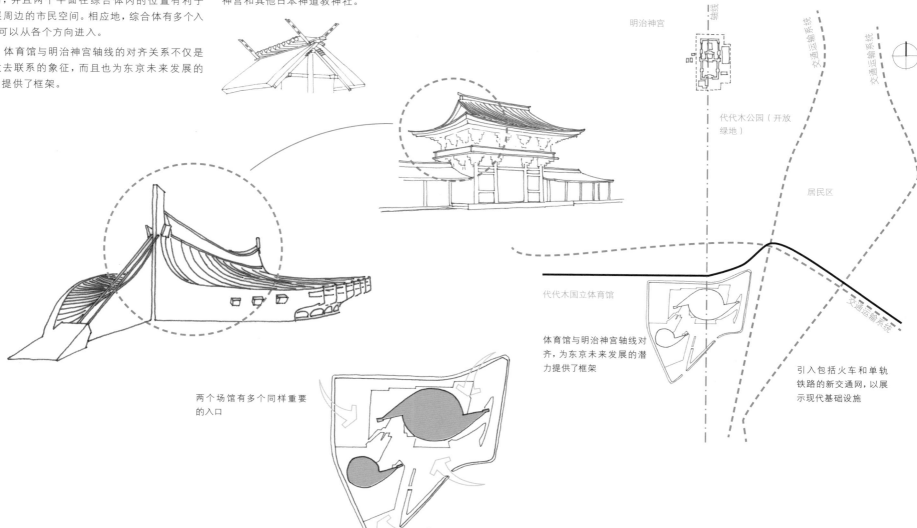

两个场馆有多个同样重要的入口

明治神宫

轴线

交通运输系统

交通运输系统

代代木公园（开放绿地）

居民区

代代木国立体育馆

体育馆与明治神宫轴线对齐，为东京未来发展的潜力提供了框架

交通运输系统

引入包括火车和单轨铁路的新交通网，以展示现代基础设施

与技术发展的呼应

多顿竞技场，美国，北卡罗来纳州，罗利市，建筑师：马修·尼维克（1953）

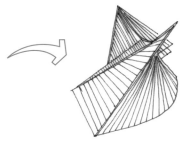

飞利浦馆，比利时，布鲁塞尔，建筑师：勒·柯布西埃（1958）

耶鲁冰球场，美国，康涅狄格州，纽黑文市，建筑师：埃罗·沙里宁（1958）

代代木国立体育馆，东京，建筑师：丹下健三（1964）

与当时日本的其他建筑师一起，丹下健三在选择调整传统日本建筑语言的同时，关注开创性的新技术。代代木国立体育馆采用的结构体系只有10年历史，并且做成了当时世界最大的悬索屋顶。较大的结构由悬在两个混凝土支柱上的两根4米长的钢索构成，形成了一根悬链线，允许屋顶的其余部分悬吊于此。较小的结构被设计为贝壳状螺旋体，在其中一端，所有的吊梁都以展开的姿态由一根圆柱支撑。

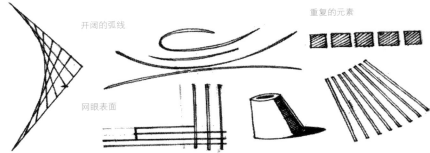

开阔的弧线

网眼表面

重复的元素

体育馆的形式组合是20世纪中期各种材料和技术试验的代表产物，如双曲抛物面形式和重复的结构元素。

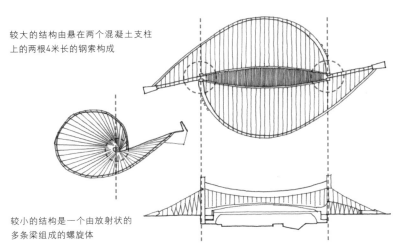

较大的结构由悬在两个混凝土支柱上的两根4米长的钢索构成

较小的结构是一个由放射状的多条梁组成的螺旋体

弧形屋顶造型展示出了建造技术的先进性，而且很好地解决了抗风和积雪问题。当地的风速有可能达到飓风级别，而屋顶的空气动力学形态使其可以安全地掠过建筑结构。屋顶的弯曲度防止了雪积压在大屋顶跨度，而且为雨和雪的处理问题提供了便捷的解决方案。

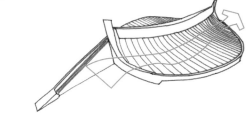

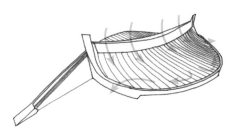

与设计程式的呼应

通过对基本几何结构的简单布置和两个结构间的响应式互动，建筑师实现了对这个奥运场馆设计程式需要的原创性呼应。简单的圆形允许组织起就座于运动场各个方向的观众，因此保证了每位观众的视线在欣赏赛事时不受阻碍。对几何形的简明转换创造出了宽敞的入口和出口，有利于巨大人流的疏散。

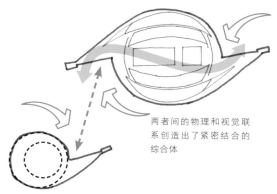

处于相对位置的宽敞入口和
出口有助于观众的流动

两者间的物理和视觉联系创造出了紧密结合的综合体

两个建筑几何结构之间的变换相互呼应，创造出类似广场的互动空间。两个场馆间的物理和视觉联系方便观众流动，并且使得综合体成为结合紧密的整体。在两个建筑内部，略微不同的形状和尺度允许根据赛事与观众的关系来安排比赛。较大的场馆用于游泳比赛，观众可以沿着矩形泳池观看比赛。较小的场馆中可以安排拳击等从多个角度观看的比赛。

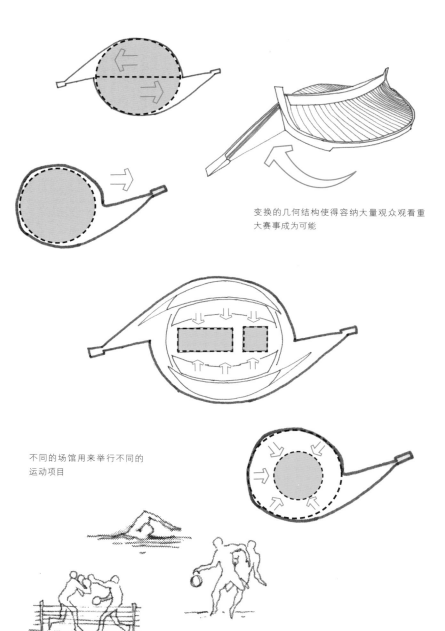

变换的几何结构使得容纳大量观众观看重大赛事成为可能

不同的场馆用来举行不同的
运动项目

与物质性和结构的呼应

两种建造系统的组合使得建筑可以与圆形露天竞技场的座席安排和大型连续屋顶盖法的两种单独设计程式需求相互呼应。混凝土基础结构使用的抗压系统适应地面支撑的多层座席，而悬索屋顶使用的可伸展系统产生了一个从上方支持的伞状盖顶。

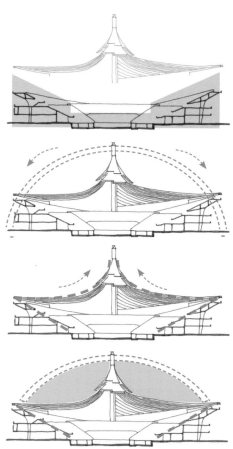

悬索屋顶降低了建筑的总体量和相关的供暖和降温花费

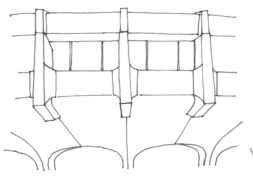

由于使用了伸出到一系列拱形入口之外的悬臂结构，即使用料是混凝土原材料，整个形态也仍然不失轻盈感

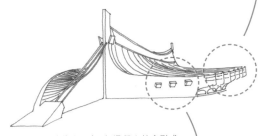

用独立的金属体作为开窗，与混凝土基座形成对比

与使用者体验的呼应

代代木国立体育馆不仅满足了举办奥运会期间接待大量观众的需求，而且也借助灯光的组合为使用者带来了不同寻常的难忘体验。两个场馆都在屋顶的悬索点设计了天窗，散射的光线充满了整个内部空间。这不仅强化了两个场馆之间的关系，而且使得场馆组合成为结合紧密的整体。

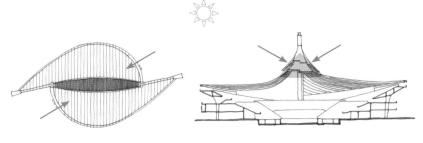

在较大的场馆中，天窗在中央延伸，把焦点带回到中央游泳池中的活动。集中式光源帮助人工照明在晚间也能获得类似效果。弧形的屋顶结构使得散射光能够照射到建筑的整个宽度，而且也强调了结构的宏大跨度

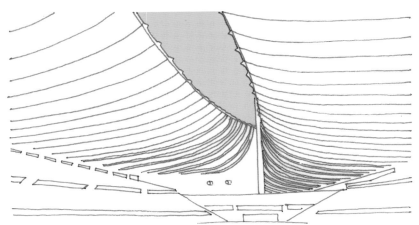

弧形屋顶和中央天窗让人们更加关注建筑的宏大跨度

在较小的场馆中，天窗环绕着中央支撑柱

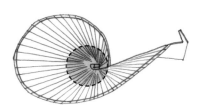

在中央天窗和放射状结构构件的共同作用下，场馆内部的巨大感得到提升。放射状的悬索上升到中央柱杆，同时也把观众的注意力集中到赛事体验上。作为象征全球和平以及和谐的盛事，这种共享体验是奥林匹克运动会不可缺少的一部分。

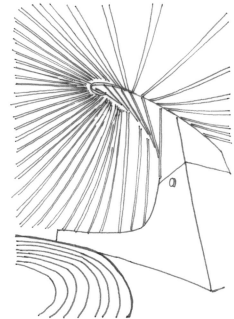

从中央向外放射的悬索

芬兰

塞伊奈约基

塞伊奈约基市政厅 | 1958—1965
阿尔瓦·阿尔托
芬兰，奥斯托波斯尼亚，塞伊奈约基

塞伊奈约基城位于塞伊奈约基河边，距离赫尔辛基西北约350千米，是由阿尔瓦·阿尔托设计的民间组织主要建成项目所在地。1958年，阿尔托接受委托设计了塞伊奈约基市政厅，1963—1965年进行建造。1973—1974年，又在办公室侧翼增建了一座风格相同的附加建筑。市民中心的其余部分包括一座图书馆、一家戏院、一栋行政楼以及一座带有高耸钟塔的教堂。

市政厅属于阿尔托的"人文主义者—理性主义者"建筑风格，将20世纪现代主义的理性主义与他对人体尺度的敏感和解读联系起来。这座建筑显得庄重而不压抑。

安东尼·拉德福德（Antony Radford）、奈杰尔·赖欣巴哈（Nigel Reichenbach）、塔克·奥克萨拉（Tarkko Oksala）和苏珊·麦克杜格尔（Susan McDougall）

"首尾"建筑

市政厅的布局呈现出"头"和"尾"的形态，前者由会议室构成，后者由办公室构成。建筑的首部造型仿佛雕塑，铺砌了蓝色的陶瓷瓦，在阳光下闪闪发光，已经成为当地城市景观的地标。会议室在底层架空柱的抬升下，高出街面一层。而尾部造型简单，建有一条中央走廊，环绕着建筑南向阳面的一座人造假山。

假山是用挖掘出的泥土堆成的。市政厅紧紧依偎着假山，长满青草的台阶通向会议室的正门。假山坡度陡峭，朝向办公室侧翼的边缘，在一边留有一处狭槽，便于从一楼的窗户向外欣赏绿色景观。

永恒与废墟

会议室的造型像是一个雕刻后的体块，如同一块立在矩形基座上的巨大宝石，闪闪发光。阿尔托的建筑常常给人一种部分被移除的印象，令人产生不完整感（消失的部分有待被加上）或废墟感（消失的部分彻底不见）。

从陶瓷瓦片上看不到岁月的痕迹，白色油漆的水泥打底也极易被翻新。这些元素与其他建筑材料形成对比，如铜屋顶和木制窗格栅——像人一样——会随着时间而改变。

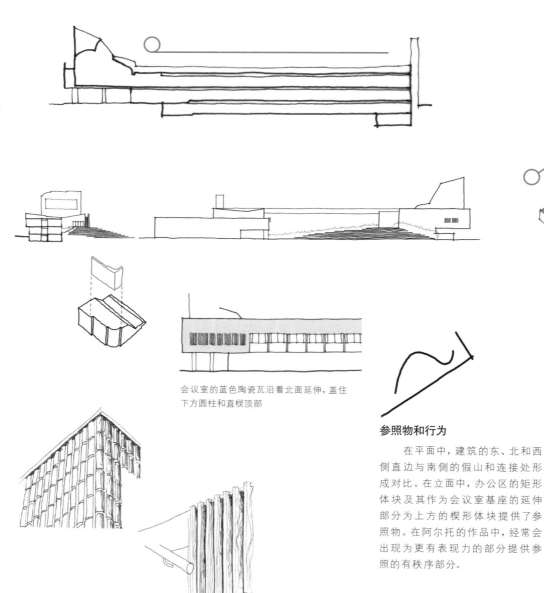

会议室的蓝色陶瓷瓦沿着北面延伸，盖住下方圆柱和直棂顶部

参照物和行为

在平面中，建筑的东、北和西侧直边与南侧的假山和连接处形成对比。在立面中，办公区的矩形体块及其作为会议室基座的延伸部分为上方的楔形体块提供了参照物。在阿尔托的作品中，经常会出现为更有表现力的部分提供参照的有秩序部分。

主入口

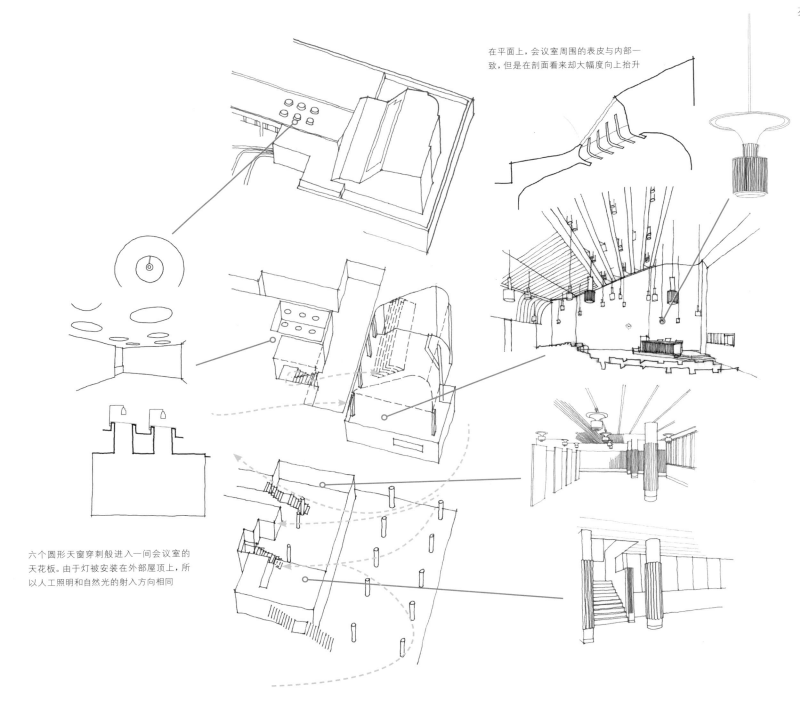

在平面上，会议室周围的表皮与内部一致，但是在剖面看来却大幅度向上抬升

六个圆形天窗穿刺般进入一间会议室的天花板。由于灯被安装在外部屋顶上，所以人工照明和自然光的射入方向相同

会议室

市政厅是继教堂之后第二个完工的市民中心建筑。阿尔托的建筑事务所后来又设计增加了一座图书馆、一栋办公楼（包括警察局）和一家戏院。对戏院的规划始于1961年，但是最终成型是在1984—1987年，当时阿尔托已经去世，是由他的遗孀艾丽萨·阿尔托接手事务所后完成的。

经过一条柱廊，可以进入市政厅的主入口。白色和灰色的柱子令人联想到芬兰桦木林中那些有白色树干的树木。在门厅内部，温暖的木材表皮和纹理让人仿佛进入了一块林间空地。内部表皮上仍然使用了蓝色陶瓷瓦，为室内增加了颜色，也保持了延续性。

对着门的是一张接待桌、一条通向行政办公室的走廊以及连接到楼上会议室的楼梯。在戏院建成前，会议室承担了举办文化活动和会议的功能。

会议室处在草坪阶梯式假山的顶端，而主席的办公桌被摆放在几乎与上升的台阶齐平的平台上。

反射光透过会议室屋顶的一个大型天窗照射进来，避免了刺眼的眩光出现。吊灯像夜空的繁星般不规则地悬在天花板上，而主席办公桌上方的灯是金色的，标志着这个位置的重要性。

市政厅是塞伊奈约基市的行政和文化中心，靠近但不属于城市商业中心。沿着市中心的道路向东北方向到达市政厅，可以看到其醒目的外形和标志性的蓝色瓦墙。

市民中心的五座建筑完美地诠释了建筑与城市文脉的响应式结合。每一座建筑的形式都极具特色，同时又遵循着相同的设计语言。它们之间相互呼应，像是一群志趣相投的人聚在一起。

1. 商业中心
2. 市民中心

很多城市的市民中心的几何图形都显得僵化、正式，而塞伊奈约基市政厅却并非如此。步行广场的道路被铺成矩形图案，为其不规则且有角度的边缘提供了参考。步行广场的中轴没有车辆往来，停车区被安排在外围。一条主路将教堂与其他部分分隔开来。

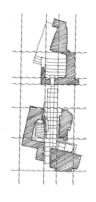

图标说明

1. 市政厅，从1958年开始设计，建于1961—1965年
2. 平凡的十字教堂，设计于1951年，建于1958—1960年
3. 图书馆，建于1964—1966年
4. 戏院，从1961年开始设计，建于1984—1987年（阿尔托当时已经去世）
5. 办公楼，1968年

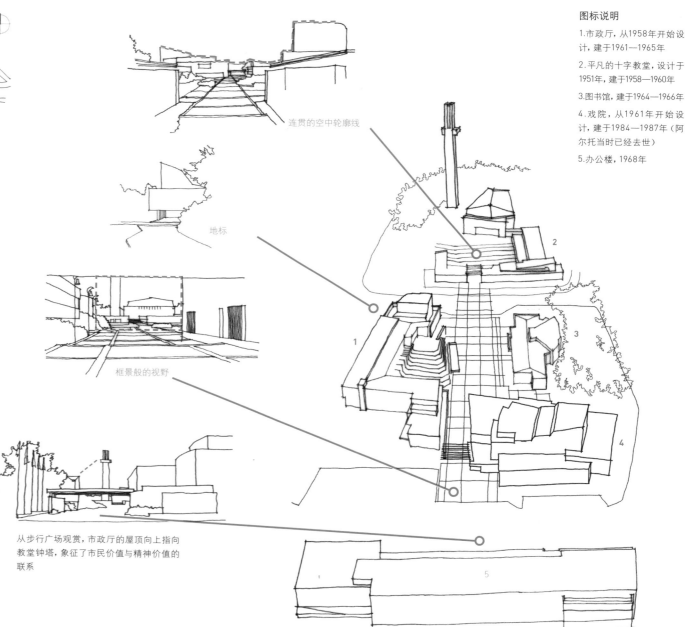

连贯的空中轮廓线

地标

框景般的视野

从步行广场观赏，市政厅的屋顶向上指向教堂钟塔，象征了市民价值与精神价值的联系

阿尔托对图案的运用

阿尔托始终坚持使用一组设计图案，小到住宅的小物件，大到整个城市规划，遍布各种尺度的作品。所有这些图案都可以在市政厅和市民中心的其他部分中找到。

复合曲线

受控制的（不是完全的自由形）曲线结合了不同半径的圆弧以及之间的直线段，如大厅的天花板、天窗和门把手侧面的剖面。门把手被广泛应用在阿尔托的作品中

发散和扇形

发散状直线段和扇形为组合增添了生气。建筑的边缘呈发散状，草坪台阶将之延续。外部灯饰的反射物结合了扇形和复合曲线

拼贴和重叠

不同材料和表面修饰被并列或者重叠在一起，形成拼贴画式的色彩或纹理。大厅的白色柱子表面上附加了灰色的矩形石镶板。阳台贴面使用的是蓝色陶瓷砖，连接墙皮的白色打底和瓷砖。这面墙上的瓷砖贴条一直延续到木框窗户的正面

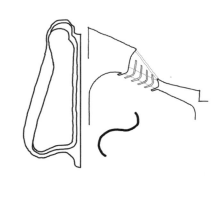

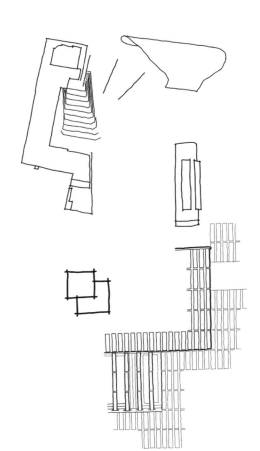

折线和表皮

向前或向后折叠的线条和表皮。市政厅外皮构成了阶梯状的空中轮廓线。窗户和门按照一条阶梯形窗台或门槛线安装

重复和分割

建筑元素被并排着不断重复，特别是线形元素。镶板被重复的木条或瓷砖分割为若干小部分。位于草坪台阶顶部的门上方的一行灯不断重复。常常用垂直的木板覆盖住窗户

首和尾

在组合形状中有占主导地位的首部和附属地位的尾部。这一点在建筑整体、入口门厅与逐渐收窄的走廊中尤为明显。外部照明灯和反射物也能被视作首尾关系

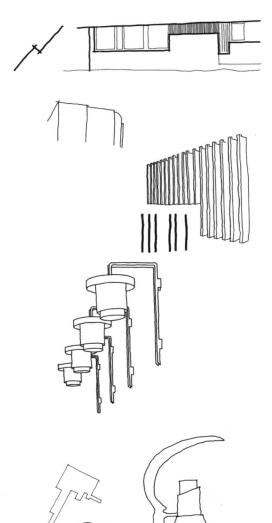

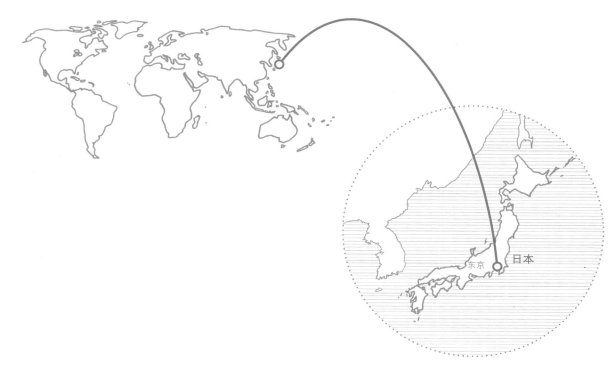

圣玛丽大教堂 | 1961—1964
丹下健三
日本，东京

10

作为日本第二次世界大战后的第一代建筑师，丹下健三在战后重建中发挥了重要作用。圣玛丽大教堂充分表现出丹下健三的设计理念。这座教堂位于繁华的东京闹市区，隐藏在两座混凝土建筑之后，四周车水马龙。

建于1889年的旧有欧洲天主教大教堂被毁于1945年。1961年，丹下健三赢得了重建教堂的竞标，并且在1964年建设完工。丹下健三曾经与勒·柯布西埃共同工作，因此受到了现代主义、结构主义和新陈代谢运动的影响。圣玛丽大教堂象征了现代主义的简洁、材料的真实和现代的宏伟与传统的和谐对话。

塞伦·莫可 (Selen Morko)、夏莲娜·塔姆 (Halina Tam) 和亚尼内·方 (Janine Fong)

文脉

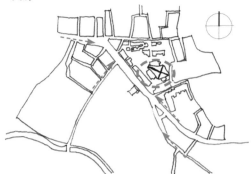

圣玛丽大教堂坐落在东京北部的文京区，与主路
目白通相连

当地的城市文脉属于高密度的住宅、休憩、政府大楼、学校和图书馆的混合。圣玛丽大教堂掩藏在混凝土建筑之间，走过有坡度的人行天桥或穿过红绿灯十字路口后，可以步行到达。

由于其反光包层、独特的形状和参天的高度，教堂在四周街区中非常突出

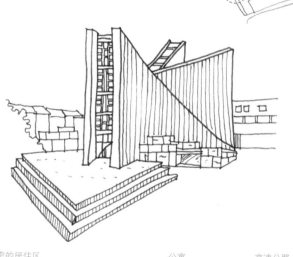

典型的人行道

典型的车行道

无论是行人还是车辆，都要通过狭窄的目白通

从不同角度欣赏，这座教堂都呈现出极具特色的轮廓

教堂的轮廓指向天空，具有精神象征意义。从文脉上来说，它并没有遵从所在街景的设计语言，但是其淡雅的灰色材质使其能够更好地融入繁华的都市背景中。

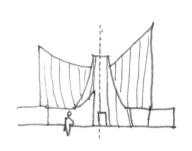

政府大楼　　目白通　　钟塔　　　圣玛丽大教堂　　　主教住所　　　稠密的居住区　　　　公寓　　高速公路

结构和先例

丹下健三遵循了勒·柯布西埃的很多设计原则。1958年，勒·柯布西埃设计了比利时布鲁塞尔的飞利浦馆，使用了九条双曲抛物线的集合。而圣玛丽大教堂采用了类似的八个双曲面，这些统一的混凝土表皮构成了屋顶和墙体。自由流动的拱形造型为集会创造出了巨大的内部空间。

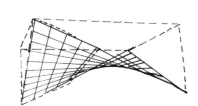

双曲抛物面是一种鞍形弯曲表面，可以通过两组相互斜交的直线建成

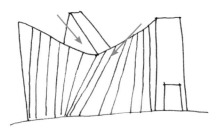

在圣玛丽大教堂，一个结构十字穿透了抛物面

混凝土核心结构外层包裹着铝板

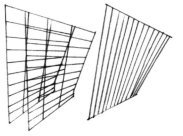

双曲抛物面的剖面是教堂的结构和形式基础

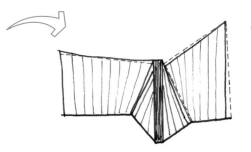

两个双曲抛物面之间的天窗为内部提供采光

象征意义

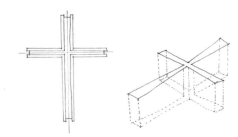

使用象征基督受难的传统十字形来接受教堂顶部和侧面透过的光线

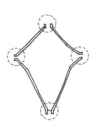

透过垂直和水平缺口，光斑洒在教堂封闭的内部。柔和的内部光线营造出与上帝沟通的神圣氛围

屋顶的壳形被分为四个对称部分，构成十字形的完美几何图案

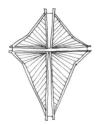

十字形既是结构元素，也是光线来源，是教堂核心要素设计中不可或缺的一部分

借助八条双曲线，教堂的外部形状逐渐从顶部的十字形弯曲至地平面的菱形

形式产生: 通过十字形

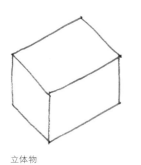

立体物

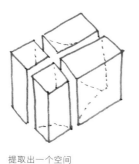

提取出一个空间

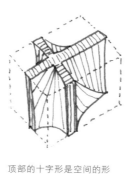

顶部的十字形是空间的形式参照物

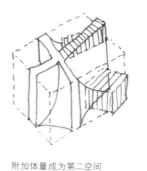

附加体量成为第二空间

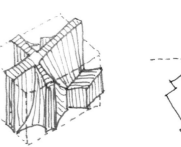

教堂的整体形式

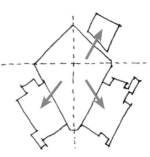

整个平面可以被视为一个菱形与第二矩形体量的交叉

空间安排

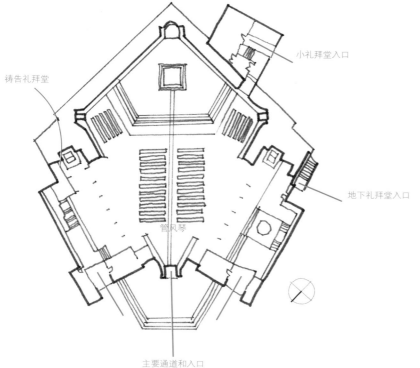

祷告礼拜堂

小礼拜堂入口

地下礼拜堂入口

管风琴

主要通道和入口

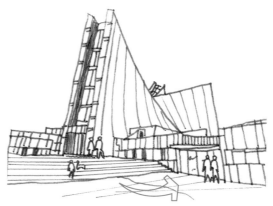

受控制的入口: 丹下健三设计了多个入口/出口。但是只有主轴两侧的门对公众开放，用于日常使用。其余门只用于紧急疏散。

主要楼层的开放式布局满足了多种功能，能够举行传统教堂中的各种仪式。

主轴入口的通道被高出的台阶放大突出，并且直接与集会空间相连。

站在入口前方的平台上，可以多角度地欣赏这座教堂。

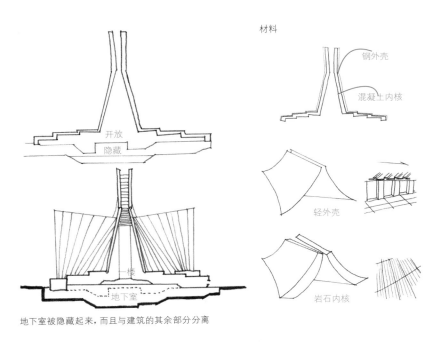

地下室被隐藏起来，而且与建筑的其余部分分离

材料

钢外壳

混凝土内核

轻外壳

岩石内核

建筑的双壳结构使得内部和外部代表的意义大不相同。光线穿透玻璃缺口。这个空间相当黑暗，但是黑暗区域与光明区域的对比突出了大教堂的象征意义。

在外部，钢铝外壳明亮柔韧，它的光亮象征了宗教的光明。

在内部，混凝土的坚硬和强度象征了永恒。

混凝土表皮上的木框条形印记保持了与内部的视觉稳定性和连贯性。

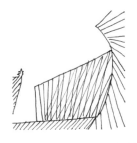

混凝土结构支撑着玻璃，同时将荷载传导向地面

外部不锈钢包层强调了大教堂的外部动态形式

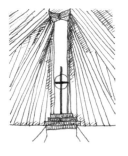

内部混凝土墙壁创造出了大教堂内部的惊人效果

光线从管风琴后方散射开来，增强了下方空间的精神象征意义

人体尺度和宏大感

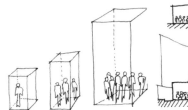

丹下健三采用了将人与空间体量对比的比例体系。空间的高度随着人数的增加而上升

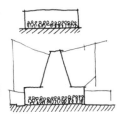

将大教堂的剖面轮廓与相同尺度的矩形盒子进行对比，会看出附加空间如何增添了建筑的宏大感，并且增强了宗教仪式中的个人感知，不论参加仪式的人数如何之众

内部体验和光线

尽管内部的高度惊人，但是仪式入口的大门仍然是人体尺度

大门朝向一条低天花板的走廊，反过来说又突出了大教堂的高度。转身望向仪式入口大门，可以看到两个更高的楼层

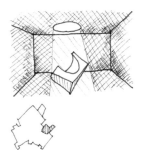

洗礼盆沐浴在上方照射下来的光线中

在圣坛右边，自然光洒在圣母怜子雕像上

挪威

哈马尔

奥斯陆

海德马克博物馆位于哈马尔市，距离奥斯陆北约130千米，用于展览古代遗迹，表现出了大胆的20世纪60年代风格。建筑师斯维勒·费恩并没有试图重建或恢复原有建筑，或者使新建筑成为附属品。新、旧建筑之间反而存在一种对话，一种响应式结合，建筑师只对遗址进行了微小的改动，而新建筑明显具备了展览、演讲、休息和保护的功能。

海德马克博物馆集合了一座中世纪谷仓遗址、谷仓中找到的物品、哈马尔附近发现的铁器时代人工制品、从17世纪至今的一座海德马克地区"民俗博物馆"，其中包括有关贸易、交通和渔猎的一些传说。展览由费恩设计，与建筑融合在一起。

博物馆共有四个主要元素：一处谷仓的石头遗迹，谷仓建于17世纪早期，用一座中世纪主教院的遗址作为谷仓部分墙壁；一个穿透并建于遗址之上的混凝土平台；围合起遗址的木材、瓷砖屋顶以及顶部墙体；用于摆放展品的、设计精确的钢底座。在海德马克博物馆，历史遗迹——对过去的记录——可以为自己发言。旧建筑赋予新建筑以目的，而新建筑的秩序则赋予旧建筑的不规则以结构。

安东尼·拉德福德 (Antony Radford)

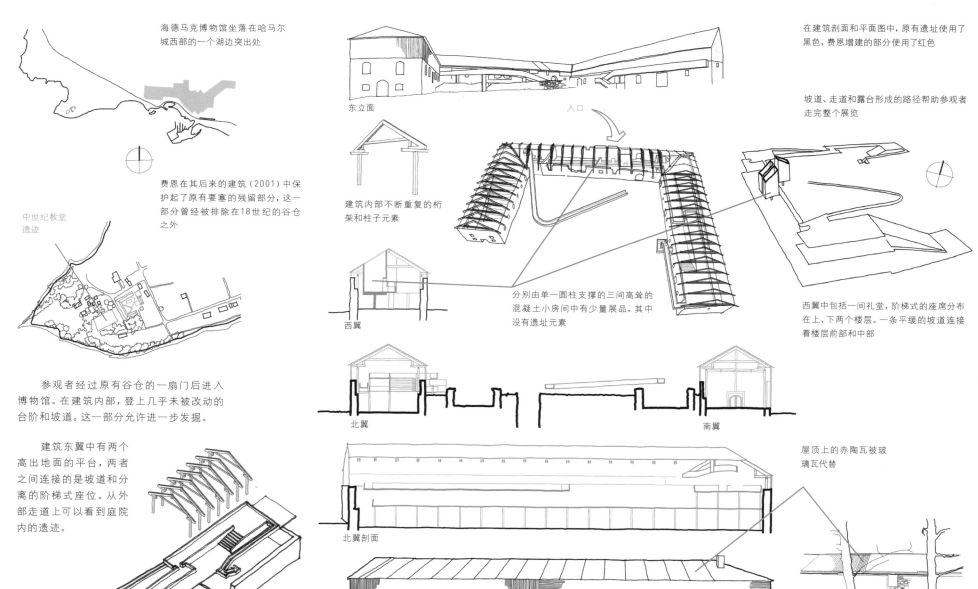

海德马克博物馆坐落在哈马尔城西部的一个湖边突出处

费恩在其后来的建筑（2001）中保护起了原有要塞的残留部分，这一部分曾经被排除在18世纪的谷仓之外

中世纪教堂遗迹

参观者经过原有谷仓的一扇门后进入博物馆。在建筑内部，登上几乎未被改动的台阶和坡道。这一部分允许进一步发掘。

建筑东翼中有两个高出地面的平台，两者之间连接的是坡道和分离的阶梯式座位。从外部走道上可以看到庭院内的遗迹。

东立面

入口

建筑内部不断重复的桁架和柱子元素

西翼

分别由单一圆柱支撑的三间高耸的混凝土小房间中有少量展品，其中没有遗址元素

北翼

南翼

北翼剖面

北立面

在建筑剖面和平面图中，原有遗址使用了黑色，费恩增建的部分使用了红色

坡道、走道和露台形成的路径帮助参观者走完整个展览

西翼中包括一间礼堂，阶梯式的座席分布在上、下两个楼层。一条平缓的坡道连接着楼层前部和中部

屋顶上的赤陶瓦被玻璃瓦代替

部分西立面

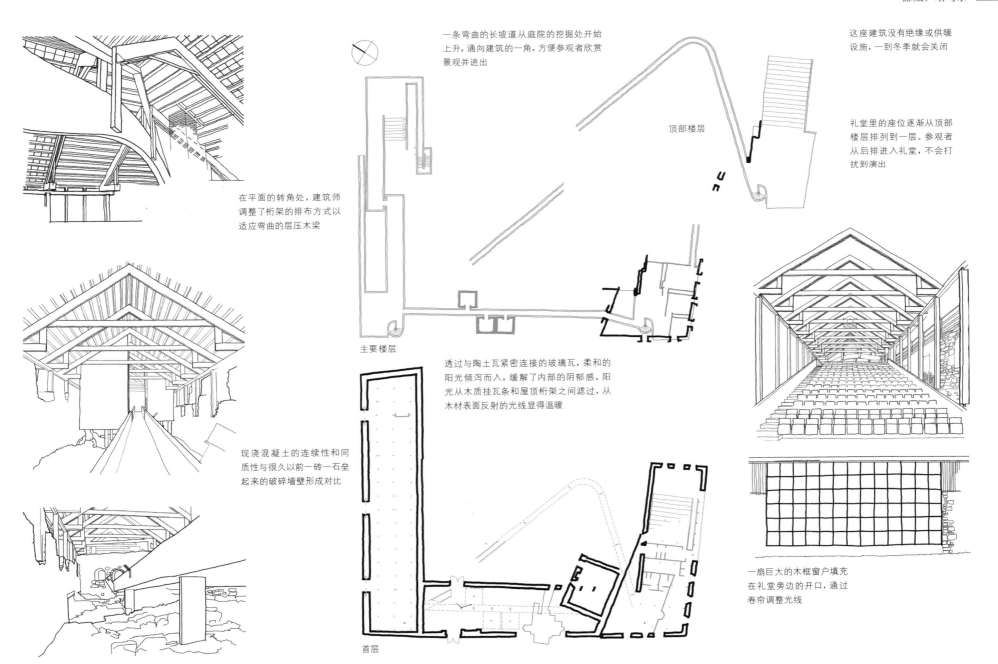

在平面的转角处，建筑师调整了桁架的排布方式以适应弯曲的层压木梁

现浇混凝土的连续性和同质性与很久以前一砖一石垒起来的破碎墙壁形成对比

一条弯曲的长坡道从庭院的挖掘处开始上升，通向建筑的一角，方便参观者欣赏景观并进出

顶部楼层

主要楼层

透过与陶土瓦紧密连接的玻璃瓦，柔和的阳光倾泻而入，缓解了内部的阴郁感。阳光从木质挂瓦条和屋顶桁架之间滤过，从木材表面反射的光线显得温暖

首层

这座建筑没有绝缘或供暖设施，一到冬季就会关闭

礼堂里的座位逐渐从顶部楼层排列到一层。参观者从后排进入礼堂，不会打扰到演出

一扇巨大的木框窗户填充在礼堂旁边的开口，通过卷帘调整光线

建筑元素的语言

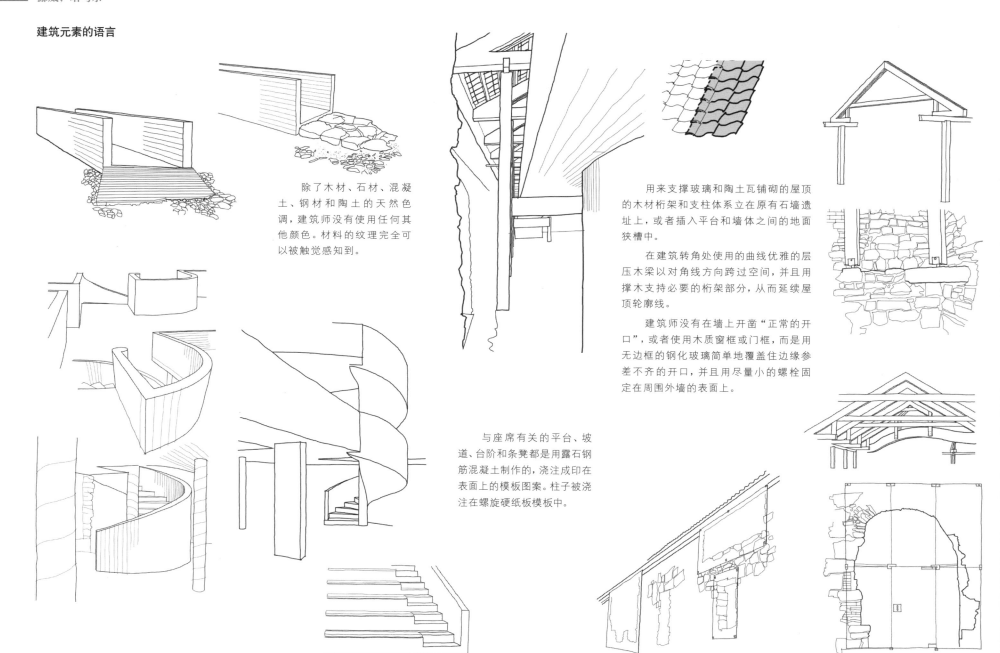

除了木材、石材、混凝土、钢材和陶土的天然色调，建筑师没有使用任何其他颜色。材料的纹理完全可以被触觉感知到。

用来支撑玻璃和陶土瓦铺砌的屋顶的木材桁架和支柱体系立在原有石墙遗址上，或者插入平台和墙体之间的地面狭槽中。

在建筑转角处使用的曲线优雅的层压木梁以对角线方向跨过空间，并且用撑木支持必要的桁架部分，从而延续屋顶轮廓线。

建筑师没有在墙上开凿"正常的开口"，或者使用木质窗框或门框，而是用无边框的钢化玻璃简单地覆盖住边缘参差不齐的开口，并且用尽量小的螺栓固定在周围外墙的表面上。

与座席有关的平台、坡道、台阶和条凳都是用露石钢筋混凝土制作的，浇注成印在表面上的模板图案。柱子被浇注在螺旋硬纸板模板中。

展览品底座的语言

　　费恩的展览品底座与玻璃罩和金属固定物共享了黑钢条、梁和板等语言。

　　家庭使用的罐子、农具、雪橇和衣服等简单物品并没有被大张旗鼓地高调处理。这些物品仍然保持原位，而且没有破坏它们的完整性或装饰其表面。只有在必要时才会使用底座。有些展品（比如四轮马车）就直接放置在地面上，另一些（如衣服和渔网）则悬挂在墙上。

钢板被折叠起来以适应展览品，而且底座被螺栓固定在建筑表皮

用十字杆展览一只瓶子。一根杆子穿过瓶颈，另一根杆子被固定在支撑石墙上

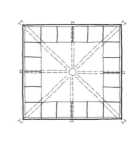

立在地面上的背光式盒子用来展示一些小物件

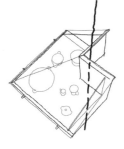

用金属承板帮助白色屏风立在地面上，并且固定在墙或天花板的另一侧底角

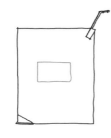

覆盖在三个密封展示间上的木质条板是中空的，加装了玻璃罩

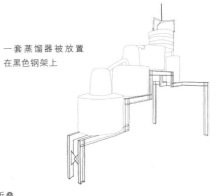

一套蒸馏器被放置在黑色钢架上

不断改变三角形展览盒的形状以适应不同的墙面表皮和转角

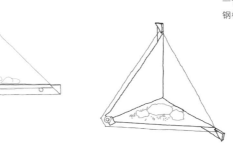

一件农具靠在折叠钢板上

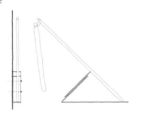

印度管理学院 | 1963—1974

路易·康
印度，阿默达巴德

12

印度管理学院位于印度西部的阿默达巴德，是一所集教学和住宿于一体的大型校园，设计者是美国建筑师路易·康。学院原本处在城市郊区，因此很少考虑与城市文脉的直接联系，而是集中在满足一所教育机构的教学需要上。

一系列媒介或过渡空间调节了不同功能需求间的联系，并且为社会互动创造了机会。这些联系使得这座综合体的不同功能成为一个结合紧密的整体。康曾经为了另一个未建造的项目发展出一种设计语言，即宏大形式和巨大的采光充足的开口，在此处，他将之改造成适应当地文化和建筑文脉的方式。由此，获得了以砖石为建筑材料的充满激情的组合，发挥了建材以及当地建筑业的潜力。在设计过程中，康不断地与当地建筑师沟通合作，这是跨文化结合的一个典范。

阿米特·斯里瓦斯塔瓦 (Amit Srivastava) 和玛格丽特·特雷泽·巴尔托洛 (Marguerite Therese Bartolo)

与场地的呼应——学院建筑

印度管理学院（IIM）的校园位于当时还在不断发展的阿默达巴德市的西侧边缘，并且构成了新建的大学区的一部分。由于场地远离市中心，因此设计时试图使之成为一个集学校、学生宿舍和教职工宿舍于一体的自给自足式校园。校园中的各个建筑构成一个小天地——一座城中城。

场地位于新城的最外围边缘

在分层组织中，学校、学生宿舍和教职工宿舍是相互联系的

主要学校建筑围绕着一个与建筑体量在尺度上相等的U形庭院分布

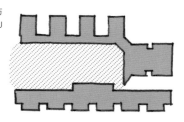

正方形的建筑空间与开发空间交替出现，学生宿舍部分形成了网格状图案

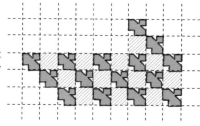

教职工宿舍区的规划定义出了更大面积的U形庭院作为共享空间

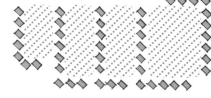

繁忙的交通路口

沿着场地北侧边缘的主要州际交通主动脉

外环路

绿化带，能够增加私密性、减少噪声

原计划要建的湖泊，能够进一步隔离教职工宿舍（未建造）

学校

学生宿舍

教职工宿舍

不同建筑类型的空间组织

场地的北侧和西侧有两条交通主干道，为了防止教学活动受到交通噪声的影响，校园中的主要建筑都从场地边缘后退了一段距离。稠密的绿化带也有效隔离了校园创造出类似修道院的环境，有利于教学进行。在原建造规划中，还会开凿一片湖，从而形成教职工宿舍与学校建筑之间的另一层隔离带，使得居住区更具私密性。

与学校、学生宿舍和教职工宿舍相关的三个主要建筑类型的层级组织是基于不同的私密性要求的。学校的功能最为公开，因此被安排在最靠近交通枢纽的地点，其次是学生宿舍，最后是教职工宿舍，三者有同一中心。三者的层级关系在所处区域上也非常明显，学校建筑占据了场地的最高点，下坡处是宿舍区。开放空间和建筑空间之间的不同关系进一步定义了三种建筑类型的特征。

学习空间

对于设计程序的呼应，建筑师不仅集中于提供个人设施，而且同时考虑了发展一所教育机构的根本要求。建筑师认为学习不应仅仅局限在教室中，在其他交际集会场所中，学生碰面后交流想法也是一种学习机会。因此，在走廊或其他公共空间中出现了一系列过渡空间，学生可以在此集会、促进学习。这些"集会空间"与设计程序的形式要求之间的关系导致了规划的三分式方法的出现，即过渡空间处于两种功能要求的重叠部分。

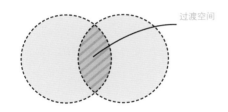

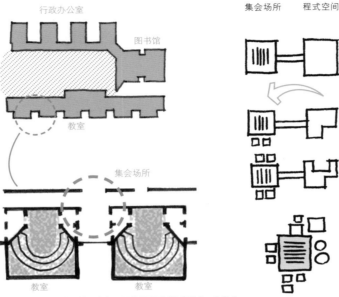

主要学校建筑提供了第三空间，调节了两种程式要求，使集会成为可能

集会空间的概念最先出现在路易·康的索尔克生物研究所（1959—1966）的设计中。当时，他设计了基于这些原则的一个独立设施。但是由于该设施未能建成，印度管理学院成了最佳实践案例。

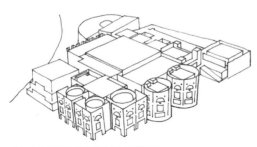

索尔克生物研究所的集会厅（未建造）

宿舍区中存在大面积未定义的通用区域，将私密房间和共享设施区分开来，因此也为集会创造了条件

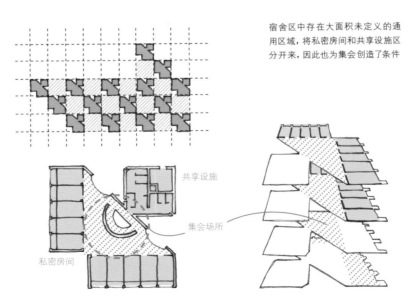

主要学校建筑中心的大型U形庭院将各种教学机构的设计程序结合在一起，成为一个组织中心。在原本的设计中，建筑师计划在庭院的第四条边上围合起一座餐厅，同时在中间部分建造一些其他结构，使得庭院成为一个中心圣殿，就像南亚建筑的传统庭院那样。真正建成时，严酷的烈日直射庭院，而且相对边上毫无关联的功能区也没有激起人们穿过庭院的愿望。

但是当人们经过环绕庭院的背阴走廊而绕开这个巨大而空旷的开放空间时，阴凉的走廊和阳光强烈的外部空间形成对比，强化了走廊作为圣殿的功能，使之成为适合集会的媒介空间。庭院本身成为一个"空旷的中心"，也许不能成为设想的活动和集会空间，但仍是心理上的中心点，学校的各种设计程序要求都围绕着庭院组织起来。

学校建筑的中央庭院空间

学生宿舍成了最典型的集会空间。在每幢四层高的宿舍楼里，首层都设有一个传统的公共大房间，方便学生社交、讨论问题。在上部楼层，一个可以用于集会的大型空间将学生的私密房间与通用服务区分隔开来。这个空间有巨大的门窗、宽敞的窗台、透过的阳光，这些特点都使得学生乐于逗留并加入讨论。

与光线和宏大感的呼应

　　在炽热的热带阳光下，阿默达巴德的气候炎热而干旱，由此带来了热增量和强光的问题。为了解决这些问题又要减少对机械制冷体系的依赖，建筑师使用了一种独特的建筑设备——"强光墙"。强光墙有巨大的开口并且与内部玻璃幕墙分离，使得光线和热量在进入内部前首先要被媒介空间过滤。强光墙的连接部分也创造了一个过渡空间，学生们可以在此停留，通过集会或沉思增强对学习的理解。

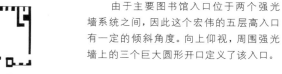

主要图书馆入口

　　由于主要图书馆入口位于两个强光墙系统之间，因此这个宏伟的五层高入口有一定的倾斜角度。向上仰视，周围强光墙上的三个巨大圆形开口定义了该入口。

强光墙

内墙

双层墙体系的各种配置保护内部空间不受强光和热增量干扰

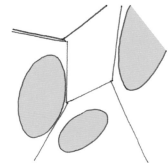

集会厅，索尔克生物研究所（未建造）

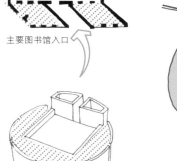

　　这些空间的尺度和巨大的开口产生一种敬畏感。建筑师原本打算将这一想法用到加利福尼亚州索尔克生物研究所的集会厅设计中，但是却在印度的气候和文化背景下得到了更好的应用。将这一形式比作印度教女神难近母的眼睛被认为是这些空间强烈的宗教和精神特质的来源。

秩序、空间和形式

　　建筑师通过方形、圆形等主要几何形状的互动创造出一种秩序，这种秩序明确了各种元素之间以及元素与整体之间的关系。这一点在开放空间与建造空间的关系、服务空间与可用空间的关系，甚至开窗设计的细节中都十分明显。比如，在学生宿舍中使用了交替出现的正方形来组织开放空间与建造空间。1955年，康设计了美国新泽西州的特伦顿公共浴室，采用了类似的经典九宫格形式，更进一步探讨了网格的扩展秩序，使其以一种非刚性的方式运转。在处理服务空间时也采用了类似的方法。

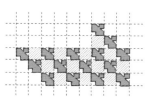
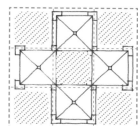

在特伦顿公共浴室的设计中，康采用了正方形体系来组织服务空间与被服务空间之间的关系，但是这些空间仍然是以交替的方格与网格图案分离的

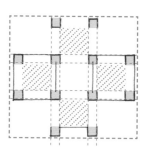

印度管理学院学生宿舍的设计采用了三分式方法，借助第三个过渡空间来调节服务空间和被服务空间的关系，这三类空间都被嵌套在正方形中

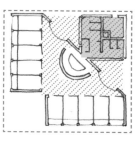

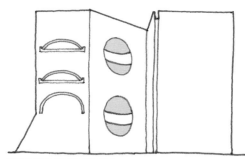

建有外部强光墙的学生宿舍

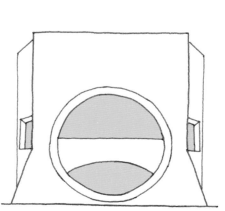

巨大的开口产生出一种敬畏感

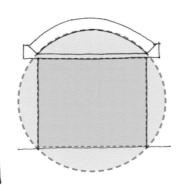

在各种类型的开窗设计中，建筑师也使用了明显的主要几何形状。比如，在强光墙体系中，将巨大的圆形与人体尺度的方向并置在一起。在其他例证中，对秩序的坚持允许通过格式塔（一种对整体或完整组合的直觉感知）的方式来推断对这些基本形状的体验。

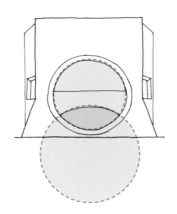

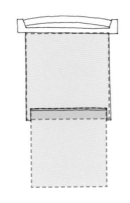

对秩序的重复体验形成了格式塔心理，使用者倾向于在内心补全未完成的系列，创造出更强烈的视觉兴趣

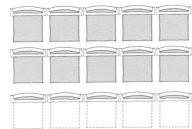

与材料秩序的呼应

在印度管理学院的设计中使用的是当地的砖块建材。这一点不仅是出于务实的考虑，而是整个设计过程都是通过对这种建材的潜力的挖掘来明确的。需要用混凝土建造开口的水平过梁时，将混凝土与砖拱结合在一起，使得两种建材相互呼应，并发展出一种复合构造秩序。

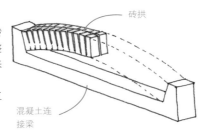

受压的砖拱和受拉力的混凝土连接梁共同作用，发展出一种复合秩序

砖拱

混凝土连接梁

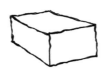

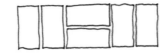

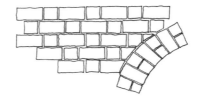

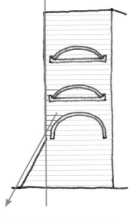

扶壁和填实的拱券显示出荷载的转移

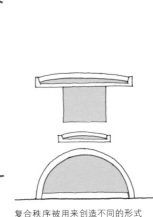

复合秩序被用来创造不同的形式

通过构造手段探讨砖块的统一几何形式，从而创造出使空间更具活力的多种形状和开口。在建筑的整体形式中，使用了扶壁和填实的拱券来展示石工体系中荷载的转移，表现出砖砌结构的构造力

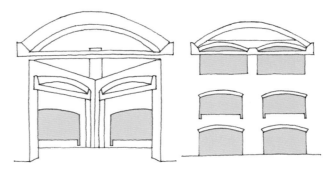

丹麦

哥本哈根

巴格斯瓦德教堂 | 1974—1976
约恩·伍重
丹麦，哥本哈根，巴格斯瓦德

13

巴格斯瓦德教堂位于哥本哈根北郊，建筑师约恩·伍重在设计中试图将当地主题与普遍主题统一起来。普遍主题可见于附加建筑，当中的部件有清晰的定义，并且直射日光与非直射日光都发挥了作用。当地主题是指周围建筑的适度规模、传统丹麦木工以及教堂仪式。

这座教堂是伍重完成澳大利亚的悉尼歌剧院项目返回丹麦后的第一件作品。在建筑的北侧和南侧各有一条长走廊，将似乎跨越它们之间的空间围合起来。与悉尼歌剧院形成对比的是，教堂的外部颇为拘谨，而圣殿的云状混凝土天花板则极具表现力，它被隐藏在两侧高墙和平面屋顶之后。从顶部透过的光线照亮了云状天花板的曲面，从高处的圣坛洒向低处的会众，呈现出微妙的亮度变化。浅色的山毛榉窗、门和教堂陈设使白色的混凝土天花板和墙壁变得更加柔和。

塞伦·莫可 (Selen Morko)、费莉西蒂·琼斯 (Felicity Jones)、贾英松 (Ying Sung Chia) 和莉安娜·格林斯莱德 (Leona Greenslade)

与自然的呼应

巴格斯瓦德教堂是一座路德教会教堂，位于哥本哈根北郊的巴格斯瓦德。

教堂被桦树包围，并且背对街道

景观

白色混凝土镶板和白色玻璃瓦这些坚硬的外部材料因为随四季变化而变色的桦树而显得更加柔和，同时也缓和了教堂的直线形式

形式产生：内部

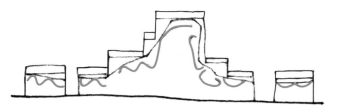

教堂的内部形式具有不同于外部的特点。内部形式更加复杂，被覆盖并隐藏在上方扁平结构下的混凝土天花板是弯曲的，如同漂过水面的云朵

南立面

大部分开口是朝阳的

北立面

垂直线条将建筑正面分为均匀部分。明显的横向线条分开了两种建材。未开窗的墙壁保护建筑内部不受周围街道繁忙交通的影响

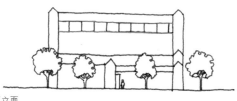

西立面

照亮教堂天花板的主要窗口朝向东方，迎接朝阳

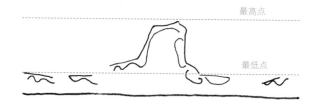

曲线的最低点位于后方座位之上，逐渐上升到圣坛上方的最高点

形式产生：外部

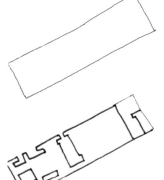

低调、简洁的矩形构成教堂平面的基础

为了建出中庭花园，在平面中运用了"减少"这一概念

挤压出二维平面，从而形成教堂的基本形式

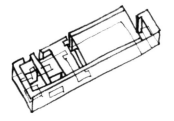

主要教堂空间上方的形式被进一步挤压，从而增加高度，使得自然光进入并通过弯曲的天花板反射

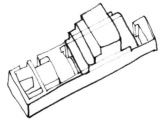

将混凝土天花板设计成曲面是为了音响和光线效果，同时也构成了教堂内部的主要形式特点

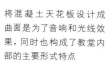
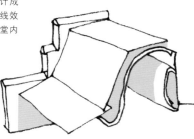

普遍语言

尽管悉尼歌剧院和巴格斯瓦德教堂的尺度和功能大不相同，但伍重在两者的设计中都遵循了普遍设计原则，这一点非常明显。两个建筑的审美特质相似，比如都使用了可以反射变化的光线的白色瓷瓦，另外，都具备形式的统一性和当地象征主题。

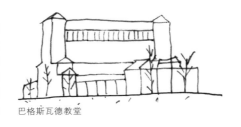

巴格斯瓦德教堂

悉尼歌剧院，澳大利亚（195—1973）

音响效果

管风琴在宗教仪式中发挥着重要作用。弯曲的天花板带来的音响效果使之产生一种奇迹感。

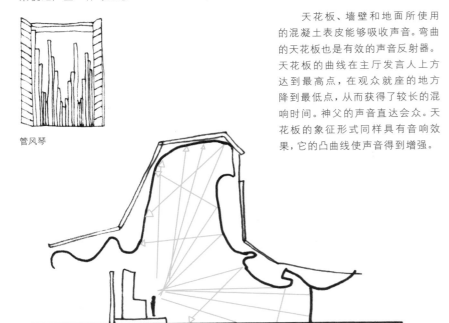

管风琴

天花板、墙壁和地面所使用的混凝土表皮能够吸收声音。弯曲的天花板也是有效的声音反射器。天花板的曲线在主厅发言人上方达到最高点，在观众就座的地方降到最低点，从而获得了较长的混响时间。神父的声音直达会众。天花板的象征形式同样具有音响效果，它的凸曲线使声音得到增强。

照明

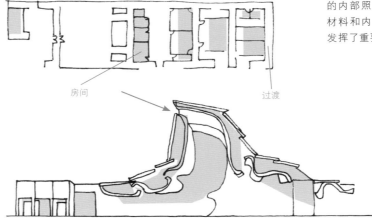

房间　　　　过渡

在获得高质量的内部照明方面，材料和内部形式都发挥了重要作用。

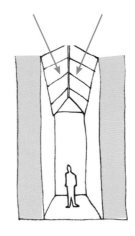

在教堂内部，坚硬的反光天花板具有发光的表皮特质，令人联想到多云的北欧天空，唤起精神层面的思考。

主要空间中充满了非直射阳光，而侧面走廊的天窗则直接与天空相连，教堂内部显得明亮而温暖。从上方透过的光线暗示了天堂与人间的精神连接。

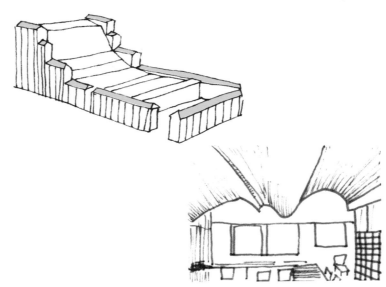

与设计程式的呼应

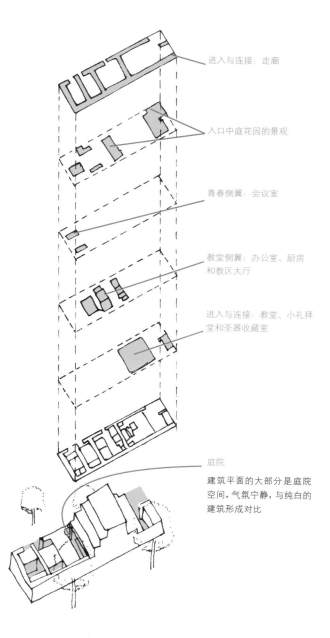

进入与连接：走廊

入口中庭花园的景观

青春侧翼：会议室

教堂侧翼：办公室、厨房
和教区大厅

进入与连接：教堂、小礼拜
堂和圣器收藏室

庭院

建筑平面的大部分是庭院
空间，气氛宁静，与纯白的
建筑形成对比

人文体验

差别巨大的形式和空间包括对本地及普遍先例的参考，丰富了视觉和
听觉体验

走廊窄而高挑，玻璃天花板在垂直方向增大了空
间，而且有利于上方的自然光透过。教堂大厅具
有强烈的美学凝聚力。天花板的曲折与直线地板
网格的理性相结合，为空间增添了充满张力和令
人振奋的体验

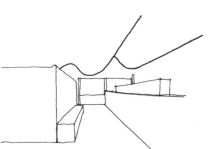

在圣坛后方的阳台处，天花板陡然下落

沿着南侧走廊的开窗让参观者体验到了自然与教堂内部的过渡

秩序与自由间的平衡

自由形天花板跨越了两个拘谨的结构直线排列

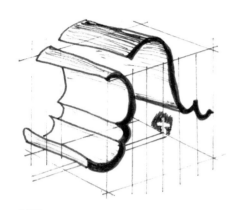

材料

教堂外部使用了现浇混凝土框架、预制混凝土板和水平玻璃瓷砖。铝包层屋顶上有玻璃天窗。教堂内部使用了模板印纹混凝土框架、白色混凝土墙和天花板，中间用浅色山毛榉木材填补。

轴线

矩形平面和明显的轴线参考了佛教寺庙的布局

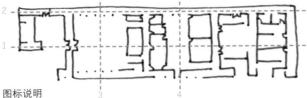

图标说明

1.主要纵轴

2.纵向走廊

3.有屋顶的主厅空间

4.主要庭院空间

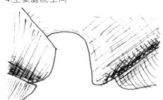

白色天花板色调多变，从明亮到温和的阴影，直到变成深色，强调了它的曲线

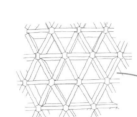

压碎的大理石构成的反光瓷瓦赋予建筑内部纯粹而明亮的特质。圣坛屏风是用白色玻璃瓦制成的格子框架

格子框架

颜色

教堂的内部和外部都是以白色为主，采用预制混凝土板和瓦。沿着走廊的更加粗糙的灰色混凝土柱子与刷白的墙皮形成对比，从颜色和垂直性上映衬了外部的桦树树干。

织物

教堂中的彩色织物是由伍重的女儿林·伍重设计的。它们体现了宗教象征意义，并且区分了内部空间的不同元素。

北极星

太阳

田野里的百合

出发去播种的播种机里的玉米

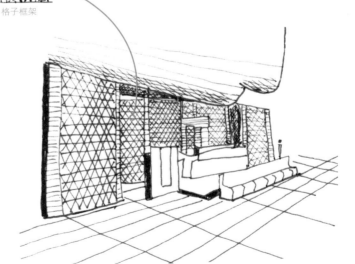

空间

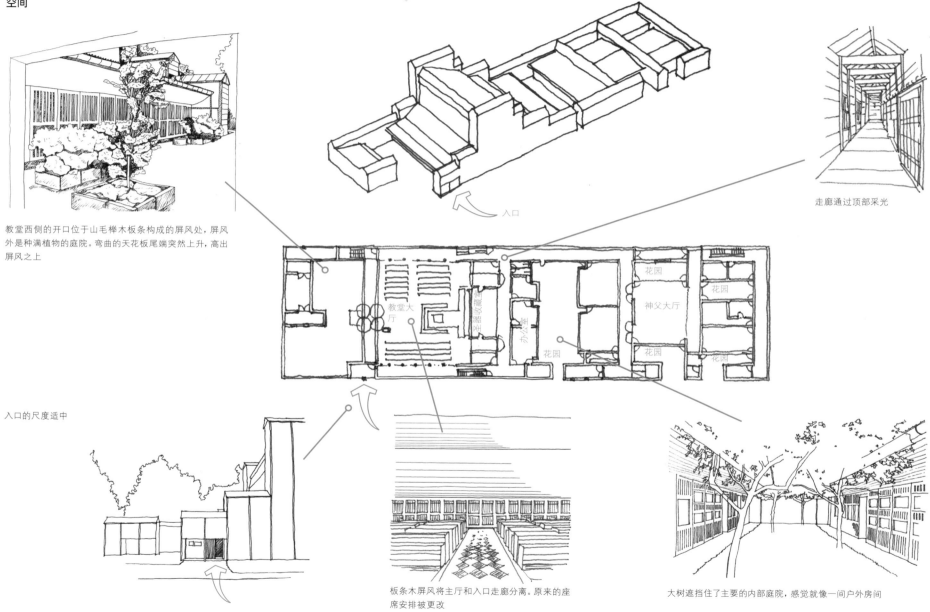

教堂西侧的开口位于山毛榉木板条构成的屏风处，屏风外是种满植物的庭院。弯曲的天花板尾端突然上升，高出屏风之上

走廊通过顶部采光

入口

入口的尺度适中

板条木屏风将主厅和入口走廊分离。原来的座席安排被更改

大树遮挡住了主要的内部庭院，感觉就像一间户外房间

花园

神父大厅

教堂大厅

办公室

花园

花园

花园

细部的延续性

内部天花板的曲线形式延续到外部顶棚，覆盖着建筑东侧的窗和门。

教堂的侧面走廊看起来好像是在建筑的西端和东端被切断。圣坛、读经台和似乎用细石混凝土挤压而成的圣坛平台也被用相似的方式切断。

屋顶和主要空间的天花板仿佛被两侧的高走廊挤压。靠背长凳似乎也受到了两侧高镶板的挤压。

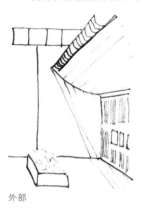

外部

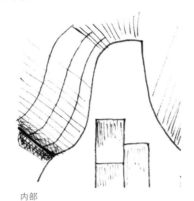

内部

当地主题

在教堂的简洁正面和屋顶形式上能够明显看出当地村舍的影响。

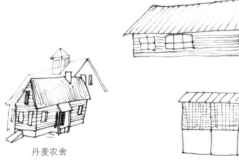

丹麦农舍

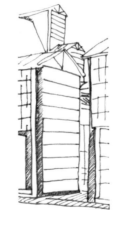

巴格斯瓦德教堂外部

教堂内的陈设有强烈的斯堪的纳维亚特点，如用瑞典松木制成的靠背长凳

米兰别墅 ┃1972—1975

马科斯·阿卡亚巴建筑师事务所
巴西，圣保罗，花园城市

14

米兰别墅说明了如何用少量设计元素的有序配置创造出充满视觉趣味和愉悦的地方。单一拱形钢筋混凝土屋顶跨过了主要的内部空间和露台，而露台伸出屋顶之外形成了游泳池的日光浴平台。

米兰别墅十分巨大，但是在尺度上并没有显得与圣保罗绿色、繁茂的周边环境格格不入。圣保罗是南半球最大的城市，由巴西建筑师马科斯·阿卡亚巴设计的米兰别墅是城中一处僻静的休闲胜地。

别墅用料种类极少：混凝土、瓷砖和玻璃。建筑师同时使用了一些色彩、木材、皮革和纤维，虽然数量有限但是作用重要，使得效果更加柔和。几何图形与材料的节俭与周围树木的繁茂形成对比。

阿米特·斯里瓦斯塔瓦 (Amit Srivastava) 和安东尼·拉德福德 (Antony Radford)

14 米兰别墅 | 1972—1975
马科斯·阿卡亚巴建筑师事务所
巴西，圣保罗，花园城市

与文脉的呼应

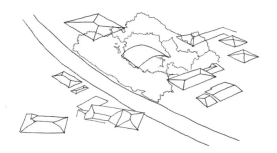

　　米兰别墅坐落在圣保罗花园城市地区，属于树木葱郁、有大块土地的郊区。房屋之间的植物和距离带来了户外居住区的私密性。虽然米兰别墅的形式与它周围的砖瓦建筑非常不同，但是在高度和尺度方面的相似使其并不显得突出，树木形成的屏风挡住了别墅旁的街道。

与气候的呼应

　　南回归线穿过圣保罗。因为海拔原因，当地没有极端的炎热或寒冷天气，但是降水量极大。为了适应当地气候，在别墅北面（朝阳）和南面（更多阴凉）建造了开放的露台，在起居区和游泳池之间还有一座有屋顶的露台。

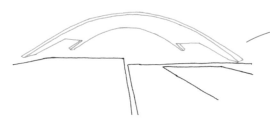

钢筋混凝土拱券的推力线被引导向四角和地面。拱券的外壳使用了聚氨酯绝缘层

形式和组合

土地被整合形成三个平台

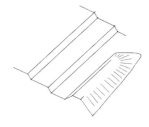

在最大的平台上开凿了一个泳池

第四个平台浮在地面之上

拱券跨越了平台

为了方便观景，在拱券的侧面凿了开口

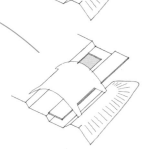

别墅的入口靠近岸边，位于车棚一侧下方

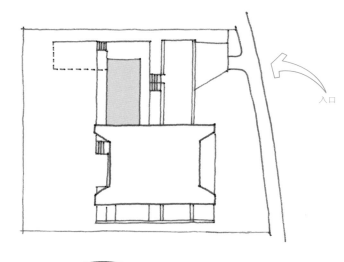

上层露台是用交叉肋钢筋混凝土制成的一块平厚板，因此没有可见的梁打破它的简洁性。十二根圆柱排列成规则网格状，支撑着厚板

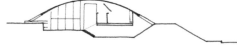

主要起居区的拱券和地面之间的空隙用玻璃填充

简单来说，建筑的剖面构成是一条折线上方有一条水平直线，然后一条优雅的曲线跨越其上

入口

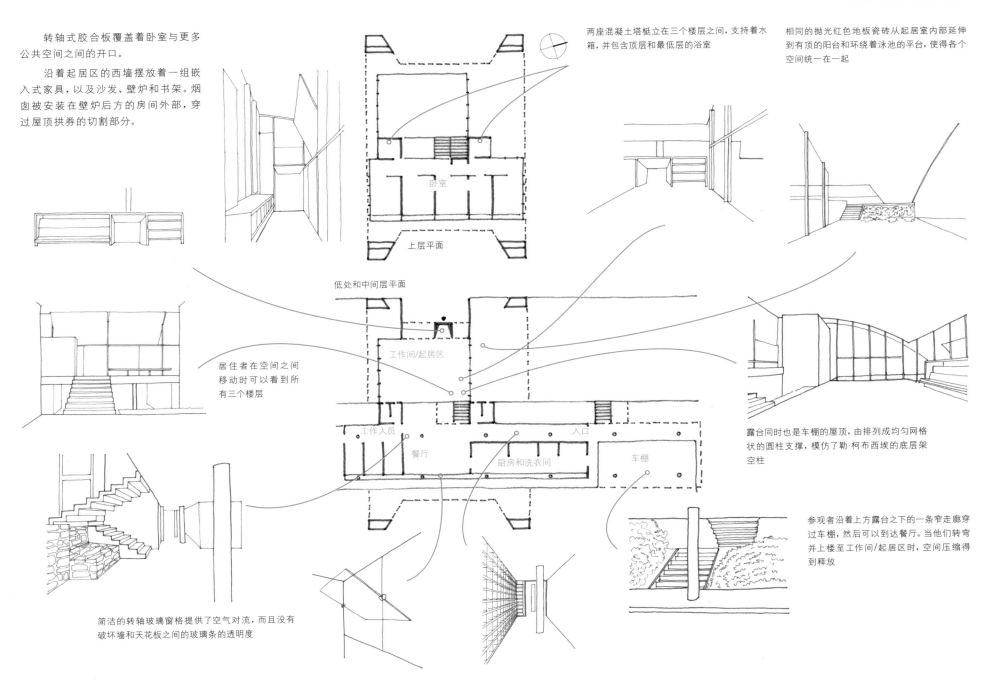

转轴式胶合板覆盖着卧室与更多公共空间之间的开口。

沿着起居区的西墙摆放着一组嵌入式家具，以及沙发、壁炉和书架。烟囱被安装在壁炉后方的房间外部，穿过屋顶拱券的切割部分。

两座混凝土塔楗立在三个楼层之间，支持着水箱，并包含顶层和最低层的浴室

相同的抛光红色地板瓷砖从起居室内部延伸到有顶的阳台和环绕着泳池的平台，使得各个空间统一在一起

卧室

上层平面

低处和中间层平面

工作间/起居区

居住者在空间之间移动时可以看到所有三个楼层

工作人员

餐厅

入口

厨房和洗衣间

车棚

露台同时也是车棚的屋顶，由排列成均匀网格状的圆柱支撑，模仿了勒·柯布西埃的底层架空柱

参观者沿着上方露台之下的一条窄走廊穿过车棚，然后可以到达餐厅。当他们转弯并上楼至工作间/起居区时，空间压缩得到释放

简洁的转轴玻璃窗格提供了空气对流，而且没有破坏墙和天花板之间的玻璃条的透明度

汇丰银行总部大厦 | 1979—1986
福斯特事务所
中国，香港

15

作为汇丰银行总部所在，这幢大厦是结构表现主义的佳作，它将建筑结构暴露在外，并且作为建筑美学的核心部分。汇丰银行总部大厦被设计并建造于1979—1986年，当时，诺曼·福斯特和建筑师及工程师团队采用了航空、近海石油工业和其他工业领域中的多项技术。由于大量部件是预制的，而且常常需要进口，因此各种易辨认的独立元素的准确组合是建筑的一大特点。

由于建筑的审美和技术密不可分，因此其设计与功能和象征目标、结构完整性以及气候相互呼应，并共同作用成为一个整体。从结构策略到微小细节，在设计过程中，建筑师们广泛探讨了大量选择，最终实现了目标。

安东尼·拉德福德 (Antony Radford)、辛迪·钟 (Sindy Chung) 和布兰登·卡珀 (Brendan Capper)

与场地的呼应

中国香港是历史悠久的贸易和金融中心。汇丰银行总部大厦坐落在香港岛，向北眺望九龙半岛上的港口。穿过海港船坞的天星码头紧邻建筑场地。

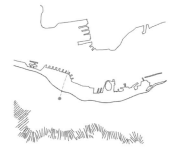

建筑场地原来是直接滨水的，但是后来的土地开垦项目将海岸推后。场地背靠香港岛山顶的陡坡，它和海水间的条状土地保留了相对的开放性，因此仍然可以欣赏到海港景色。

建筑的一楼是开放的，与供给系统核心及连接到主要银行大厅的电梯是分离的

粗犷的结构与精巧的透明度形成对比，这是亚洲建筑的一大特点

汇丰银行总部大厦作为一个独立存在，看起来像是精心设计的金属和玻璃构成的实体，同时以对称/不对称和粗犷/精巧细节为主题；将地面集群、结构元素和模块堆叠形成节奏。

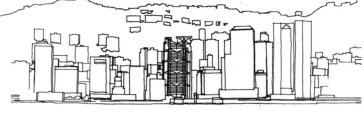

到2012年，在汇丰银行总部大厦周围更高更巨大的摩天大楼纷纷拔地而起，从远处观赏，虽然它的设计仍然完全不同于周围更传统的建筑，但是看起来已经没有那么突出了。

在刚建成时，汇丰银行总部大厦与其环境具备响应式结合。它的尺度与周围一贯的矩形轮廓楼宇相似。它的突出之处在于其正面的细节和趣味，但是并没有对周边环境起到主导作用。

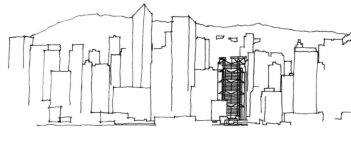

有一些新建的大厦为了与汇丰银行总部大厦争夺眼球，采用更大的尺度、颜色更深的表皮、更大的标牌和更清晰的轮廓等手段。

规划和使用

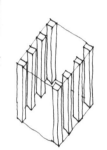

由于办公室采用开放平面，每个人都有足够空间，而且可以欣赏北面的海港和南面的山顶

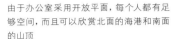

建于20世纪80年代的大部分办公楼都有电梯和供给系统的中央核心。这种配置适合一圈可以开窗的个人办公室。随着开放平面办公室的流行，核心被移到没有阻碍的开放空间的一侧。汇丰银行总部大厦将核心打散为一些更小的部件，分布在相对侧面，在部件之间开窗。

在核心之间，为了符合分区和日照规范，较高层中的西侧、北侧和南侧地面向后缩进。不过这些后退空间被设计为可以被填充的，以备将来规范允许，这样就可以在建筑的占地面积和总高方面多出最多30%的层面空间。

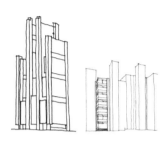

"服务空间"与"被服务空间"的清晰区分令人联想到路易·康的美国费城理查兹医学研究实验室（1957—1962）

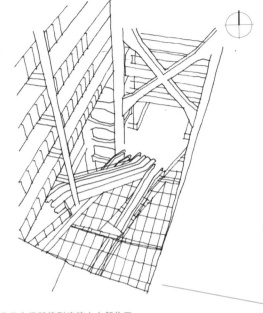

公共广场延续到建筑中央部位下方，客户可以从公共广场乘坐两部自动扶梯直达高层银行大厅

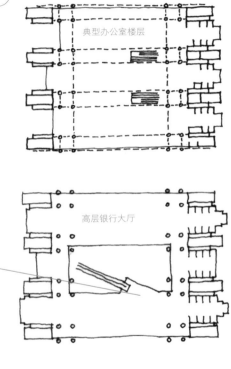

典型办公室楼层

高层银行大厅

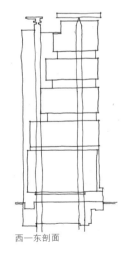

西—东剖面

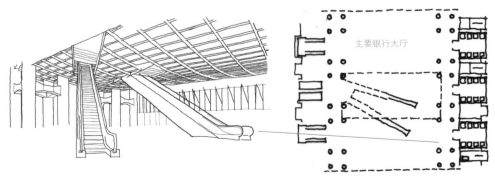

主要银行大厅

空间和供给系统

五个垂直堆叠的"村庄"打破了"正常"高层建筑的尺度

广场中的公共自动扶梯向上连接到有银行大厅的两个楼层，向下可以进入地下一层银行大厅。私密高速电梯与两层通高空间连接，在此可以换乘公共自动扶梯

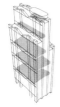

在桁架层上的两层通高的"村庄"空间之间，建造了有宽敞阳台的后缩进部分。在早期的设计图中，绿色植物和小树出现在这些楼层

一间地下机房通过管道与每层模块内的局部空调装置相连。预制盥洗室也位于这些模块中

三个公共银行大厅——其中两个位于广场上方较低楼层的大中庭，另外一个位于地下一层——距离一楼最近

四部装有玻璃幕墙的逃生楼梯连接到地面

最高层"村庄"供高级管理人员使用。银行总裁的公寓位于建筑顶层

柱杆中的其中两根支撑着建筑顶部的直升飞机停机坪。永久保留的两部维护起重机被安置在柱杆顶部，令人感觉大厦仍在建设中

三部电梯被安装在建筑东面，可以快速到达两层通高空间，在此可以换乘公共自动扶梯

一部车辆升降机把小型车辆运输到地下卸货区

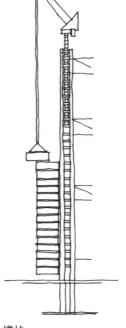

模块

139个船运集装箱大小的预制模块中包含着每层楼的盥洗室、空调机房、其他发电机和电力维护装置等二级机房。这些模块在日本制造并装配完成，通过预制提升器与两层或三层框架相连，被封装在不锈钢套里。

使用了建筑柱杆顶部的起重器将这些模块提升到位。

结构

八根柱杆支撑着五层桥状的桁架。楼层被悬挂在这些桁架上。

柱杆是垂直的佛伦第尔式桁架结构，每一根柱杆有四根子柱，用楼层高度间距的稳固的水平构件连接。佛伦第尔式桁架没有对角支撑，依靠的是连接部分的刚度。

钢结构部件包裹着抗腐蚀和防火包层。底层结构外覆盖着一层5毫米的铝包层。

中部玻璃是一个从边缘悬垂下来的悬链式结构——轻盈而优雅。

与气候的呼应

殖民地时期的中国香港建筑建有荫蔽的柱廊和悬垂结构。后来的商业建筑很少这样做。汇丰银行总部大厦的一楼是一个遮阴的广场，顶层建有遮阴的露台。

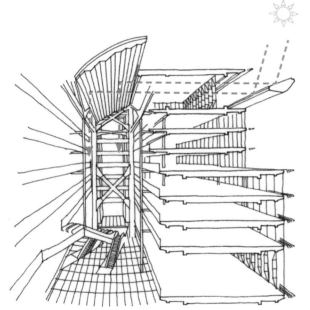

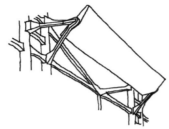

太阳路径追踪器的外部是20个架子支撑的、由计算机控制的机械化镜子，可以追踪阳光，从而让阳光以恒定的角度反射进建筑内部。

太阳路径追踪器的内部有成排的静止镜子，以不同的角度散播光线。在镜子之间，以人造光填补自然光，从而增强阳光的渗透力。

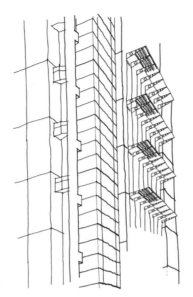

水平百叶窗的百叶可以调节角度，在阻止亚热带阳光的同时也不会妨碍观望街景的视线。靠近窗户的小间距百叶留出了一条走道，方便进行玻璃清洁和维修。

建筑环境

汇丰银行总部大厦背山向水，同时被环抱在两道山脊之间，处于良好的环境之中。

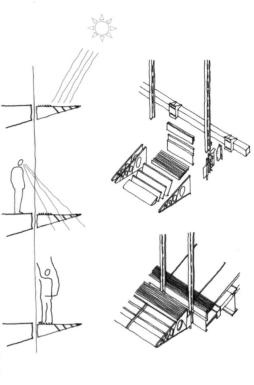

从海港到山的剖面

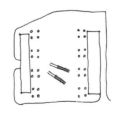

内含的入口区域

斯图加特新国立美术馆 | 1977—1984
詹姆斯·斯特林与迈克尔·
威尔福德联合建筑设计事务所
德国，斯图加特

16

　　斯图加特新国立美术馆是对一座旧美术馆的增建项目，詹姆斯·斯特林赢得了这一项目的国际竞标。新建筑包含了原有建筑中的一些类型因素并与之呼应，同时通过材料和形式的选择使之强化，反映了建筑师作为后现代主义拥护者与历史文脉相连的愿望。然而，这些传统元素被与使用了强烈的、活泼的色彩和玻璃—钢的建筑词汇的其他元素并置在一起，呼应的是建筑设计的当代风格。整个建筑设计把这些来源于不同建筑传统的异质元素组合在一起，形成一个结合紧密的整体。

　　被不同层面的入口和坡道分开的一系列开放空间方便了参观者在建筑前方会集，同时也为他们提供了参观近路，能够瞥见美术馆的雕塑广场。借助这些设计策略，建筑能够更好地与它周边的城市文脉融合。

阿米特·斯里瓦斯塔瓦 (Amit Srivastava)，瑞莫斯·卡明斯卡斯 (Rimas Kaminskas) 和拉娜·格里尔 (Lana Greer)

与城市文脉的呼应

斯图加特新国立美术馆是原有一座美术馆的扩建部分，因此需要做到与旧建筑相互呼应。为了达到这一目的，建筑师在新建筑里融合了旧建筑的新古典建筑元素。相应地，新建筑的整体布局模仿了旧建筑的传统方式，呈U形，同时还使用了封闭在旧建筑U形平面中的庭院空间半圆循环图案，尽管在新建筑中为了适应具体的城市文脉并增强场地的渗透性而对此做了不同处理。建筑师决定将建筑从街道边缘后退，为公共互动创造空间，这也体现了对城市文脉的呼应。

与类型学和先例的呼应

对源于旧建筑U形平面的庭院的处理是新建筑设计中最有趣的部分。由此产生的内部庭院空间被分解为两个相互依偎的独立庭院。上层庭院朝向前街边缘，第二个低层庭院朝向穿过场地的一条人行道。这条人行道连接起建筑正面后退部分创造出的公共空间和建筑后方的居住区。借助这种特殊的双层庭院，建筑设计同时兼顾了前街和后街，使建筑与周边城市肌理完美地结合成一体。

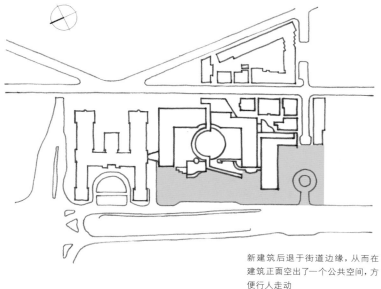

新建筑后退于街道边缘，从而在建筑正面空出了一个公共空间，方便行人走动

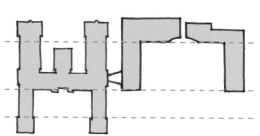

新建筑重复使用了旧美术馆的U形布局

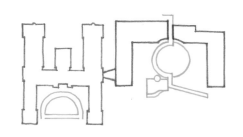

新建筑中也出现了庭院，但是对其进行了重新解读，从而增强了渗透性

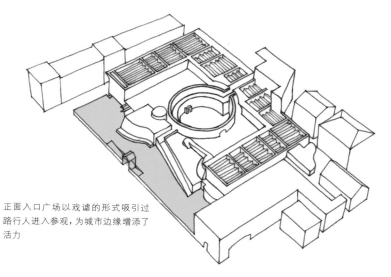

正面入口广场以戏谑的形式吸引过路行人进入参观，为城市边缘增添了活力

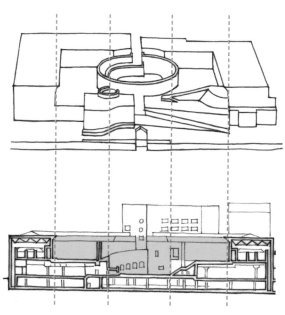

上、下两层庭院面向两条不同的车行街道和人行街道

作为公用和私用的庭院

允许行人穿越场地为庭院的设计创造了新奇有趣的机会。庭院既要作为公共通道，又要作为博物馆展览的私密雕塑庭院。倾斜的通道环绕着圆形庭院空间，使得行人能够瞥见雕塑广场，同时为博物馆赞助人保留了进入庭院的通道。

公共通道被发展为阳台，可以俯瞰雕塑广场的私密区域

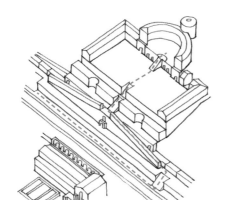

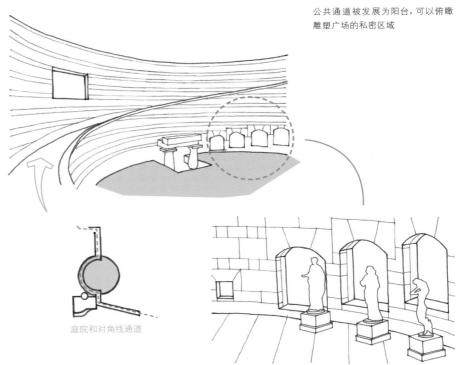

人行道的设计受到了位于罗马附近的普拉内斯特的福耳图娜神庙（上图）启发。在这座罗马神庙中，一系列坡道循着一条间接路径向上攀升到主庙。在斯图加特新国立美术馆（下图）的设计中，建筑师以相似的方式设计了一系列坡道并发展为人行道，构成穿越场地的一条捷径连接到建筑后方的街道。坡道本身定义出了一条途径和体验，行人通行时必定会融入博物馆空间中。

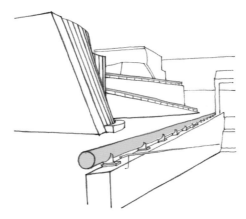

庭院和对角线通道

行人坡道沿着场地上升的同时，中央庭院下沉，从而创造出两层庭院。博物馆赞助人在这里可以进入雕塑和艺术品展览中，而对于行人来说，可以把这条坡道作为阳台，在此停下脚步并欣赏雕塑。为了连接到坡度陡峭的场地后方，必须将通道提升起来，但是这种对庭院的处理方式将通道重新考虑为阳台，为行人提供了欣赏视野，使通道更具活力，吸引了更多的参观者。

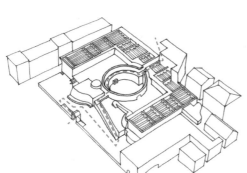

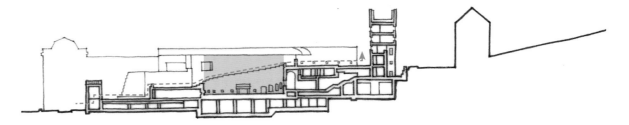

旧建筑和新建筑

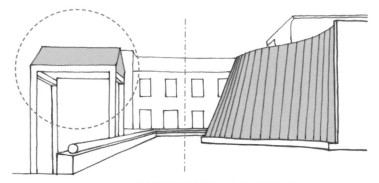

从旧博物馆形式衍生出来的建筑元素并置在新建筑的形式和材料旁边，如左侧有三角山墙的屋顶

斯图加特新国立美术馆属于后现代主义建筑，集合新旧建筑的多种元素于一身。从中既可以看到与旧博物馆及周边新古典主义建筑相呼应的三角山墙屋顶、有条纹的石头条带和拱形开口等新古典主义元素，同时也融合了带有新意的有机形状和新材料等。这些有机形状被油漆成绿色、粉色等明亮的工业色彩，比如用钢和玻璃建造的弯曲的入口正面。这些对比鲜明的形式和材料不是单纯地出现在建筑设计中而已，更重要的是建筑师将它们以出其不意的方式并置在一起，不仅增强了对比效果，而且在形式之间创造出一种对话。

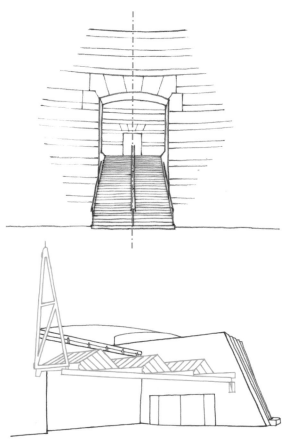

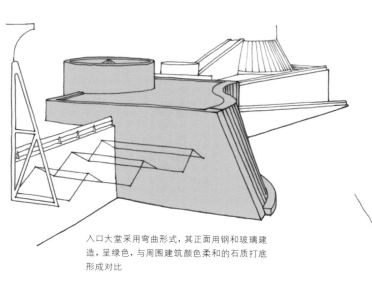

入口大堂采用弯曲形式，其正面用钢和玻璃建造，呈绿色，与周围建筑颜色柔和的石质打底形成对比

斯图加特国立音乐和表演艺术学院（下图）也是由詹姆斯·斯特林和迈克尔·威尔福德设计的，完工于1996年，并且补足了城市总体规划。这座建筑反映了斯图加特新国立美术馆的形式语言。

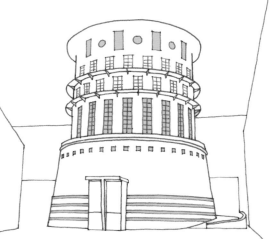

即使在最微小的细部，也延续着对比和平衡语言。建筑的一部分开口被处理为对称的入口，并且采用新古典主义建筑先例的风格和材料（最上图），其他元素被置为与建筑形式的非对称平衡。此处（上图）的玻璃顶棚，也许仍然反映了新古典主义形式，由颜色鲜艳的钢管支撑，与背景中墙壁的天然石头形成鲜明对比。

与用户体验的呼应

建筑的戏谑形式同样影响到了对内部空间的体验。入口大堂的墙壁弯曲得极有特色，创造出不寻常的光影效果。透过玻璃幕墙，光线充满了整个房间，再加上鲜艳的绿色地板的反射，令人感觉怪异。随着太阳在天空中的移动，窗棂在室内投下活动的阴影图案，为空旷的空间带来了活力。

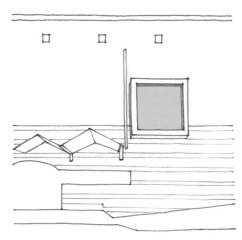

截然不同的细节并不只是孤立的存在，它们常常被并置在一起用来强调形式构成的戏谑本质。在新古典主义建筑正面的轻微的不对称，或是石墙上的小洞，还有一些石块散落在地上，这些细节给参观者带来一系列有趣的体验，同时强调了设计者的后现代主义设计意图。

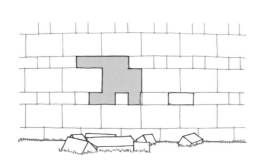

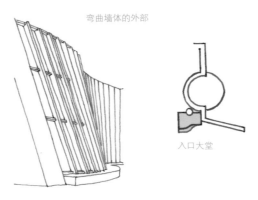

弯曲墙体的外部

入口大堂

大堂内部的阴影图案

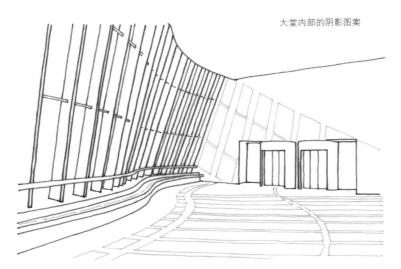

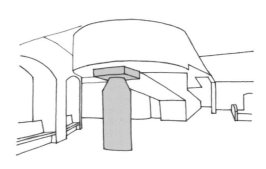

形态各异的柱子如雕塑一般

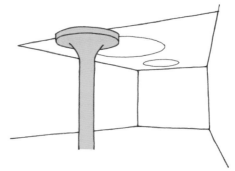

光线充足的宽敞内部适宜举行艺术展览。内部墙体的表皮面积巨大，而且被刷成白色，便于展示各种艺术品，并且不会干扰欣赏过程。同时，某些设计特色被强调并且依比例放大，吸引了观众的注意力。在这里，形态各异的柱子本身就像雕塑一样，使得建筑也成为博物馆展览的一部分。

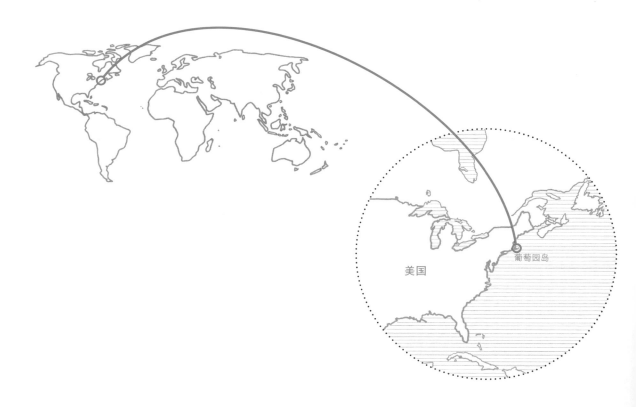

美国

葡萄园岛

玛莎葡萄园别墅 | 1984—1988
斯蒂芬·霍尔建筑师事务所
美国，马萨诸塞州，葡萄园岛

17

美国建筑师斯蒂芬·霍尔受托为葡萄园岛的一对夫妇设计一栋海滩别墅。葡萄园岛是一座临近马萨诸塞州海岸的小岛，以其具有地方特色的海滩别墅而著称。别墅的设计受到了一些限制，包括狭窄的直线形场地以及当地的规划限制条件。建筑设计与这些参数形成呼应，并且在尺度和材料方面尊重了当地的别墅，同时又以其结构和形式凸显了特色。

总的来说，设计将人类体验和超越永恒的瞬间放在首位。别墅的透明度和它对物理环境的呼应模糊了自然与人工、内部与外部、光和暗以及现代与永恒的界限。

塞伦·莫可 (Selen Morko) 和维多利亚·科瓦列夫斯基 (Victoria Kovalevski)

场地

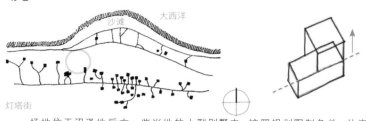

场地位于沼泽地后方一些当地的小型别墅中。按照规划限制条件，从海洋方向必须只能看到一层楼，而且不能挡住附近建筑到海洋的视线。在这种要求下，别墅采用了独特的狭窄形式，与周围建筑的尺度相和谐。

比喻

当地居民的生活与海岸息息相关，再加上赫尔曼·麦尔维尔的小说《白鲸》（1851），启发了设计灵感。当地人会将搁浅鲸鱼的骨架拖到潮水线之上，并且用动物皮或树皮覆盖，改造成一处住所。这座别墅是一个木结构的自内而外的框架，其周围是类似鲸鱼骨架居所的当地建筑。屋顶和墙壁像是铺展在框架外的薄膜，就像覆盖在鲸鱼骨架上的外皮。

与气候的呼应

当地平均气温在冬季是2℃，在夏季是20℃。由于避暑海滩别墅处于气候温和的区域，因此被动取暖和制冷不是主要的设计关注点。比起让阳光进入起居室，建筑师更关注的是海景。大小各异的天窗和窗户保证了室内光线充足。

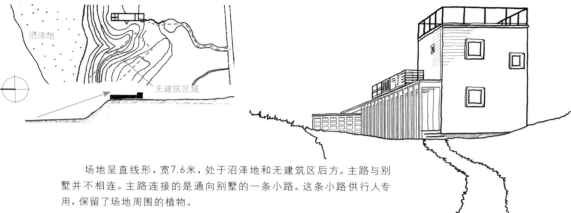

场地呈直线形，宽7.6米，处于沼泽地和无建筑区后方。主路与别墅并不相连。主路连接的是通向别墅的一条小路。这条小路供行人专用，保留了场地周围的植物。

自然是启发设计的重要因素。包层被风化后的灰暗色调、细长的结构、排布稀疏的内部以及对海风和阳光的迎受，创造出亲近自然的生活方式。这座充满现代气息的别墅像漂浮着的一艘船，俯瞰着海洋。

在建筑的西立面、东立面和北立面使用的木框架构成连续性，标志着封闭、开放和半开放这三种空间的过渡，同时避免了严格界限的出现。

赫尔曼·麦尔维尔的小说《我和我的烟囱》描述了一位老者痴迷于自家房子中间一根巨大而老旧的烟囱的故事。这座海滩别墅中的壁炉和烟囱也占据了建筑的位置、体积和面积的中心。在烟囱的一侧，餐厅和起居室在视觉上是相连的。在另一侧，壁炉地面延伸出台阶。

别墅的二层限于远离海滩的远端

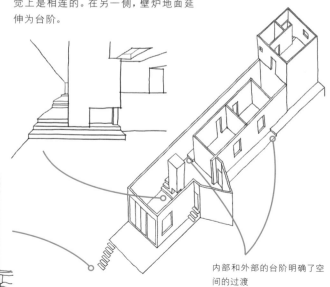

内部和外部的台阶明确了空间的过渡

形式产生

以木结构元素为标准，这座建筑是由基本的几何形状构成的组合。这些几何形状在水平和垂直方向都是沿着一个纵向矩形方格展开的。

框架确定了体量，外皮覆盖在框架外。尽管受到直线形、矩形场地的限制，但重复出现的木柱构成了组合式的基础，并且通过这种重复创造出了不同的空间。

沿着纵向侧面露台被减去的体量平衡了建筑顶部的方格。

两个三角形体量突出在基本体量之外。其中一个是暗示着被减去的空间的天窗框架，另一个是添加到矩形体量较长边的餐厅空间。

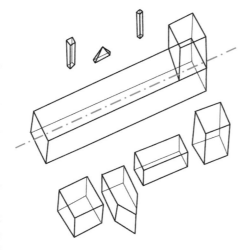

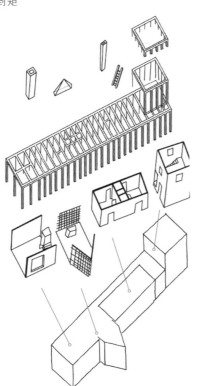

形式和构造

这座建筑使用了在该地区别墅常用的点地基做支撑，使得房间升高从而获得最佳视野。建筑师以现代方式借用了点地基。沿着纵向平面，别墅一楼随着地面坡度的起伏而变化。尽管有坡度，但是屋顶保持了连续的平面，使得公共房间获得更大高度。屋顶露台的视野非常宽广。

自然光

开凿在暗过道上的小开口产生了明亮的光斑。光线暗淡的走廊朝向明亮的餐厅。由于自然光线十分充足，此处成为别墅的焦点。光线透过三角形窗户和天窗的多块窗板照射进房间。

餐厅中用玻璃和木质直棂构成的窗户是三角形的，为居住者创造出180°的赏景视野。

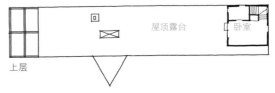

西立面的木框架细节表面看似重复，实则并不相同

天花板上暴露在外的梁创造出跨越空间的纵深感和连续感

借助梯子可以到达上层观景平台

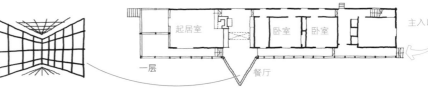

上层

起居室　卧室　卧室　屋顶露台　卧室

一层　餐厅　主入口

阴影

排列不同的木框架为西立面带来多样的阴影效果，丰富了人类体验。

西立面

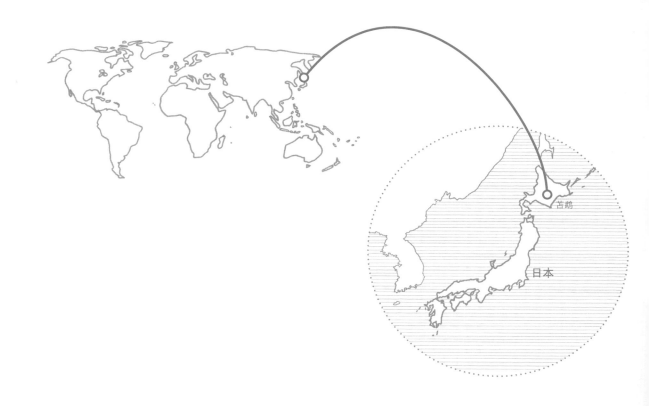

苫鹉

日本

水之教堂 | 1985—1988
**安藤忠雄建筑事务所
日本，北海道，苫鹉**

18

　　水之教堂位于日本苫鹉的阿尔法度假酒店内，用来举办婚礼。无论是在物质上还是视觉上，教堂的位置和设计都与周边度假村的环境大不相同，强化了神圣和凡俗之间的区别。

　　建筑的设计者是安藤忠雄。水之教堂在与场地和宗教文脉的呼应方面，效果惊人。内部与外部、神圣与凡俗、黑暗与光明以及传统与现代等各种界限被表面化，然后在设计中一一得到解决。

塞伦·莫可 (Selen Morko)、陈子倪 (Sze Nga Chan) 和乔治娜·普林霍尔 (Georgina Prenhall)

文脉

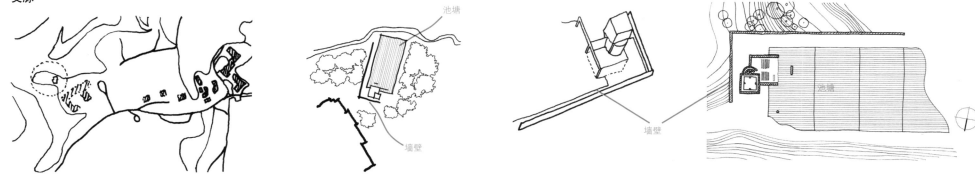

长6.2米的L形混凝土墙将教堂与附近的度假村分离开来。由附近溪流和夕张山西北面平坦区域构成的人造池塘强调了教堂与自然的联系。墙壁包围起了礼拜堂的后方和侧面。礼拜堂本身坐落在池塘边，还有一小部分探入水中。

L形墙壁像标点符号一样将神圣的内部空间与外部的世俗领域分离开来。它还构成了礼拜堂和人工池塘的两道界限。

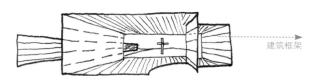

十字架在建筑之外，矗立在水中，将象征意义延伸到建筑框架之外。一道四分式的玻璃幕墙滑动移开，建筑内部和池水间变得毫无障碍。

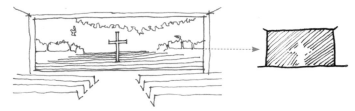

从礼拜堂内部向外望去，十字架像是被框在大自然之中。随着季节变换，景色也在流转。

先例

水之教堂是现代建筑与传统日本美学的结合。

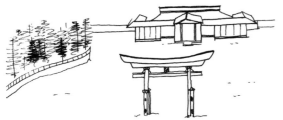

鸟居，严岛神社，日本，广岛

严岛神社的鸟居矗立在远离岸边的水中。虽然有一定距离，但是鸟居的位置仍然处在神社的对称中线上，在宗教意义上作为中心元素。

吉城园（Yoshikien Garden），日本，奈良

将自然框住是安藤忠雄从传统日本建筑中借鉴的另一个手法。

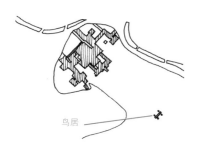

与水的关系是对传统日本禅宗佛教建筑的阐释。在禅宗建筑中，通过呼应与一体化，建筑与周围的大自然构成了一种对话

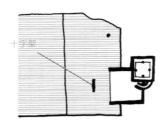

与鸟居的布局相似，教堂的主要宗教元素（十字架）距离主礼拜堂较远，但是仍然处于主建筑的对称中线上

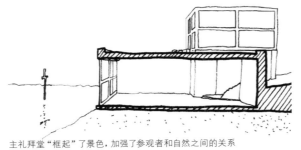

主礼拜堂"框起"了景色，加强了参观者和自然之间的关系

建筑形式和比例

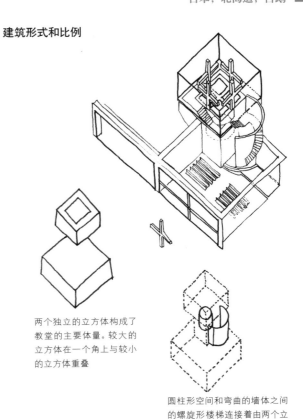

两个独立的立方体构成了教堂的主要体量。较大的立方体在一个角上与较小的立方体重叠

圆柱形空间和弯曲的墙体之间的螺旋形楼梯连接着由两个立方体构成的空间

教堂空间的组织遵照了简单几何关系的严格比例。每个空间的比例可以被简化为2:3:9

两个互锁的立方体在一角的重叠面积为25平方米。较大的立方体与池塘中线对齐。池塘中的十字架位于立方体中线上

空间和楼层

从度假村延伸出的一条小路通向与墙壁齐平的教堂入口，保持了表皮的连续性。

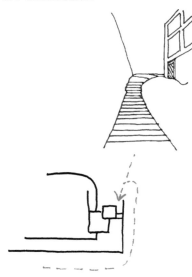

在教堂内部，走廊尽头是通向上层的台阶。在上层空间中，有四个十字架被排列在钢构玻璃幕墙内，形成正方形。在这些十字架外围修建了一条走道。然后台阶向下延伸到入口楼层，但是有一道墙阻挡参观者返回外部。相反，他们需右转并走下半圆形楼梯，到达低层，低层中有一间等候室，位于四个十字架下方。参观者进入朝向水景和静默的十字架的礼拜堂后方。

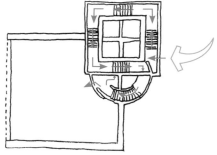

这种流通令参观者获得了对空间和与景观联系的多层体验，使他们能够为婚礼或者礼拜堂中的其他仪式准备得更充分。

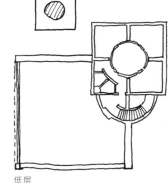

上层

低层

参观者第一次看到水中的十字架和景观布置是通过站在上层玻璃盒子内部时获得的宽广视野。第二次看到时，参观者处在礼拜堂U形外围的内部，十字架是经过精心控制的视野的焦点。

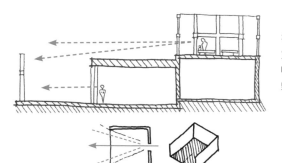

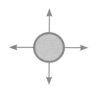

四个十字架指明了象征着宇宙的四个方位基点

空间中的空间

空间中内含着一个更小的空间。包含在内的空间在形式上与外围空间略微不同，这种形式对比表明了功能的差异。内含空间重申了外围空间的形式，然后成为关注焦点。

光线

光明与黑暗的对比是建筑中的主要有趣之处。日光从顶层的玻璃盒子以及礼拜堂的开放式墙壁进入。圆柱形空间的作用类似于从玻璃盒子到等候室的一根灯管。反射的光线照亮了半圆形楼梯。水面把光线折射到礼拜堂中。

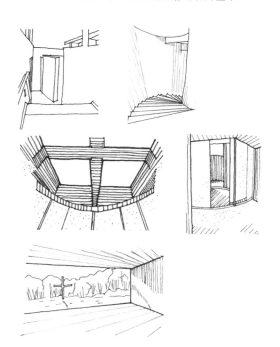

体验结合

风景中的十字架是灵性的田园象征，尽管无名却十分强烈

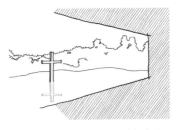

在水之教堂，水中的十字架被框在风景之中

建筑强烈的几何形状与周围自然的自由形态形成鲜明对比

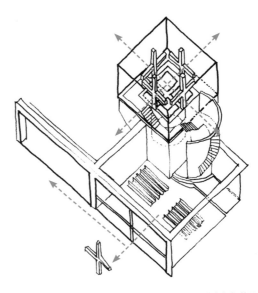

随着玻璃幕墙滑到一侧，礼拜堂直接面向十字架和框住十字架的风景。内部和外部的界限变得模糊

水之教堂被包围在群山和山毛榉树林之中，景色宏伟

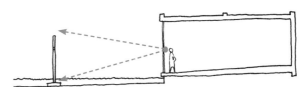

由于主要仪式用品（十字架）被嵌在背景当中，礼拜堂的内含空间向外延伸到景色之中

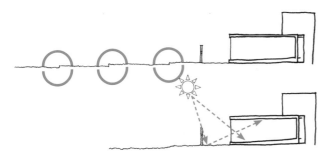

池塘的瀰瀰水面带来了舒缓的声音和视觉反射效果，丰富了参观者的宗教体验

礼拜堂中的自然光线受到控制，面向池塘仅有一道玻璃幕墙。从水面折射而来的光线降低了礼拜堂对其他采光的需要

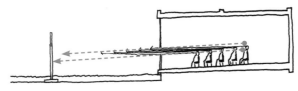

由于礼拜堂的地面有一定坡度，所以在宗教仪式进行时，参观者可以直接看到十字架和周围的风景

与人造物的呼应

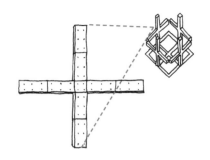

混凝土十字架

混凝土十字架排列在礼拜堂上层的玻璃盒子里，它的物质性和四重对称的重复暗示了群体和力量。

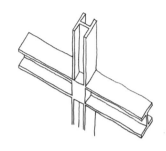

H形剖面钢十字架

H形剖面钢十字架被安放在远离礼拜堂的水中，它的物质性和孤立暗示了差异和灵性。

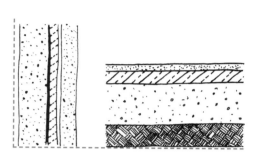

墙体和地面

花岗岩地面将地下的取暖设备隐藏得毫无破绽。即使在寒冷的冬季，双层混凝土和花岗岩隔热厚墙及地面也能保证室内的舒适。

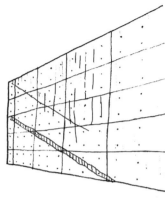

混凝土

混凝土是这座建筑的主要建材。部分粗糙、部分光滑的质地带来不同的光线效果，丰富了人类的体验。

家具

通过特别设计的家具，形式的完整性得以延续。

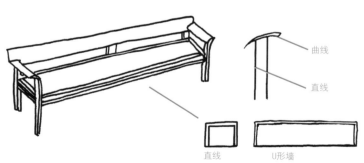

曲线

直线

直线

U形墙

与建筑元素相符，长凳也包括直线和曲线。它们在平面上的U形形状是对礼拜堂U形墙的重复

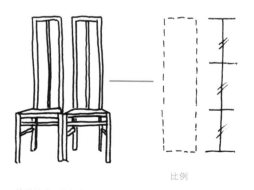

比例

椅子的高、宽之比是3:1

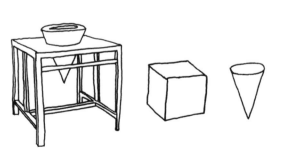

礼拜堂中摆放花束的木质底座有两个互相咬合的形状：立方体和圆锥体

自然—神圣空间三部曲

水之教堂是安藤忠雄设计的三部曲之一，即三个神圣空间分别强调一种自然元素。另外两个作品表现的自然元素分别是风和光。

"建筑三部曲"体现了安藤忠雄对灵性的理解，即灵性是与自然直接相关的普遍现象。

真言宗佛教派的水之神庙，日本，兵库县，淡路岛 (1989—1991)

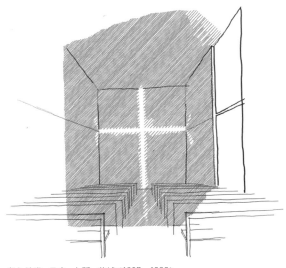

光之教堂，日本，大阪，茨城 (1987—1999)

劳埃德保险公司伦敦办公大厦 | 1978—1986
理查德·罗杰斯
英国，伦敦

　　劳埃德是一家总部位于伦敦的保险公司，已经有超过200年的历史。劳埃德保险公司在伦敦的这幢新建办公大厦由理查德·罗杰斯设计，用现代建造方法和供给系统的"高技派"方式重新阐释了伦敦市中世纪建筑的构造和审美特质，并由此产生了结合紧密的秩序，既保留了传统建筑的价值，也没有牺牲它对自身所处特殊时代的技术和工业发展方面的立场。电梯和供给系统被安装在建筑边缘，留出了清晰的内部空间。劳埃德大厦不仅结合了"高技派"对工业化过程的热衷，而且也对城市公共领域做出了微妙的呼应。

西恩·凯勒特 (Sean Kellet)、阿米特·斯里瓦斯塔瓦 (Amit Srivastava) 和赛义夫·阿扎姆·阿卜杜尔·贾普尔 (Saiful Azzam Abdul Ghapur)

与场地文脉的呼应

劳埃德大厦的位置靠近中世纪时期伦敦市的最东门——奥德门，周边布满了狭窄的街巷，属于稠密的城市肌理。场地的北侧连接的是一条交通要道——利德贺街，南侧是利德贺市场。场地本身是不规则的楔形地块，夹在现状建筑之间。

六个供给系统塔楼包围着位于中央用直线构成的办公空间，整体平面呈变形虫状，填满了场地的不规则地块。由此产生的间隙空间使得内部能够朝向周围区域的稠密公共空间开放。

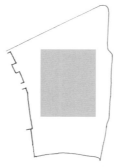

设计的起点是能够满足客户需要的直线式空间

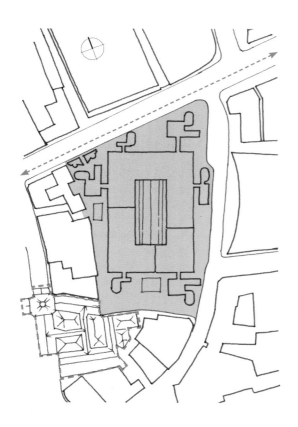

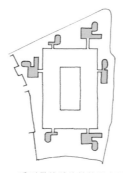

一系列供给系统结构围在四周，与场地的不规则形状相呼应，使得建筑的平面形状变得非常特别

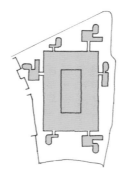

与周边文脉的呼应

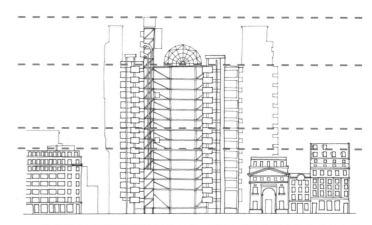

劳埃德大厦并不能算作摩天大楼，但是由于其位于中世纪建筑文脉中，因此相对来说显得十分宏伟。这一点在沿着利德贺街的北侧尤其明显。北侧极具特征的立面强调了建筑的高度，远远高出周边建筑。为了与南侧利德贺市场的低矮人行道特征相呼应，建筑的高度从北到南逐渐降低。

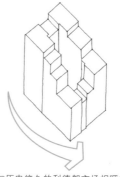

为了与历史悠久的利德贺市场相呼应，建筑师借助一系列露台设计，使得建筑的尺度逐渐下降

与建筑文脉的呼应

乍看之下，劳埃德大厦高度工业化的表面和机器一样的审美特征显得与周围的中世纪建筑文脉格格不入，然而仔细观察后，便能发现它与中世纪建筑传统深厚而复杂的关系。

供给系统塔令人联想到中世纪城堡中突出的塔楼和雉堞，用来保护中央可用空间，并明确了它们的外部形式。

与中世纪建筑传统的呼应是通过理解建筑的不同部分在定义整体过程中的关系来实现的，并非通过物质性或者某些建筑元素。

供给系统塔的高度各不相同，形成了特别的建筑轮廓，也是对周围建筑微妙而丰富的呼应。

构成伦敦的建筑肌理丰富多彩，劳埃德大厦的轮廓线正是其中独树一帜的风景。

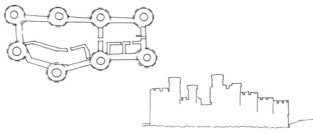

康威城堡，威尔士（13世纪）

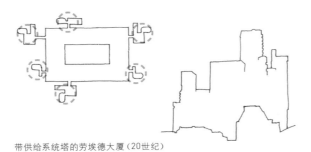

带供给系统塔的劳埃德大厦（20世纪）

通过类似哥特风格的细节，中世纪建筑传统在劳埃德大厦中得到传承。借助建筑结构和照明、空调等服务设施，不同部分在复杂整体中的共存被重新解释。这些部分被精心组织为建筑形式，虽然是在工厂中制作的，但是却保持着一种中世纪构造工艺的感觉。

劳埃德大厦的中庭穿透了全部楼层，用玻璃穹隆覆盖着，重现了哥特式大教堂沐浴在阳光中的宏伟内部。

沿着一条小巷行走，大厦的全貌渐渐呈现在眼前。大厦的正门是由一个历史悠久的立面发展而来的。

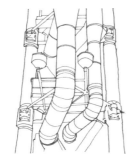

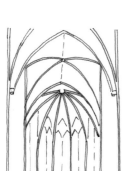

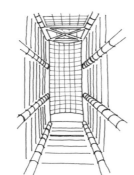

与供给系统和技术的呼应

供给系统与中心可用空间分开之后，不仅在中部获得了更大的可用净空间，而且减少了流通空间。供给设备的使用寿命比中心结构要短，因此将它们安装在建筑边缘方便了将来的设备维护。这种关注"服务"空间和"被服务"空间分离的理念早先由路易·康提出，他在设计位于费城的理查兹医学研究实验室（1957—1962）时发展了这一理论。劳埃德大厦将该理念应用到了预制和插入式系统中。

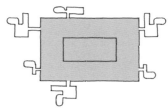 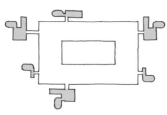

中心空间中不存在任何障碍物，实现了完全的自由使用

外部"服务"塔为中心可用或"被服务"空间服务

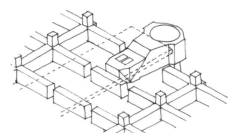

预制手法也被用于混凝土结构元素，以套件方式组装

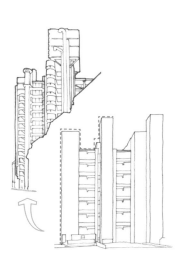

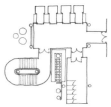

理查兹医学研究实验室的"服务"塔用简单的砖块砌成，是一套连接在建筑上的完整的插入式供给系统，依赖于按规定必须添加的预制元素，并借助于架好的起重机系统完成安装。这些供给系统塔可以随着未来技术的发展而被替换

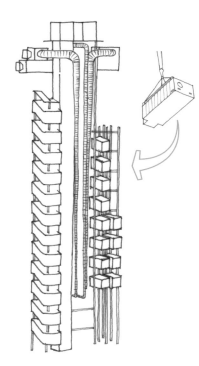

发展机器美学

供给系统的技术发展遵循着"机器美学"，机器美学发端于20世纪的未来主义和构建主义等运动中的梦想建筑。

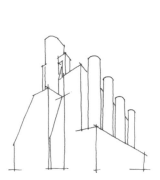 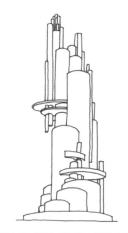

未来主义，意大利（1912）。安东尼奥·圣埃里亚绘制的草图

构建主义，俄国（1925）。亚科夫·切尔尼科夫绘制的草图

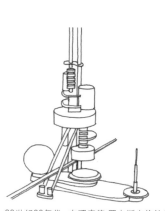 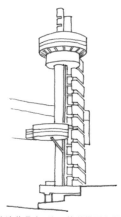

20世纪80年代，在理查德·罗杰斯在伦敦的早期未建造作品中，这一美学得到发展：首先是泰晤士河沿岸的开发项目（左），其次是国家美术馆扩建项目的竞标（右）

与城市公共领域的呼应

供给系统塔到达一层时消失，地下室空间成为公共庭院。朝向公共领域的地面平面开口，以及被推向外部的建筑流通空间，允许访客接连参观，将建筑及其周边变成了城市剧院。

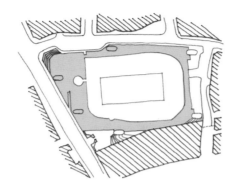

较低楼层被设计为城市公共领域，建成了一个巨大的公共广场

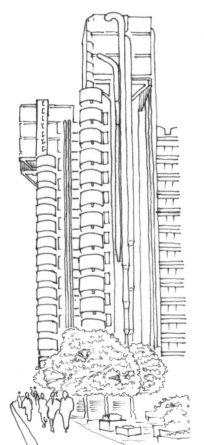

高耸的供给系统塔没有出现在一层是为了更方便都市生活

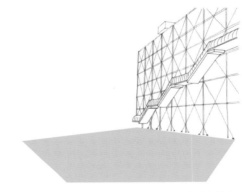

由伦佐·皮亚诺和理查德·罗杰斯设计的位于巴黎的蓬皮杜中心（1971—1977）为城市创造出一个巨大的公共广场

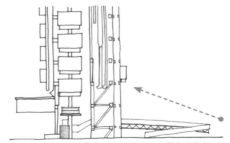

从街道上望去，建筑的分层和外部玻璃电梯十分有趣

内部空间和使用者体验

通过改造传统的结构网格体系，迫使柱子移到建筑外部或朝向中央中庭。这种做法获得了清晰的、没有任何视觉障碍的"甜甜圈"形空间，适合进行交易业务的楼面功能。

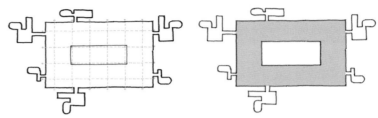

所有楼层都有"甜甜圈"形空间，它们可以被用作交易场所，也能被分隔为小间办公室。以这种方式处理所有楼层能够更灵活地应对日后的扩展，比如业务增加后可能需要更多交易场地，或者随着技术进步不再需要跨越交易场地的视觉联系。

中央中庭贯通整个建筑高度，顶部覆盖着玻璃拱顶，因此不同楼层之间进一步获得了视觉联系。透过半透明的外部玻璃幕墙，自然光充满了整个内部空间，而且不会产生令人目眩的强光或者恼人的阴影。

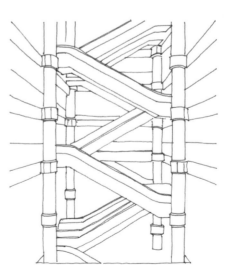

中庭里的自动扶梯呈十字交叉状，将目光吸引到不同楼层

用在传统日本房屋中的半透明米纸带来了光芒四射的效果

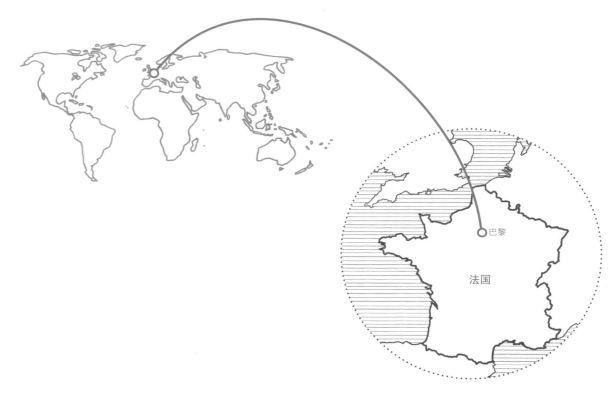

巴黎

法国

阿拉伯世界文化中心 | 1981—1987

让·努维尔
法国，巴黎

20

阿拉伯世界文化中心位于巴黎心脏地带，是一所旨在促进阿拉伯文化并在法国和阿拉伯国家之间建立跨文化交流关系的市民中心。凭借现代与传统的矛盾这一设计方案，法国建筑师让·努维尔赢得了竞标。这座建筑借鉴了传统阿拉伯建筑中的各种先例，如内在性和对光的掌控，并将这些设计元素与当代新技术、材料和结构相结合。

文化中心与环境的呼应与它的审美和象征诉求不可分割。建筑的南立面是用金属制成的有阿拉伯式图案的屏风，细致精巧，具有保护隐私和遮阳的功能。它的元素呼应了阳光的运动和强度，使得内部光线图案不断变化。

塞伦·莫可 (Selen Morko)、苏伟峰 (Wei Fen Soh)、希拉勒·阿里·布赛义迪 (Hilal al—Busaidi) 和莉安娜·格林斯莱德 (Leona Greenslade)

文脉

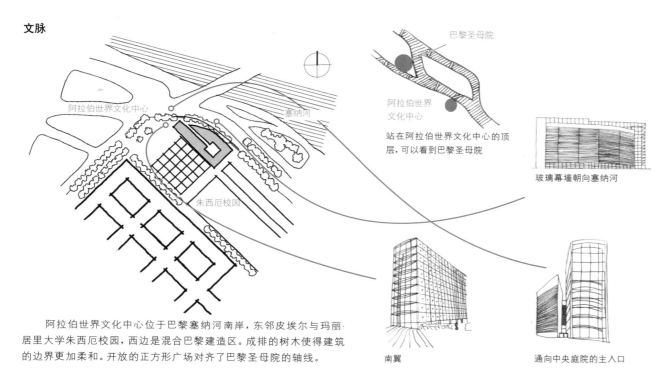

站在阿拉伯世界文化中心的顶层，可以看到巴黎圣母院

玻璃幕墙朝向塞纳河

南翼

通向中央庭院的主入口

阿拉伯世界文化中心位于巴黎塞纳河南岸，东邻皮埃尔与玛丽·居里大学朱西厄校园，西边是混合巴黎建造区。成排的树木使得建筑的边界更加柔和。开放的正方形广场对齐了巴黎圣母院的轴线。

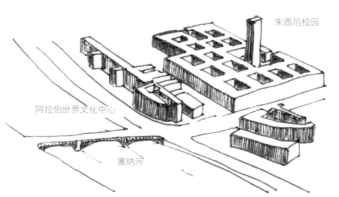

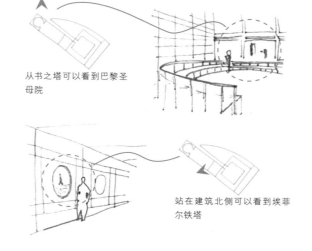

从书之塔可以看到巴黎圣母院

站在建筑北侧可以看到埃菲尔铁塔

由于高度适中，阿拉伯世界文化中心并没有在周边建筑中显得很突出，反而充当了塞纳河和皮埃尔与玛丽·居里大学朱西厄校园之间的缓冲带。

景色

建筑的南立面用钢和玻璃建造，映照出四周景色

钢和玻璃制成的弯曲表皮被掩藏在树木之后

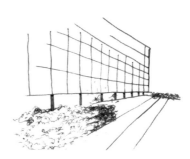

纵向北立面的边界种满了植物，使得建筑与周边景观相连

气候

巴黎的气候温暖而湿润，因此大多数空间都在室内，带有防风雨的小庭院。唯一暴露在外的空间是一间屋顶餐厅延伸出的露台，仅在天气好时使用。

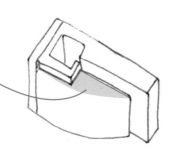

路径

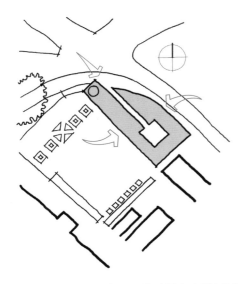

建筑共有三个入口，分别进入北翼、南翼以及两翼之间的狭口

创造横向悬念

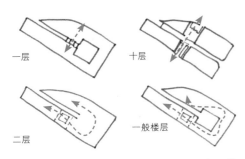

一层　　十层

二层　　一般楼层

　　南、北两翼的联系只存在于一层和十层的连接走廊，这种设计通过墙壁的层次感创造出一种悬念，据此两边可以看到对方的空间，但是直接的连接只能在两个楼层找到。

与设计程式的呼应

形式产生

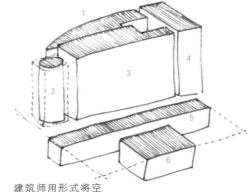

图标说明
1.博物馆
2.书之塔
3.高级委员会大厅
4.供给系统
5.多柱式大厅
6.礼堂

　　建筑师用形式将空间组织起来，以适应各种功能需求。礼堂位于地下层。

大型垂直元素不仅具有功能性，它们也在不同楼层间建立起了视觉联系，并且提升了内部光线效果

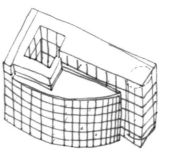

创造竖向悬念

抛光混凝土　空间　穿孔金属板

　　建筑内面的穿孔金属板创造出半渗透性，各个楼层间的视野变得模糊，产生了一种悬念。使用不同材料的效果也反映在对光线和阴影的过滤方面。

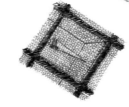

从较低层仰望，隐约可以见到阴影和脚印

透过金属屏风，当对面空间的景象模糊不清时，更加强了悬念

动态空间

灵活的首层平面

　　可以使用隔离墙将博物馆和展览空间划分为更小的空间。

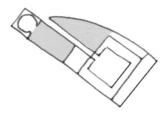

透明性

　　尽管参照了一些阿拉伯清真寺类型元素，但是阿拉伯世界文化中心并不是朝圣场所，因此私密和封闭都是不必要的。建筑的钢和玻璃外层反映了一定的透明性。

透明度模糊了建筑内部和外部的界限，在视觉上将内部与周边景色联系在一起

光线和功能

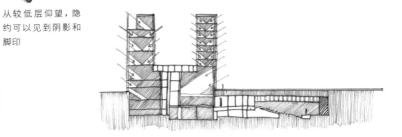

　　为了获得更好的自然光线，展览空间、图书馆和餐厅被安排在较高层，而不需要自然光的礼堂则位于地下层。

结合紧密的设计语言

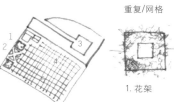

重复/网格

1. 花架　　2. 入口雕塑　　3. 中央庭院

被框起来的视野

1.西南入口
2.西侧入口
3.东北入口

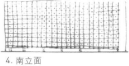

穿过南、北两翼的巨大立面之间的狭窄裂口，到达主入口，访客不禁会产生一种敬畏感

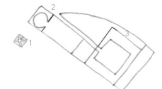

狭窄的通道通向内部庭院，创造出局促之后豁然开朗的效果

内部庭院阳光充足，吸引人流

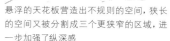

4. 南立面

5. 庭院平面

设计中的对比

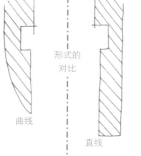

形式的对比

曲线　　　直线

高度的对比

26.1米　　　29米

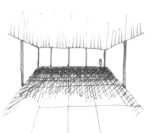 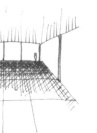  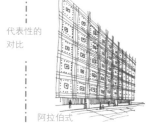

代表性的对比

当代
北翼

阿拉伯式
南翼

自然光

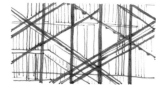

悬浮的天花板营造出不规则的空间，狭长的空间又被分割成三个更狭窄的区域，进一步加强了纵深感

交替出现的玻璃和混凝土立面创造出内部不断变化的光线效果

楼梯起到过滤光线的作用，并且投下各种阴影

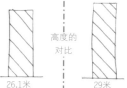

抛光的混凝土地面把光线反射到墙壁上，墙上呈现出与地面相同的图案

气候

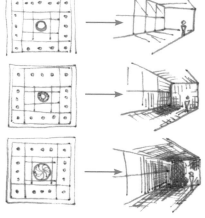

笔直的南翼获得阳光，而弯曲的北翼则被笼罩在南翼的阴影中

交替出现的玻璃和混凝土立面……

人工照明

书之塔螺旋形的坡道在晚上被点亮，使得整座建筑非常引人注目。

先例分析

马什拉比亚屏风

马什拉比亚是用在传统阿拉伯住宅中的屏风，可以过滤光线，使人从室内看到外部，但是从外部无法看到里面。

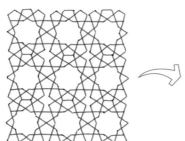

传统马什拉比亚图案

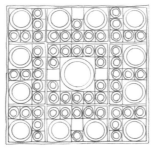

阿拉伯世界文化中心南立面一块正方形镶板上的图案和尺寸都不相同的孔隙

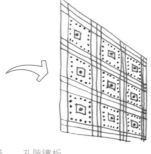

孔隙镶板

带有电机控制的感光孔隙的正方形镶板被拼成比喻意义上的阿拉伯马什拉比亚。

孔隙/百叶窗

类似照相机镜头的高科技光敏百叶窗可以控制建筑的进光量。

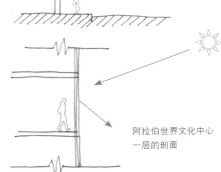

传统阿拉伯住宅的剖面

阿拉伯世界文化中心一层的剖面

庭院

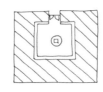

阿拉伯住宅庭院

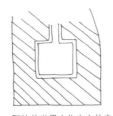

阿拉伯世界文化中心的中央庭院被用作采光井

公共/私密

通过使用斜坡和花架，而非大型栅栏或大门，明确了公共空间和私密空间的分离感和特色，但是过渡平缓。

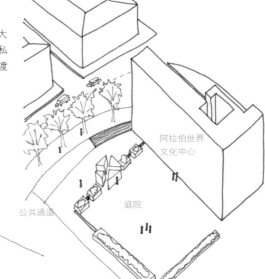

阿拉伯世界文化中心

公共通道

庭院

宣礼塔

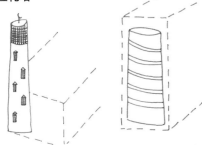

圆柱状建筑中包含了图书馆书架，在形式上模仿了穆斯林宣礼塔，但是被嵌入到一个矩形外壳中

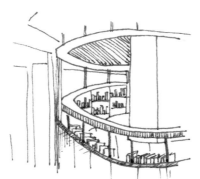

靠近圆柱形书之塔（上图）的是一座两层通高的矩形图书馆（顶图）

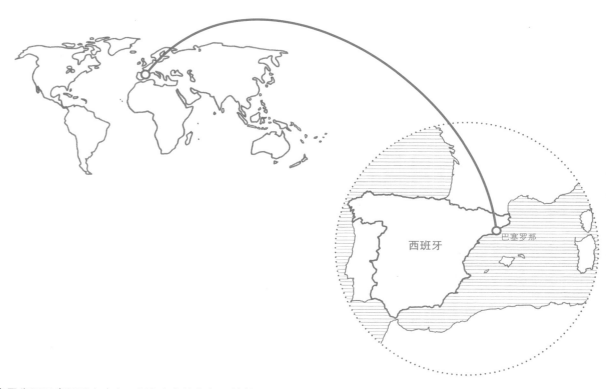

巴塞罗那

巴塞罗那现代艺术博物馆 | 1987—1995

理查德·迈耶

西班牙，巴塞罗那

21

　　巴塞罗那现代艺术博物馆的位置靠近巴塞罗那市中心。在这座有着悠久且灿烂的建筑历史的城市中，理查德·迈耶的作品以其特有的白色风格为城市增添了纯粹的几何图形。

　　建筑师借助精心的组织、对比、分层、形式增减等方式将现代建筑的通用设计原则与特殊的位置和目的相结合，形成了复杂而清晰的整体，其中光和影的效果构成了审美体验的主要部分。虽然博物馆的颜色、材料和形状与周边的老建筑截然不同，但是它的尺度和细部呼应并提升了城市风光。

塞伦·莫可 (Selen Morko)、吕浩 (Hao Lv)、约翰·帕杰特 (John Pargeter) 和莉安娜·格林斯莱德 (Leona Greenslade)

与城市文脉的呼应

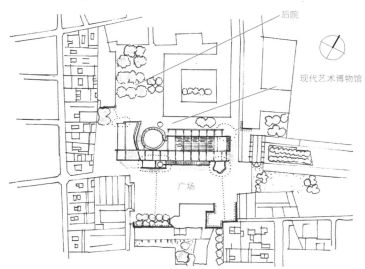

博物馆与巴塞罗那较受欢迎的聚会场所之———天使广场相邻。附近的建筑都是砖石材料，大小不一，但是高度相似，被组织在一个规整的城市网格内。

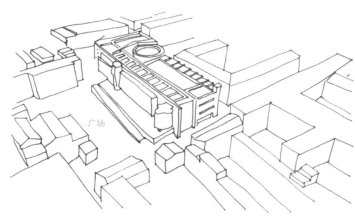

理查德·迈耶的设计策略是将基于矩形或其他简单几何形状的现代主义设计元素组合嵌入一个网格并统一使用白色，并且根据给定的设计程式和场地修改设计语言。巴塞罗那现代艺术博物馆的设计也采用了这种模式。

现有场地形状和周边环境

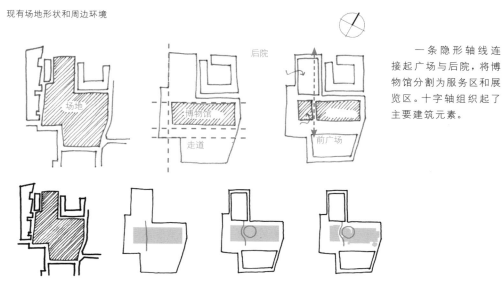

一条隐形轴线连接起广场与后院，将博物馆分割为服务区和展览区。十字轴组织起了主要建筑元素。

建筑组合中的一个圆柱形元素打乱了从前广场经过陈列室并到达后院的行走路线。由此产生出的弯曲流通空间是在建筑中走动的核心区域。

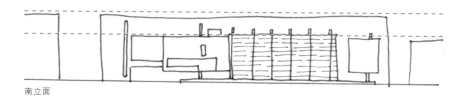

南立面

建筑的高度以及主立面上的突出元素呼应了周边建筑高度。

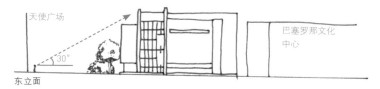

东立面

博物馆南侧正面的高度和比例与天使广场的尺度和比例形成呼应，使得参观者能够轻松地欣赏到整体立面。

元素的抽象概念

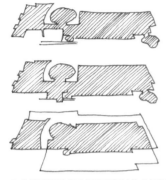
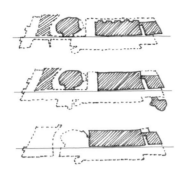
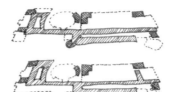
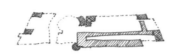
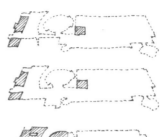

不同的楼面板形状暗示了受侵蚀的几何图形的组合

一系列不同的直线和曲线陈列室沿着一条轴线排列

主要流通元素是一条坡道和圆形楼梯，都位于建筑南侧。逃生楼梯和服务楼梯位于建筑四角

主要服务空间位于西端，并且与展览区之间有明显分离

户外露台提升了参观者对周边环境的体验

网格

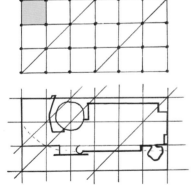

模仿巴塞罗那城市网格系统的网格是建筑设计组合的基础

包括行动路径在内的设计元素被排列在这一基础网格内

开放的中庭空间边缘处的白色坡道使得参观者可以从不同视角观赏下方广场中的活动

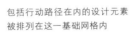

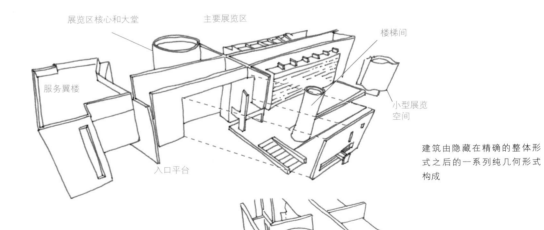

展览区核心和大堂　　主要展览区　　楼梯间

服务翼楼　　小型展览空间

入口平台

建筑由隐藏在精确的整体形式之后的一系列纯几何形式构成

圆形楼梯间被包围在一个混凝土圆筒形结构中。透过窗户只能看到建筑侧面有限的风景，与坡道上开阔的视野形成对比

形式产生和光线

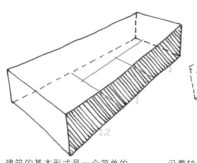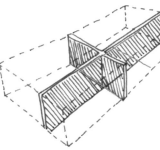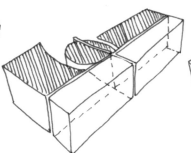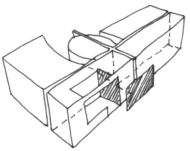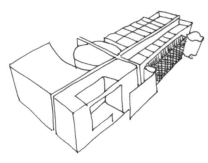

建筑的基本形式是一个简单的盒子，由平面上三个正方形发展而来，其边长比例是1:1:1.2

沿着较大正方形边缘的分隔十字将正方体切开

一个圆柱形结构被插入到十字的南、北两翼中，西翼的边缘借势向后推移，在圆柱形结构和西翼之间形成了一个弯曲的空间

南立面被削减掉部分面积，同时增添了新的平行表面，在建筑南侧形成了一个双层立面

自然光通过幕墙和天窗进入室内

展览空间

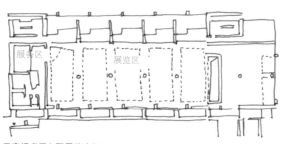

天窗提升了主要展览空间

流通空间里的三层通高天花板方便了参观者在空间之间移动，而且可以看到广场。

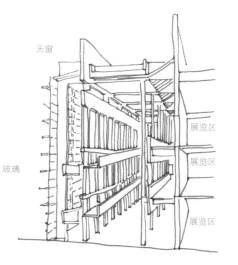

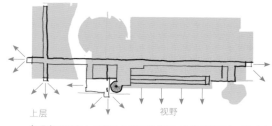

参观者可以在上层的露台和窗边停留，欣赏周围景色。透过中庭的玻璃幕墙，参观者能够在沿着坡道行走时观赏广场内的活动

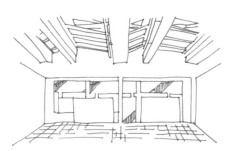

从天窗透过的光线在白色的石灰墙上投下浓重的阴影。不断变化的阴影形状标志着时间的推移

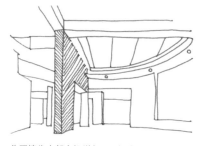

分隔墙为内部空间增加了几何感和构造特质

博物馆入口和陈列室之间的流通经过了精心设计，为参观者带来了动人的感知体验。除了绵长的内景，参观者还可以通过阳台和露台欣赏到下方的广场和城市风光。白色的建筑使得参观者的服装色彩更鲜明，也突出了外界环境和展览品的色彩。

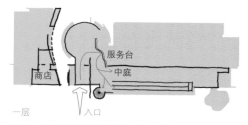

通过主入口后即可进入宽敞的大堂。服务台位于右侧。参观者可以在此选择进入中庭从而到达一层陈列室或者在舒适的座椅上休息，或者走上坡道或楼梯到达上层

大型圆柱体

大型圆柱体的基本元素是一个简单的圆形，被分割为45°的多个部分。一条偏离中心的线穿过圆圈

柱子被均匀地按照几何划分排列

在圆柱体内嵌入一个内圆，服务楼梯等功能空间通过更加细致的划分而形成

用向导式的概念性第三个圆圈定义出了圆柱体的内墙和外墙。在圆柱体两层墙体之间建造楼梯间是典型的迈耶建筑风格

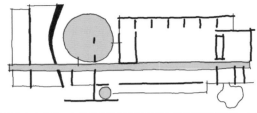

用贯通整个建筑的一条狭窄的直线空间充当上层的流通脊柱线。大型圆柱体和小型圆柱体分别排列在脊柱两侧

服务台在平面上呈蛇形的复合曲线状，令人联想到阿尔瓦·阿尔托作品中的类似长桌子

较小的圆柱体中建造了楼梯间，被夹在两道平行的穿孔墙之间，像折叶一样位于服务台方向和坡道方向之间

小陈列室

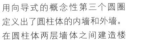

展览区
天窗

位于建筑东南角的这间小陈列室打破了简单几何形状的格局，采用了不规则形状。这些有趣的自由形状与建筑规整的主体形成响应式结合，令人联想到勒·柯布西埃的作品。随着太阳在天空中的移动，其表面的色调也在发生变化

由天窗透进的光线产生的阴影使得小展览空间更具活力

先例

迈耶的其他作品也采用了类似的几何组合，特点鲜明。

格罗塔住宅，美国，新泽西（1984）

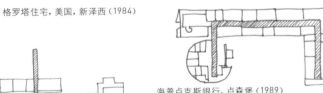

海普卢克斯银行，卢森堡（1989）

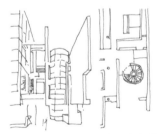

拉乔夫斯基住宅，美国，得克萨斯州，达拉斯（1994）

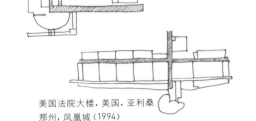

美国法院大楼，美国，亚利桑那州，凤凰城（1994）

瑞士航空北美总部，美国，纽约州，梅尔维尔（1994）

材料

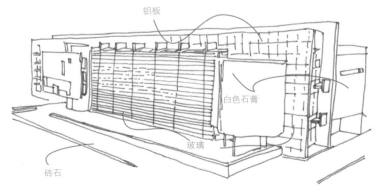

铝板
白色石膏
玻璃

砖石

白色是迈耶作品的特征。平整的铝板成为在建筑前方分层安装的玻璃和白色形式的背景。三种材料的使用反映了外部体量的层级关系

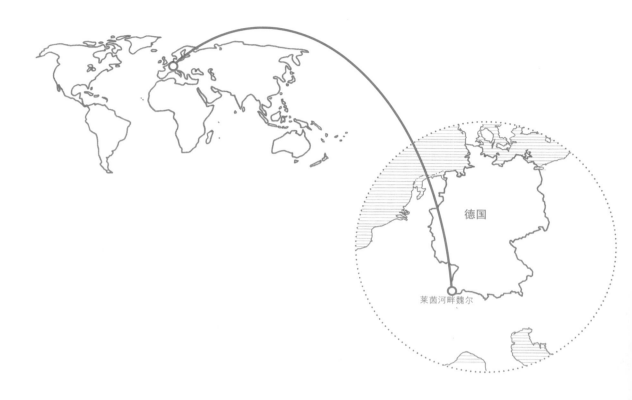

德国

莱茵河畔魏尔

维特拉消防站 | 1990—1993
扎哈·哈迪德建筑事务所
德国，莱茵河畔魏尔

22

　　维特拉消防站是一座著名的解构主义建筑，受到了扎哈·哈迪德早期绘画作品的启发。虽然建筑尺度适中，但是有大量复杂的倾斜直线和弯曲的混凝土表皮。消防站的设计参考了周围农田和维特拉设计园区早期建筑的模式。目前，消防站已成为家具工厂区，展示一些著名建筑师为维特拉设计的作品。

　　委托设计时正值一场大火发生10年后，因此消防站的建造在功能和象征意义上都代表了预防火灾的决心。这是哈迪德第一个被建成的项目，为她打造国际知名度铺平了道路。

里奥·库珀 (Leo Cooper)、塞伦·莫可 (Selen Morko) 和菲利普·伊顿 (Philip Eaton)

文脉

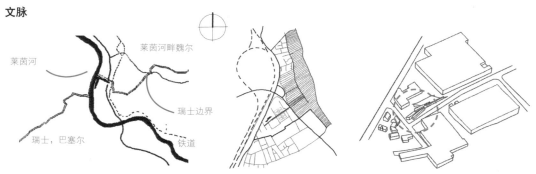

　　1981年火灾之后，尼古拉斯·格雷姆肖设计了维特拉设计园区的总体规划。维特拉消防站是园区工厂和展览建筑的附加项目，现在包括一些创新性建筑范例。建筑场地是国家、土地和河流的交汇点。这些看似不可抗力的因素在设计过程中都被考虑在内。

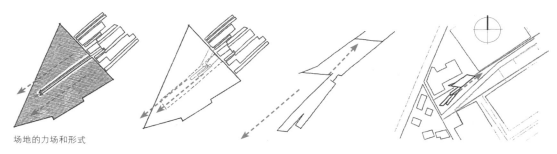

场地的力场和形式

维特拉设计园区的主路与邻近农田的土地和葡萄园在同一直线上。建筑沿着相连的道路伸展。

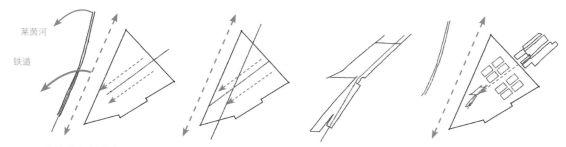

　　建筑的主轴平行于河流和铁道的线条，在这条建筑轴线与场地轴线的交叉点上，建筑的形式相互碰撞。

破坏

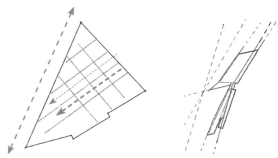

　　消防站的形式与周围厂房的棚式建筑形成强烈的对比。场地被分隔成网格线，与铁路线交叉。铁路线和农田等外力的介入使得场地网格逻辑显得合理。

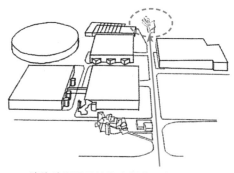

　　消防站强调了轴线发展的终点，并且标志着从农业空间到建造空间的过渡。

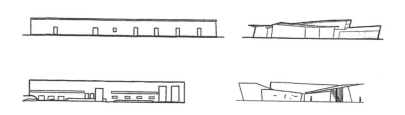

　　通过破坏明显的场地限制，建筑设计呼应了这些场地力场。消防站的形式虽小，但是紧凑且充满动感，与工厂的巨大体块对比鲜明。

戏谑的设计对功能主义

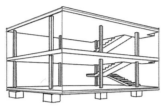
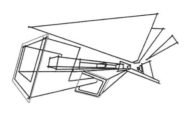

与现代主义所认为的"设计是功能与理性的产物"这一理念不同，哈迪德的至上主义（以基本几何形状为焦点的一场艺术运动）认为建筑是艺术创作的有趣过程，由技术、经济和文化的影响而定型。现代主义的"纯粹盒子"被解构为不断移动的平面和消融的角度，同时保留了对材料的忠实。

从哈迪德的概念画中可以看出她对形式的原始想法。两个关键特征是自由流动的铁路网络和农田的几何布局

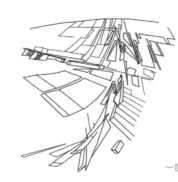

场地力场的抽象概念

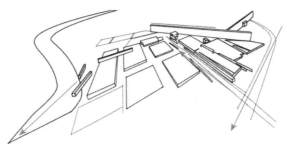

场地力场决定了建筑的动感形式。结构元素将水平和垂直动感平面固定到位，仿佛是运动组合在瞬间被凝结成画面。

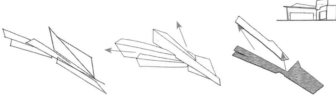

居住区锋利的几何形状代表了附近火车的动力。虽然消防站与周围的工厂截然不同，但是与场地边缘的各种非常规形式建筑和谐统一，如弗兰克·盖里的维特拉设计博物馆（1988—2003）。

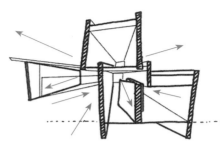

动感空间中的建造细节仍然保持了人体尺度的精致形式塑造

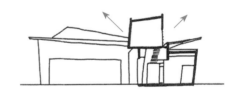

与设计程式的呼应

建筑由三个交叉体量构成。无论是在平面还是剖面上都显示了空间的层级关系。最大的体量是有五条平行停车道的车库空间。第二和第三个体量是工作人员空间。

一层平面

二层平面

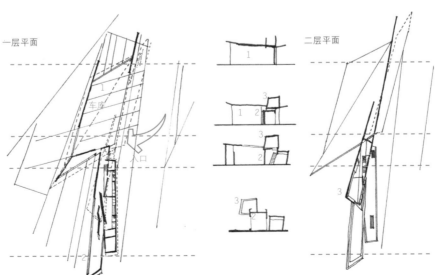

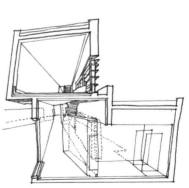

有棱角的平面占主导地位。根据设计程式，墙体被刺穿、倾斜、破坏

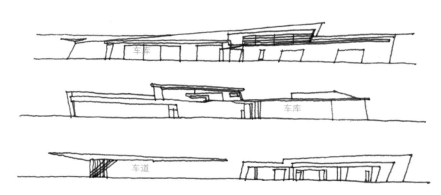

消防站的所有外墙都是现场浇注的钢筋混凝土材料，同时向外倾斜。动态几何形式使得建筑看起来更加轻盈，甚至反重力。所有的墙体都是结构墙，并创造出贯穿立面的自由流动线条。

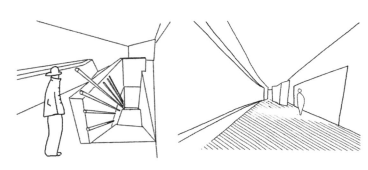

贯穿建筑直线形空间的流线通过不断重复明确了方向，指引人的移动

公共对私密

公共和私密功能在不同体量中被分开，而这些体量在轴线交叉处碰撞。

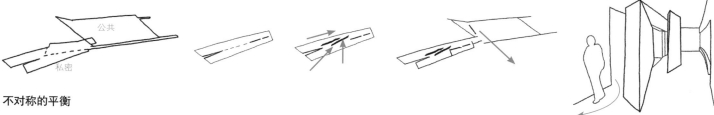

显然，在建筑的入口区域表达并分解了碰撞空间和相互矛盾的走廊。

不对称的平衡

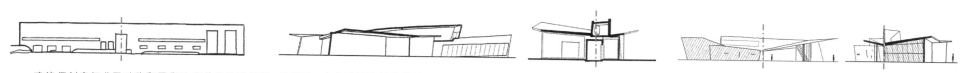

建筑师刻意扭曲了对称和平衡这些传统设计手段，动摇了一座典型消防站的传统形式。尽管个体形式向心式地聚合到入口点，但是仍然通过平衡的不对称性获得了律动感。在建筑内部，消防车所在的公共区域比办公和休闲功能的私密空间更加重要。

建筑一侧是没有开口的厚重混凝土墙，另一侧是纤细的柱子和轻薄的屋顶，两者形成强烈对比。

光线和内部

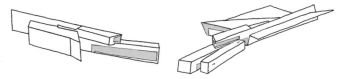

为了让光线透过，在墙体和屋顶上开凿了条形开口。光线强调了设计程序，反映出建筑内外的功能。所有的照明元素都是设计的必要部分，以线而非点为基础，与整体的形式动态相一致。

伸展的开口形成横向光柱，强调了建筑内部的方向性和运动。光线将人的运动成功地引导向出口。屋顶开口进入的光线和一层人造日光灯管把人们的注意力吸引到直线性上。

形式和意义

强烈的视觉冲击

被挤压的矩形创造出船首造型的平面，给人带来强烈的视觉冲击。

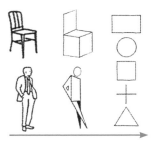

哈迪德受到了卡济米尔·马列维奇在20世纪初期倡导的至上主义艺术运动的影响。至上主义通过几何化抽象将现实主义层层剥开，直至最纯粹的形式。由此产生的是纯粹形状的非具象几何结构。

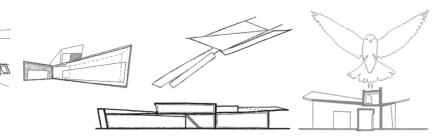

至上主义艺术是建筑在通过抽象来实现纯粹艺术感受的前提之下产生的。在平面、剖面以及整体三维连接方面，至上主义几何是普遍流行的基本设计语言。在充满张力的集合中的基本几何元素组合产生了对人类体验有强烈冲击力的独特的空间互联。

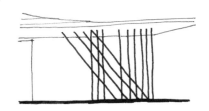

重复排列的现代主义柱子通过距离和角度的变化，同时产生了相似性和不同点

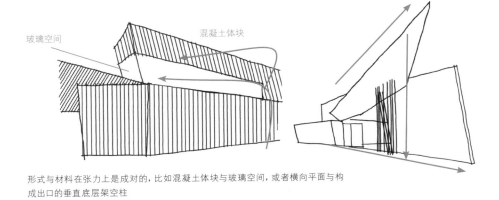

玻璃空间

混凝土体块

形式与材料在张力上是成对的，比如混凝土体块与玻璃空间，或者横向平面与构成出口的垂直底层架空柱

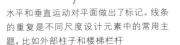

水平和垂直运动对平面做出了标记。线条的重复是不同尺度设计元素中的常用主题，比如外部柱子和楼梯栏杆

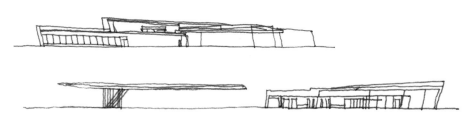

向一个方向倾斜的厚重体块与消防车车库滑动门上方向外伸出的飘浮状顶棚相互平衡。一层的体量在外部相当醒目，狭长而低矮的开口安装着百叶窗，墙体仿佛在水平方向被切成薄片

英国

伦敦

劳德媒体中心 | 1994—1999

**未来系统
英国，伦敦**

23

位于伦敦的劳德板球场是成立于1787年的马里波恩板球俱乐部的主场，这家俱乐部是板球比赛规则的制定者。由简·卡普里茨基和阿玛达·莱维特领导的未来系统赢得了为播音员和撰稿人服务的一座新媒体中心的竞标。当时，计划在1997年和1998年冬季这两个停赛期期间建造，建成后为1999年举办的板球世界杯服务。

这座建筑在以下若干方面都具有重要意义：铝材料预制装配式结构、独立的设备齐全的一体化豆荚状结构、与板球场的露台和看台的关系、作为观看球场和队员的受保护场所的清晰功能。

丹尼尔·奥迪亚 (Danielle O'Dea)、安东尼·拉德福德 (Antony Radford) 和张璇 (Xuan Zhang)

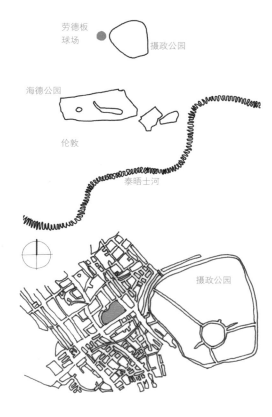

劳德板球场位于圣约翰森林中，附近是居民区和商业区，距离伦敦中心区约4千米。场地中的若干看台在20世纪晚期进行了改造，包括芒德看台（霍普金斯建筑事务所，1987）、埃卓克和康普顿看台（霍普金斯建筑事务所，1991）以及大看台（格雷姆肖建筑事务所，1998）。媒体中心位于场地一端，面向已列入文化遗产的亭阁（托马斯·维里蒂，1889）。

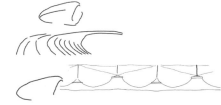

媒体中心

建造媒体中心并没有改变现有座席。相反，它被插入到露台后方，可以俯瞰座席顶部。媒体中心似乎是与景色分离的，即使被移除也不会留下痕迹。它的曲线与直线形墙体形成对比，但是呼应了连绵曲折的露台。

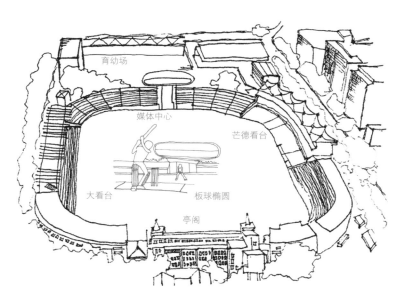

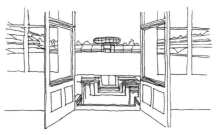

装饰细节烦琐的亭阁与媒体中心的弯曲而无装饰形式形成对比

对比：芒德看台

芒德看台（下图）重建于1987年，为原有混凝土露台增加了两个附加露台。新、旧看台完全不同，与媒体中心一样，是在"厚重"的砖和混凝土旧作上方添加了一个"轻巧"的金属物体。两者之间有一条浓重的阴影间隙。

芒德看台的轮廓线是一系列凹曲线，完全不同于媒体中心的凸曲线轮廓。

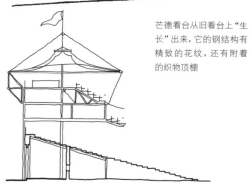

芒德看台从旧看台上"生长"出来，它的钢结构有精致的花纹，还有附着的织物顶棚

媒体中心"生长"在旧看台后方，是一个浓缩的豆荚状结构，与其表皮融为一体

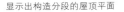
显示出构造分段的屋顶平面

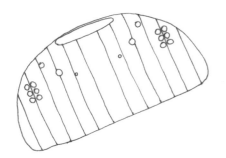

夹层平面

评论席

主层平面

餐厅

记者席

支撑塔楼里的电梯
和楼梯

两组电梯和楼梯从地面连接到两者之间的中央脊柱空间。储物箱被安排在脊柱空间中。从这里可以轻易到达与之在视觉上相连的其他空间。定义这些空间的是楼层、栏杆和玻璃隔断的变化。

空间内部明亮而稳重。内墙、地板和天花板都是淡蓝色，办公桌和其他家具都是白色——柔和的色调不会与外部场景冲突。螺旋形楼梯铺着消防车一样的红色地毯，当人们在内部观看比赛时不会看到这一抹颜色。

透过豆荚后方餐厅的第二个边缘弯曲的平板玻璃窗户，可以看到椭圆之后的育幼场（练习板球场）。除了为媒体工作人员服务，餐厅在非板球比赛季还会租给私人使用。

面积达600平方米的餐厅/酒吧可以容纳100名电视和广播员工、120名撰稿人，另外还可以容纳50人。

主要玻璃正面有一定角度，因此不会反射光线到球员身上。可以看到透明玻璃后的评论员和记者。

卡普里茨基的设计模仿了聚焦在板球场上的摄像机和其他先例，比如老式电视机、车、船、飞机和电动剃须刀。劳德媒体中心的门令人想到船舱门。

与气候的呼应

使用铝材料是相当耗能的，但是建筑寿命到期后，这些金属可以被回收。白色表皮可以反射太阳辐射，有角度的玻璃可以减少眩光和热增量。贯穿建筑的一条集雨槽可以收集雨水，防止雨水滴到下方的观众身上。

建筑中安装了空调设备，而且在每张媒体办公桌处都有独立风口，可以根据个人需要调节出风量。供给系统安装在建筑内部，通过表面的百叶板通风。雨、雪可以穿过百叶，但是水能够排出维护间并进入雨水系统。

玻璃幕墙上有些部分可以打开，板球比赛的声音能够进入室内，也可以进行一些自然通风。

餐厅

电视摄像机

建造过程

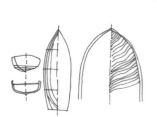 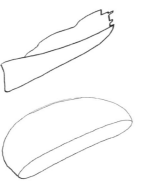     

在建造时，表皮被分成条状，类似木船船体。

建筑长度约40米，接近一艘大型游艇的长度。

这种壳和肋的建造方式常用于制作铝船，这些部分也是在造船厂制成的。整个豆荚结构在一间大型棚式建筑里完成装配。

虽然体型巨大，但是由于铝的特点，这些嵌板相对较轻。

制作完成的条状豆荚顶部和底部被运送到现场。

通过起重机把部件运送到已经预先建成的混凝土支柱上方。

把部件焊接在一起。由于没有外延接合，因此通过豆荚的白色表皮反射热量使得热膨胀最小化这一点非常重要。豆荚组装完成后再进行内部设备安装。

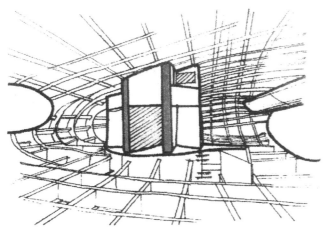

建筑结构是半单壳体式，其表皮是结构不可分割的一部分，而不是附加的单独结构框架。表皮被焊接到结构肋网上，有效地替代了传统梁的凸缘。肋状结构朝屋顶、墙体和地板继续延伸。

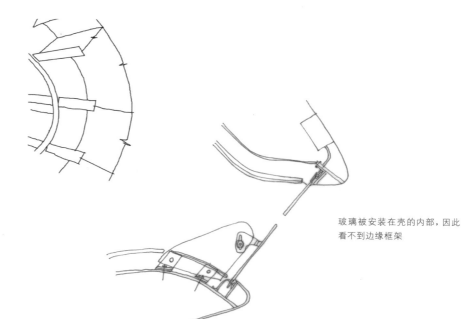

玻璃被安装在壳的内部，因此看不到边缘框架

豆荚和水泡

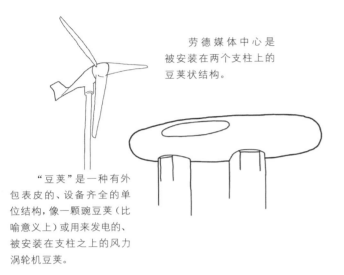

劳德媒体中心是被安装在两个支柱上的豆荚状结构。

"豆荚"是一种有外包表皮的、设备齐全的单位结构，像一颗豌豆荚（比喻意义上）或用来发电的、被安装在支柱之上的风力涡轮机豆荚。

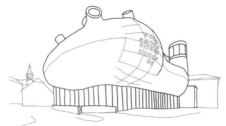

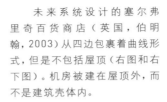

未来系统设计的塞尔弗里奇百货商店（英国，伯明翰，2003）从四边包裹着曲线形式，但是不包括屋顶（右图和右下图）。机房被建在屋顶外，而不是建筑壳体内。

2010年，未来系统凭借与劳德媒体中心有类似窗户的水泡设计赢得了位于捷克共和国布拉格的国家图书馆竞标一等奖。

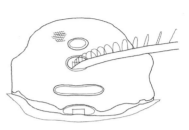

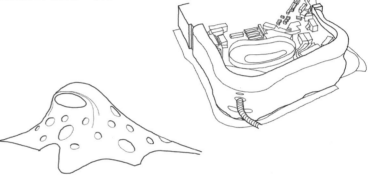

"水泡"建筑也被用来描述位于奥地利格拉茨的格拉茨现代美术馆（2003），其设计者是库克-福尼尔空间实验室。与恩佐·法拉利博物馆一样，为了适应已有的周边建筑，建筑师对水泡进行了改造，但是这种改造是通过改变水泡的形状来实现的，而不是切除部分。

"水泡"的形状更加灵活。未来系统把他们为伦敦中心位置的一幢办公楼（1985）的竞标设计称为"水泡"。

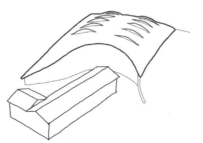

位于意大利摩德纳的恩佐·法拉利博物馆（2009）也是未来系统的设计作品，是一个矩形中的水泡，看起来像是被切割了一部分来适应附近的建筑。

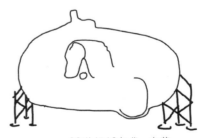

20世纪60年代，在英国的建筑电讯运动中，大卫·格林提出了"活跃的豆荚"这一术语，用于设备齐全的单位结构。

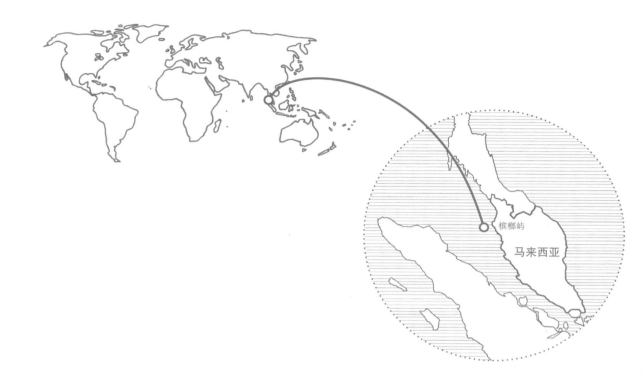

梅纳拉UMNO大厦 | 1995—1998

杨经文，T. R. 哈姆扎&杨经文建筑事务所

马来西亚，槟榔屿

24

梅纳拉UMNO大厦位于马来西亚西北部的槟榔屿。这一建筑是在热带地区发展生物气候学摩天大楼的重要步骤——生物气候学摩天大楼是将高层建筑的城市密度与传统建筑类型中对应气候问题时的智慧相结合的结构。目的是改变摩天大楼的特点，从而更好地呼应气候问题，降低能源用量。

建筑师杨经文已经设计过若干这种类型的建筑。在利用微风、遮阴和功能运转方面，梅纳拉UMNO大厦做到了清晰的响应式结合。建筑采用自然通风，这在高层办公楼中比较少见。

阿米特·斯里瓦斯塔瓦 (Amit Srivastava)、凯·泰恩·奥 (Kay Tryn Oh) 和拉娜·格里尔 (Lana Greer)

特性与文脉

　　梅纳拉UMNO大厦坐落在乔治城（槟榔屿州首府）的联合国教科文组织世界文化遗产区边缘地带，这一区域有大量传统的中国式店屋。大厦是政党马来民族统一机构（UMNO）的总部所在，它的高度和标志性造型在周边环境中显得非常醒目。由于四周建筑较低矮，这座高层建筑称不上与环境高度统一。

高辨识度的建筑轮廓线映衬在天空下，成为显著的地标

这座21层的大厦远远高出周围的低矮建筑

与城市文脉的呼应

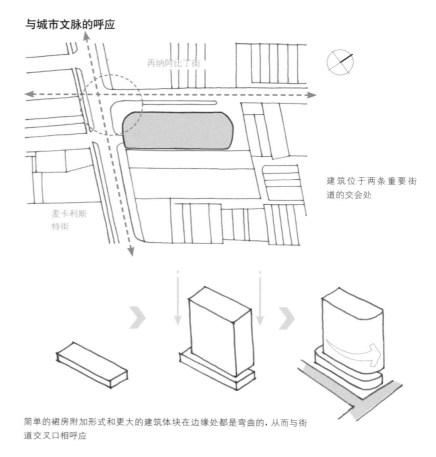

建筑位于两条重要街道的交会处

简单的裙房附加形式和更大的建筑体块在边缘处都是弯曲的，从而与街道交叉口相呼应

　　建筑形式的发展考虑到了不同功能要求的集合，这些要求根据建筑所处的直接文脉而变化。

　　建筑体块被分为与邻近建筑相呼应的低矮裙房以及裙房上方的办公楼。分为两部分也使得喧闹的停车层与上方的办公区相分离。最后，曲线形式呼应了建筑所处的转角位置，这种形式使得建筑在视觉和实体上能够在两个主要街道之间实现过渡。

建筑的首层朝向街道开门，从而与公共区域产生互动。首层的功能向后缩进，为麦卡利斯特街的行人腾出空间，而且可以从转角处清楚地看到入口大堂。

街道交叉口的曲线轮廓像是一个欢迎手势，再加上漏斗形的入口清晰地出现在视野中，这些都吸引行人进入大厦。

车辆入口位于建筑后方的再纳阿比丁街上，有利于正面入口的行人出入。

与设计程式的呼应

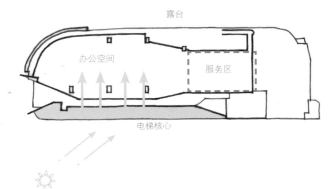

露台
办公空间
服务区
电梯核心

大厦用户穿过开阔的、自然照明并通风的大堂，从楼梯核心进入办公空间。从办公室可以直接进入开放式的露台，从而脱离办公环境，与自然接触。

通过后缩创造出公共入口

停车场的车辆入口

商用空间

行人入口

电梯大堂

一层开门与公共区域相互呼应，可以清楚地看到内部并且进出方便

建筑形式被竖向分为7层矮裙房和14层办公楼，使得不同功能都能从文脉中获益。14层高的办公区明显高出周围其他建筑，可以获得更充足的阳光和风量。

视野

一般办公楼依赖的是中央核心，而梅纳拉UMNO大厦的流通核心位于建筑的东南边缘。这样不仅使得办公区障碍更少，而且沿着建筑立面的电梯井可以增加热质量，起到遮挡早晨阳光的作用，从而减少热增量。电梯核心通过开放式大厅进一步与办公区分离，使得办公区获得更好的隔离效果。

后方有服务核心的建筑东南立面不需要开窗，整个立面成为标出建筑轮廓的实墙，起到政党的广告牌作用。

电梯核心被用来遮挡阳光

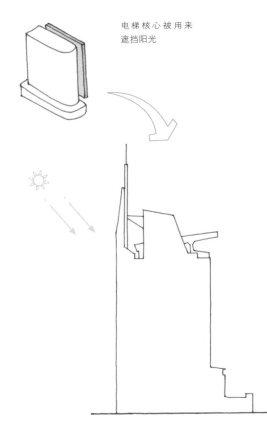

与气候的呼应——生物气候摩天大楼

建筑的整体形式如同机翼，表明了基于气流的设计意图

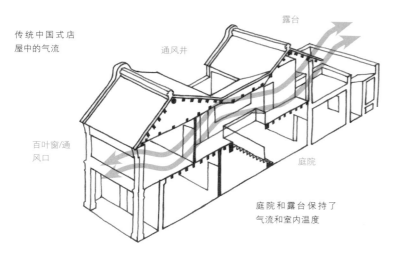

传统中国式店屋中的气流

露台

通风井

百叶窗/通风口

庭院

庭院和露台保持了气流和室内温度

借鉴传统中国式店屋的智慧，建筑中运用了露台和"空中庭院"。空中庭院使得办公楼较高层的空气对流效果更好。在温暖潮湿的热带气候中，自然通风降低了对空调系统的依赖——原本计划在建筑中不使用空调设备。西立面的空中庭院同时还提供了一些亟须的遮阳作用。

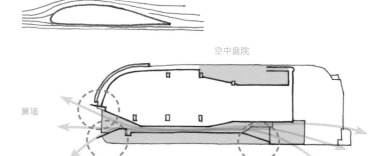

空中庭院

翼墙

外部鳍状结构起到侧墙的作用

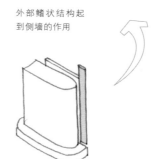

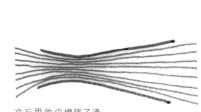

文丘里效应增强了通过漏斗形结构的气流

梅纳拉梅西尼亚加大厦，马来西亚，雪兰莪州，建筑师：杨经文（1992）

德国商业银行大厦，德国，法兰克福，建筑师：诺曼·福斯特（1997）

马来西亚电讯大厦，马来西亚，吉隆坡，建筑师：伊哈斯·卡斯图里（2001）

翼墙的使用促进了生物气候摩天大楼的发展。这种鳍状突出物被建造在开口处，能够充分利用盛行风，并且提高了自然通风效能。翼墙一般用于低矮建筑，梅纳拉UMNO大厦是第一座使用翼墙的高层建筑。大厦本身已经朝向从东北和西南方向吹来的盛行风。翼墙和漏斗形的中央大堂产生了"文丘里效应"，增强了建筑内的气流。这种新系统，以及空中庭院和能开启的窗户，使得内部温度可以借助被动手段调节。

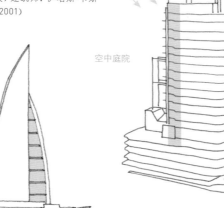

空中庭院

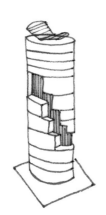

与气候的呼应——遮阳设施

结构设计遵循附加形式产生模式，包括有遮阳作用的各种设计元素，进一步提升了建筑的效能。一系列遮阳板沿着西北立面形成水平条带。越靠近建筑西侧边缘的条带越深，不仅增强了遮阳效果，而且产生了外观的审美变化。建筑西南角的午后阳光照射最为强烈，因此建造了特别的弯曲缓冲部分，遮阳面积大，有利于稳定室内温度。

建筑外部的由遮光设施产生的各种叠加条带不仅与气候相互呼应，而且十分美观。

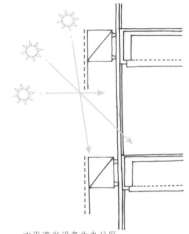

水平遮光设备为办公区室内遮挡了毒烈的夏日阳光，同时在冬季时让更多阳光进入

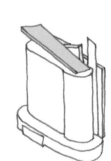

大型屋顶顶棚为整个建筑提供了额外的遮阳效果

建筑西南边缘处有一块应对午后阳光的附加遮阳板

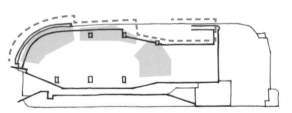

在建筑西立面延伸的一系列条带对办公区起到遮阳作用

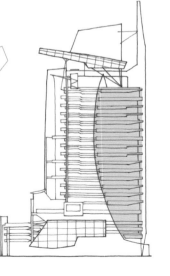

外部条带成为一种外观模式

除了沿着办公区窗外的水平遮光设施，整个建筑还笼罩在一个巨大的顶棚之下，能够为屋顶遮阳，减少热增量。这种屋顶顶棚处理方式使得建筑获得了独一无二的屋顶轮廓，也成为它的第五个外观面。

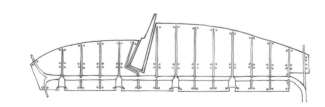

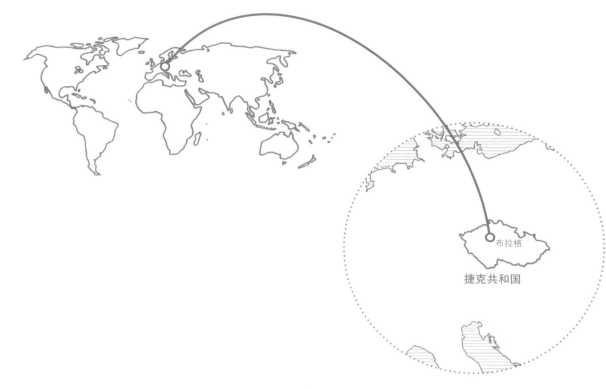

布拉格

捷克共和国

跳舞的房子 | 1992—1996

**弗兰克·O.盖里联合建筑设计
事务所和弗拉多·米卢尼克
捷克共和国，布拉格**

25

在布拉格闹市区，位于转角处的"跳舞的房子"在周围历史感极强的巴洛克、哥特和新艺术派建筑中脱颖而出。尽管争议不断，"跳舞的房子"仍然以微妙的方式与它的城市文脉相互呼应，成为当代建筑地标，为城市风光增色不少，同时也没有压倒或干扰周边建筑。这座由美国建筑师弗兰克·O.盖里和捷克本国建筑师弗拉多·米卢尼克共同设计的作品是布拉格心脏地带的一个全球化标志。建筑内包括传统咖啡馆、商业和办公空间。

与盖里的其他作品相似，"跳舞的房子"的立面扭曲了传统建筑的几何形状，并鼓励对建筑元素的全新阐释的产生。

塞伦·莫可 (Selen Morko)、加布里埃尔·迪亚斯 (Gabriella Dias)、道格·麦卡斯克 (Doug McCusker) 和莉安娜·格林斯莱德 (Leona Greenslade)

文脉

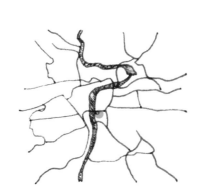

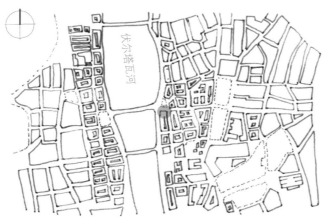

跳舞的房子位于伏尔塔瓦河河畔，属于布拉格历史悠久的区域。其周边环境，特别是河流和城市肌理，成为设计的形式参考。主导平面的波浪模式和立面处理方式正是基于这些参考。

1945年第二次世界大战时对布拉格的轰炸几乎毁灭了跳舞的房子原址上的建筑，一直到1960年这里仍然是一片废墟。因此，这座建筑并没有参考原址建造。

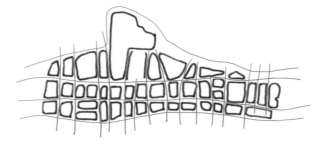

布拉格的城市肌理好像是组织在被扭曲的网格中，街道线条呈波纹状，而不是直线

1945年对布拉格的轰炸使得周围建筑的稳定秩序骤然断裂

虽然布拉格的城市肌理非常稠密，但是当地倾向于借助小公园或内部庭院在街区间保持公共空间

跳舞的房子是允许建造在布拉格历史区中的三座现代建筑之一，包围它的是新古典主义建筑和新艺术派建筑。

跳舞的房子的概念基于北部滨河街区转角的两座塔楼这一简单前提。塔楼的有趣造型暗喻了一对正在跳舞的夫妇——美国著名舞蹈家弗雷德·阿斯泰尔与琴吉·罗杰斯，他们曾主演了20世纪30年代的一系列好莱坞电影。

形式参考

设计的基础是两座相互依偎的塔楼。

波浪状的水平线将两座塔楼联系起来，同时连接着原有的周边建筑

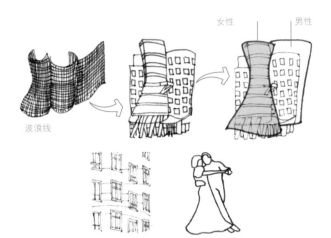

女性　男性

波浪线

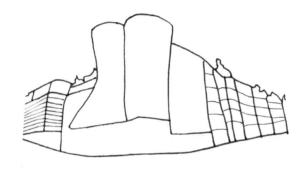

两个圆柱形从街角突出来，并形成顶棚，为人行道创造出一个遮蔽棚。玻璃塔楼的连续外皮把人们的目光吸引到上方。

行人眼中的玻璃塔楼

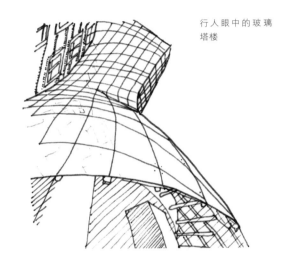

第一座塔楼的轮廓是凸曲线状，具有女性气质，而与之形成对比的另一座塔楼是稳定的圆锥形，越靠近地面越收窄，表现出男性气质。贯穿两座塔楼的波浪线条强调了两者间的统一性和连续性。

虽然跳舞的房子的造型出奇，但是由于其高度以及窗户比例与两边的建筑相同，因此还是能够融入周边环境中的。

跳舞的房子地处闹市区，观赏者可以乘坐地面或水上的各种交通工具，在不同速度和方向欣赏建筑。

在建筑首层，穿过雕塑般的柱子可以看到相邻的公共广场和伏尔塔瓦河

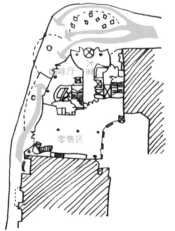

咖啡厅

零售区

首层与公共空间的叠加改变了街道行人的运动。咖啡厅成为建筑中的社交区域

柱子打断了沿着人行道的视线，随着行人运动路线的改变，强制他们体验建筑

内部元素

空间分配 流通 私密空间

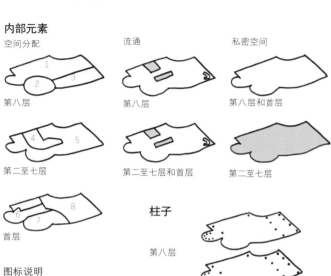

第八层 第八层 第八层和首层

第二至七层 第二至七层和首层 第二至七层

首层

图标说明

1.餐厅和咖啡厅
2.休息所
3.阳台
4.入口
5.商业区
6.大堂
7.咖啡厅
8.零售区

柱子

第八层

第二至七层

首层

玻璃塔楼剖面

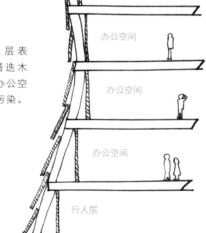

外部玻璃　内部玻璃

办公空间

办公空间

办公空间

办公空间

行人层

玻璃塔楼采用双层表皮。外部玻璃幕墙像搭迭木瓦，而内层玻璃密封起办公空间，隔绝了外部噪声和污染。办公室采用机械通风。

虽然两个塔楼的外部形式明显不同，但是整体规划仍是遵循传统的，将整个框架视为一个空间。大堂、咖啡厅和零售区位于建筑首层，办公室在上方。位于顶层的餐厅和休息区视野开阔。竖向出入核心被安排在中心位置。

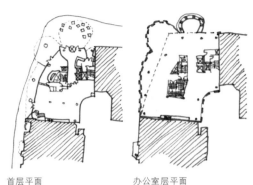

首层平面　办公室层平面

形式产生

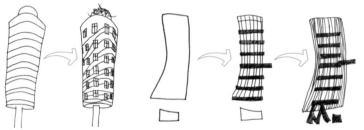

基于两个比喻式参照物：男性和女性的姿势扭转和折叠，形成了两个圆柱状体量。"女性"塔楼的曲线柔和，连续的玻璃表皮使其显得更加明亮。"男性"塔楼则更加稳定、坚固，在玻璃塔楼的易变物性与邻近建筑之间搭起了桥梁。

混凝土塔楼的窗户框起了"快照"式的布拉格风景，而玻璃塔楼的窗户给出的则是全景式视野。

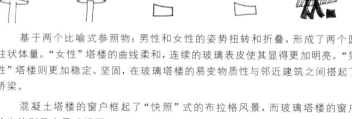

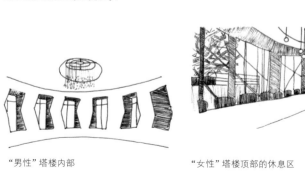

"男性"塔楼内部　　"女性"塔楼顶部的休息区

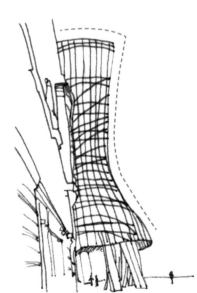

两个塔楼的二分式外观区别在平面布置上被消除

由于玻璃塔楼的突出形态，从办公室内部可以看到河流和街道的景色。收窄的腰部减少了从邻近建筑观赏河流的障碍

通过立面与文脉进行呼应

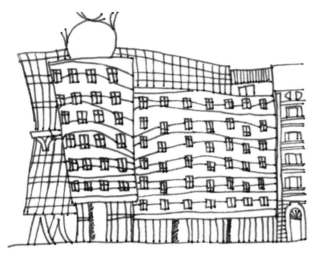

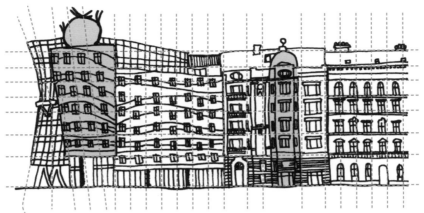

玻璃

混凝土

无论是玻璃塔楼还是混凝土塔楼，都具有搭迭木瓦状的外皮

建筑的正面是与城市文脉相互呼应的核心。虽然是具有争议性的当代形式，但是跳舞的房子通过与邻近建筑相似的高度和比例，体现了对环境的尊重。建筑的正面设计遵循了当地建筑的一些常用模式，比如与地面层的分离、明示化的塔楼式元素、一般形式的统一后缩，以及窗户的交错重复。

旧建筑　　　新建筑

图解平面表明了新、旧建筑是如何借助一个简单的凹处相互分离的，立面上产生了一条浓重的阴影线

窗户

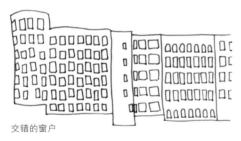

交错的窗户

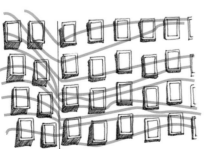

波浪线

虽然窗户的尺寸和形状都是标准的，但是每一扇窗户突出墙壁的程度不同，产生了一系列独特的阴影图案。

借助新古典主义檐口的横向元素，新建筑的横线式立面使得新、旧建筑之间的边缘更加柔和。

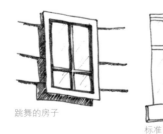

跳舞的房子

标准

窗框的逆转形态

跳舞的房子的窗户是外凸式的，并没有模仿当地的传统开窗方式。它们在建筑立面投下浓重的阴影，使得波浪线更加清楚。

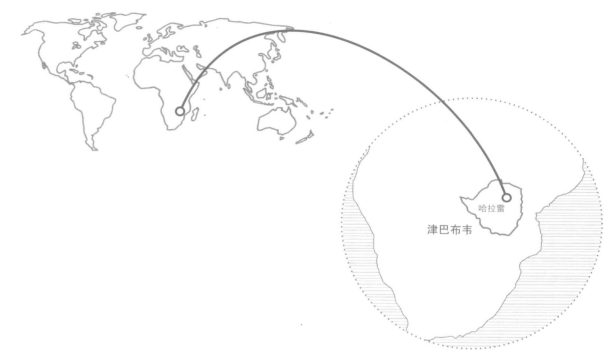

东门中心 | 1991—1996

皮尔斯建筑事务所
津巴布韦，哈拉雷

26

　　东门中心是一幢巨大的混合用途商务大厦，颇具非洲特性，而在非洲大陆上，大部分类似建筑遵循的都是欧洲和北美模式。它的特性来源于材料、颜色、图案和建造技术，将预算分配给了当地的制造商和劳动力，而不是进口产品。东门中心包括一座购物中心、一个美食广场、七层办公楼和若干停车空间。

　　东门中心也是与气候呼应的典范。哈拉雷终年白天酷热而晚上相对凉爽。通过空气流动降温是建筑的核心方面，东门中心采用了顶部是烟囱的垂直通道、抬高的地面和管道。除了空气流动，还通过安装遮阳物、种植植物、在凉爽的夜里通过纹理化极强的表皮进行辐射，以及安装太阳能电池板等手段降温。

安东尼·拉德福德 (Antony Radford) 和迈克尔·皮尔斯 (Michael Pearce)

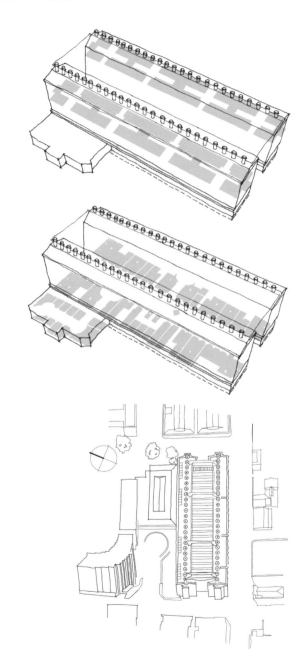

文脉、规划和建筑形式

东门中心屹立在哈拉雷市中心。不同于城市中其他玻璃和混凝土材质的办公楼，它的纹理、材料和绿墙极具非洲特色。

建筑的大部分是直线形且对称的。但是为了填满场地面积，建筑首层打破了这一直线形式。

银色的王冠标志着进入中庭的入口，令人联想起非洲的礼仪式头饰

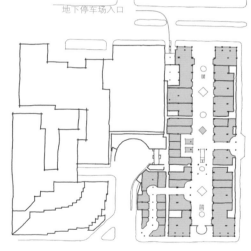

首层零售层

东门中心的两个主要区块分布在一条街的两侧。虽然有屋顶遮阳、遮雨，但是两端却是完全开放的。

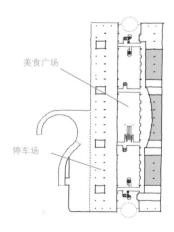

美食广场

停车场

较高层的停车场和美食广场

建筑二层一侧是美食广场，另一侧用于停车。附加停车场位于地下。

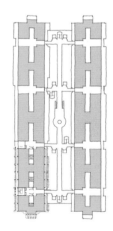

六层办公室

仿生学

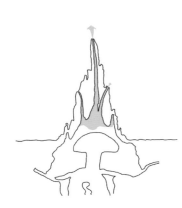

白蚁丘的先例激发了设计小组的整体思维。白蚁丘通过泥土的热质量保持温度稳定和日间温度变化。

与气候相关的设计

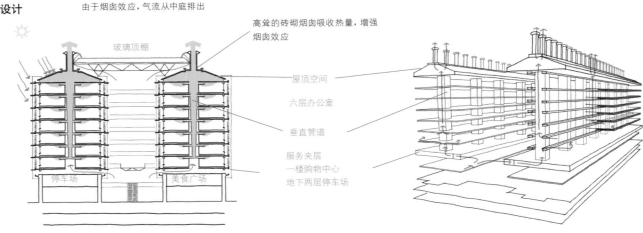

由于烟囱效应，气流从中庭排出

高耸的砖砌烟囱吸收热量，增强烟囱效应

玻璃顶棚

用于热水器的太阳能电池板

用植物和悬垂结构遮阴的北立面

屋顶空间

六层办公室

垂直管道

服务夹层
一楼购物中心
地下两层停车场

停车场

美食广场

建筑采用机械通风方式，结合被动烟囱效应以补充风机功率。风机位于服务夹层中，使用情况根据季节变换而变化。

白天，空气从有遮阴的中庭进入，借助服务核心中的大型管道传导至办公室，然后上升到屋顶空间和烟囱。每小时换气两次。进入晚间，烟囱效应和风机把凉爽的夜间空气吸进中庭，上升至办公层，进入屋顶空间和烟囱。气流降低了楼层和结构的温度。因为温差更大，所以烟囱效应的空气流动速率也更快：每小时换气10次。空气从中庭进入地下停车场帮助换气。

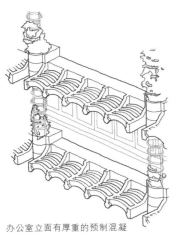

办公室立面有厚重的预制混凝土悬垂结构和带有植物格子架的遮阳物

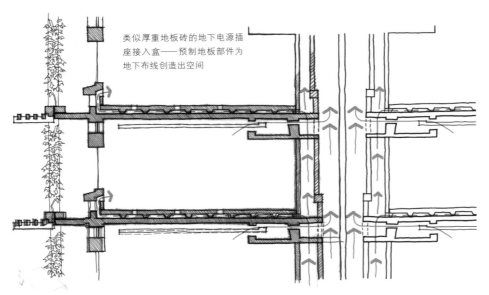

类似厚重地板砖的地下电源插座接入盒——预制地板部件为地下布线创造出空间

在办公室中，空气通过"凉空气"管道进入预制混凝土地板部件下的空间，然后进入周边窗户下的房间。这些预制地板部件起到热交换器的作用，借助夜间空气冷却，然后可以冷却日间空气。由于"热空气"管道的烟囱效应，对角房间的空气被吸入。

向上照射的荧光灯将拱形混凝土天花板作为反射面，利用上方厚板吸收辐射热。灯管镇流器位于抽气管中，产生的热量可以被抽离出房间。

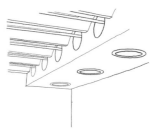

低能耗灯位于排气管下方

表皮模式先例

东门中心表皮的质量和纹理令人联想到各种当地和外国先例：大津巴布韦的宏伟石墙、法国建筑师勒杜的皇家盐场的粗面石块砌体、非洲工艺图案，以及津巴布韦采矿业的钢铁结构。

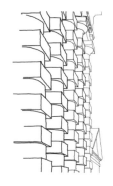

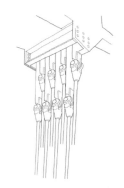

主楼材料为混凝土，但是粉刷表面和混合使用的花岗岩砂粒和石头使其具备了天然花岗岩的特性。其他材料包括钢、黏土砖和玻璃。

大津巴布韦（1100—1500）的石块层次。大津巴布韦是巨大的干砌石结构，是精巧的非洲文化的产物

修纳人凳子，高约25厘米，由当地的修纳人雕刻

皇家盐场的粗砌墙面，位于法国阿尔克和瑟南，设计者是克劳德·尼古拉斯·勒杜（1775—1980）

工业工程：连接着桁架的钢索细部

多刺体在日间吸收的太阳辐射热量不会更多，但是由于其表面积更大，可以在夜间释放出更多凉爽的空气

东门中心的多刺墙表面的预制混凝土块分层

东门中心逃生楼梯的混凝土屏风的几何图案

被植物覆盖的东门中心粗砌墙面

街道／购物中心

购物中心宽约16米、高30米，集合了多种元素和质地，照明效果突出，阴影浓重。建筑的两道边墙用混凝土制成，填充物是玻璃和砖。在两道边墙之间，钢面板和电梯组件悬挂在粗壮的桁架上，就像工业厂房中悬吊在起重机架下方的载重物。与之形成对比的是一间间小商店，它们有着精巧的布料遮阳篷，向后凹进的门就像是郊区街道上小型单位的露台。爬满植物的钢箍沿着边墙向上延伸。

锯齿状的玻璃顶棚覆盖着购物中心的屋顶，这种做法常见于温室和火车站。陶土瓦顶棚变体覆盖着四条侧面走道和关联电梯上方的大桁架。

流通

在竖向流通方面，使用自动扶梯到达美食广场，由此之上的楼层使用电梯。这些电梯被悬挂在购物中心上方，使得首层不存在障碍。连接它们的是一座人行天桥。开放式的楼梯作为电梯的补充。

尺度对比

小尺度商店和遮阳篷　　大尺度工程

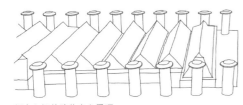

烟囱之间的购物中心屋顶

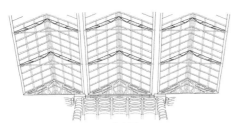

从购物中心仰视玻璃屋顶的底面

自动扶梯连接起首层购物中心和较高层的美食广场和办公室

电梯为办公层服务，但是终止于首层上方，从而保证首层无障碍

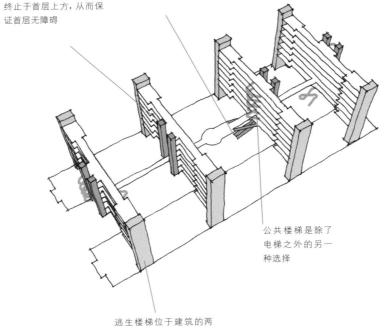

公共楼梯是除了电梯之外的另一种选择

逃生楼梯位于建筑的两条长侧边

站在悬吊的走道上朝上或朝下观望，可以看到肌理致密的混凝土和砖块立面之间坚固的钢筋工程。

瓦尔斯温泉浴场 | 1986—1996
彼得 · 卒姆托
瑞士，瓦尔斯

27

瓦尔斯是一个偏僻的阿尔卑斯山村，属于瑞士格劳宾登州。瑞士建筑师彼得·卒姆托受托改造一座20世纪60年代的酒店，为其添加一座温泉浴场。建筑地处陡峭的斜坡之上，而且有一部分嵌入山体，设计以当地石材为主要构造和象征元素。由此，产生了与当地文化和环境的温和呼应，同时一种永恒感也油然而生。

内部的正方体体量仿佛是从一整块巨石中雕刻而来，从中可以看到被精心框起的山谷美景。这座建筑需要在使用中被体验。入浴者依次体验热水池、冷水池、蒸汽室和休闲区，完成一套"浸泡仪式"，在此过程中建筑空间令人感到放松，并重获活力。对温度、触觉、气味、视觉和声音的各种感官体验都被调动起来。

塞伦·莫可 (Selen Morko)、阿利克斯·邓巴 (Alix Dunbar) 和刘霍 (Huo Liu)

与文脉的呼应

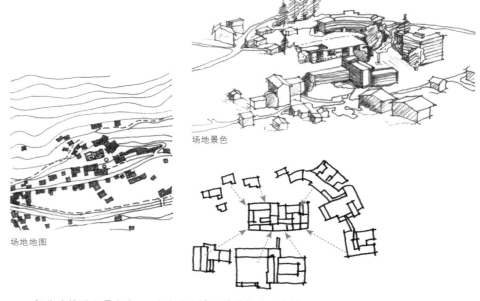

场地地图

场地景色

为了防护落石和雪崩，瓦尔斯到伊兰茨沿途开凿了很多隧道和地道。这些措施为建造在山中的瓦尔斯温泉浴场提供了先例。

部分建筑融入景色中，而突出在山坡之外的部分建筑的南立面、东立面和西立面都非常引人注目。从浴场后方的酒店房间可以俯瞰它覆盖着草皮的屋顶。

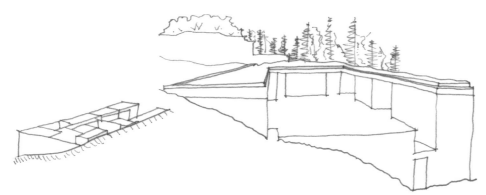

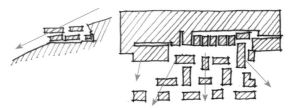

温泉浴场被嵌入到山坡之中，因此无论是平面还是剖面都像是山间的一块巨石。建筑的设计受到了场地上原生石头的影响，并且配合着山水效果，从实际意义及比喻意义上都充分利用了这一特性。

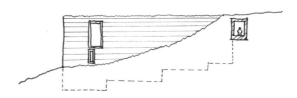

温泉浴场为周围建于20世纪60年代的5个酒店建筑提供了聚会和消遣的场所。通过酒店主楼进入浴场的唯一通道是从门厅穿过一条地下走廊。

场地组织

　　为了利用阳光，户外设施被安置在平面东南角，同时也能充分领略山谷的壮美风光。

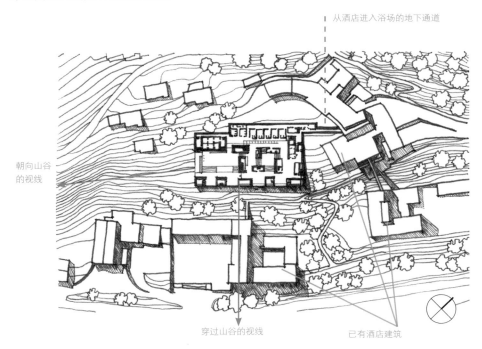

从酒店进入浴场的地下通道

朝向山谷
的视线

穿过山谷的视线

已有酒店建筑

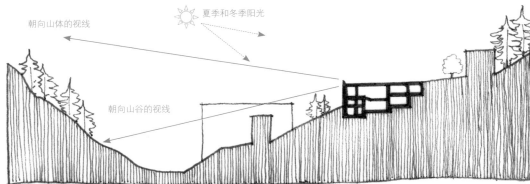

朝向山体的视线

夏季和冬季阳光

朝向山谷的视线

　　影响建筑设计概念的主要是瓦尔斯的地理状况。这座温泉浴场的设计对现状建筑、地形和自然都做出了谦逊的呼应。其他建筑没有挡住山体和山谷的景色，而且它们全部都能享受到夏季和冬季的阳光。

形式产生

　　建筑的平面组织是一系列立方体块，像是散落在水中的石头。它们的距离和位置决定了浴场的公共空间和私密空间，包括淋浴、汗蒸、饮品和休息区，以及室内水池和室外水池。

　　水池以及周围的开放空间是设计中的两个节点。借助台阶，入浴者可以平和地将自己浸入不同水温的水中，也可以更加刺激地体验空间、肌理、温度、声音和气味。

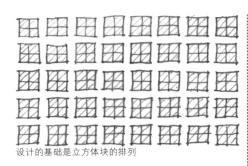

设计的基础是立方体块的排列

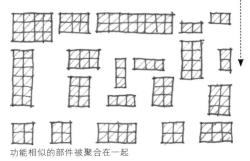

功能相似的部件被聚合在一起

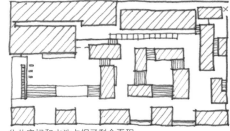

公共空间和水池占据了剩余面积

要进入浴场，需要先经过山洞一样的接待区以及一条昏暗的走廊。抬升起的平台连接着更衣室和主浴场。空间的配置没有明确方向指示，鼓励入浴者进行探索。

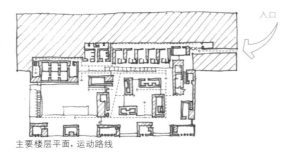

主要楼层平面，运动路线

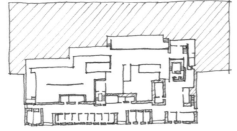

较低楼层平面，治疗室

在立方体块之间，有一些更宽敞的空间将人们引导至两个巨大的窗前，透过窗户可以把群山的美景一览无余。建筑的设计鼓励人们在私密空间和公共空间之间闲逛。较低楼层配置了治疗室，在这些小房间里为入浴者提供各种按摩和物理疗法。

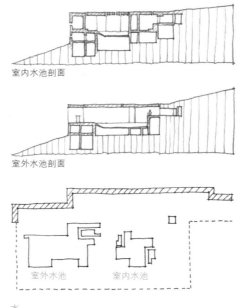

室内水池剖面

室外水池剖面

室外水池　室内水池

水

水是用在室内和室外的主要治疗性元素。热水池和冷水池并排在一起，提高了入浴的体验效果。根据用途不同，各处水温也不同。

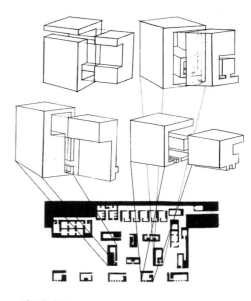

质量和空间

看似随机的空间配置允许人们进行选择。不同功能决定了被雕刻出的空间的独特形态。这些单位也通过自身的质量和位置定型周围的空间。

与自然的呼应

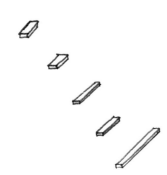

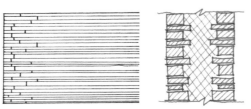

产自当地的瓦尔斯石英岩被切割成三种不同的厚度，创造出极具表现力的肌理。这一石头加工工艺需要具备已有百年历史的工匠技巧。

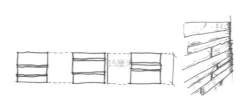

15厘米

采石场　　浴场

外部景色

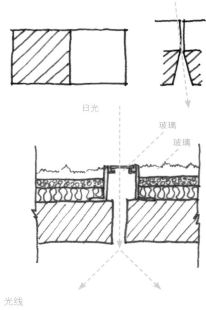

日光

玻璃

玻璃

光线

利用光线创造出宁静、沉思和祥和的空间。一道道光柱从上方穿透房间，透过天花板平面。

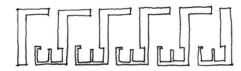

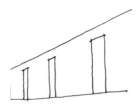

更衣室

更衣室等私密性功能必须安排在具有隔离性的私密空间内，与更高、更宽敞的公共空间形成对比。

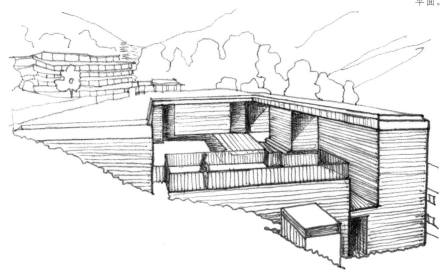

被框起的景色：外部体验

无论是在室内还是室外，都能从多个位置欣赏到绿树葱郁的山体和山谷。无论入浴者正在休闲、自省或者沉思，这些景色都能使他们的体验更丰富。

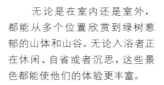

室外水池的景色及其水平线条与四周的自然风光和谐统一

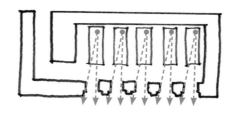

景色

与自由流通不同，能够看到的户外景色受到了控制，建筑师试图通过设计将人们的视线引导向特定的景色。

内部体验：隔绝，展示/隐藏

温泉浴场的内部是令人愉快、安静且原始的。纹理感强烈的墙壁和不同温度的水为个人反思创造出质感空间。室内水池虽然面积巨大而且入浴者可以朝多个方向移动，但是却被多个石料砌块包围着，令人感觉是一个私密空间。

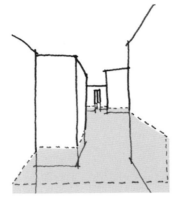

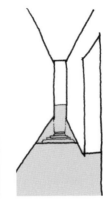

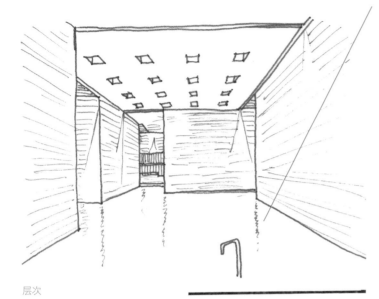

层次

多层次地板增加了入浴者的身体移动和探索感知。

隔绝

被隔绝的空间创造出与公共区域相分离的适于进行自我反思的区域。通过建造狭窄的走廊和吊顶高度的变化，进一步放大了这一隔绝效果。

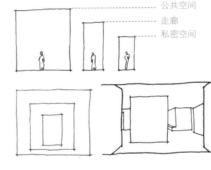

公共空间
走廊
私密空间

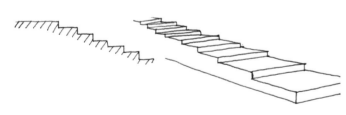

台阶

低处的台阶越下降步幅越大，下台阶成为入浴的一个程序，入水过程变成了一种仪式。

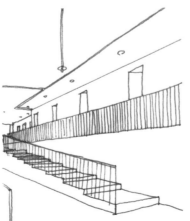

展示/隐藏

通过在空间之间不断移动和转弯获得有层次和框架的室内景象。穿过某个空间后，才能看到另一个空间。

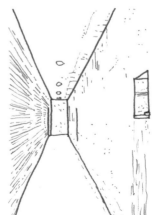

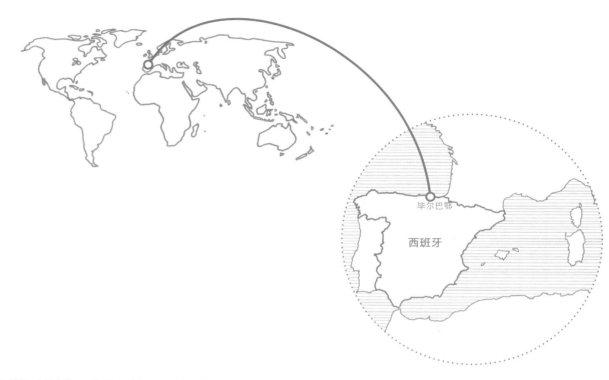

毕尔巴鄂古根海姆博物馆 | 1991—1997

弗兰克·O.盖里联合建筑
设计事务所
西班牙，毕尔巴鄂

28

当时，毕尔巴鄂古根海姆博物馆的建筑招标目的是为毕尔巴鄂市设计一处文化地标。希望通过发展文化旅游来促进艺术进步并创造效益，加快这座城市的限制工业化进程。凭借对形式和材料的独特处理方式，弗兰克·O.盖里的设计创造出一座标志性建筑，可能将毕尔巴鄂变成闻名世界的旅游胜地。而实际上，是设计对城市文脉的敏感性处理使得这座博物馆成为市民自豪感的丰碑，让市民对这座城市产生了认同感。

建筑作为文化工艺品和功能体的两个作用的交互被延伸至建筑形式的其他方面，设计程式和外表的多种元素通过相互呼应被重新思考并改造。

阿米特·斯里瓦斯塔瓦 (Amit Srivastava)、布伦特·迈克尔·艾迪 (Brent Michael Eddy)、西蒙·霍 (Simon Ho) 和拉娜·格里尔 (Lana Greer)

与城市文脉的呼应

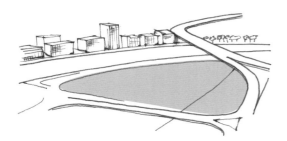

三角形场地位于城市边缘，濒临内维隆河，通向城市的萨尔夫桥穿过场地一角

为了与场地的三角形状和边缘的河流及大桥相互呼应，建筑师设计了三条放射状臂式结构，伸展到城市景观中的多种元素，并且通过高耸的雕塑式焦点把这些元素组合在一起。重要的城市地标景色得到了保留，同时建筑的雕塑形态也做到了与周围环境的呼应。沿着河岸的雕塑形式在桥下延伸，过桥后突然高起，并被纳入建筑设计中的折叠处，构成了进入城市的入口。

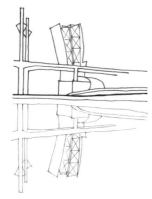

沿着萨尔夫桥的雕塑式高塔构成了进入城市的大门。塔楼形态从河流中得到启发，就像是行驶中的风帆

从招标活动最开始，毕尔巴鄂古根海姆博物馆的设计目的就被确定为为这座城市创造出一个具有代表性的文化地标。推广艺术并且帮助城市成为文化旅游中心不是唯一的目标，还希望建成一座具有市民自豪感的丰碑，将迥然不同的城市各部分联合在一起，产生一种集体认同感。因此，毕尔巴鄂古根海姆博物馆深深根植于城市文脉中，并且成为聚合起各种元素的中心。

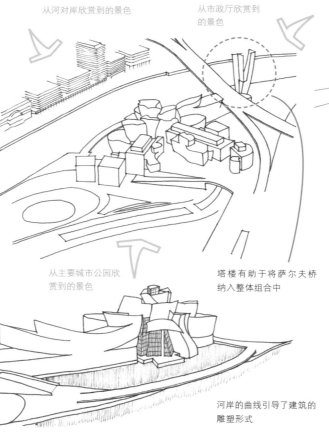

从河对岸欣赏到的景色

从市政厅欣赏到的景色

从主要城市公园欣赏到的景色

塔楼有助于将萨尔夫桥纳入整体组合中

河岸的曲线引导了建筑的雕塑形式

沿着河岸的整体建筑形式根据河水走向弯曲。反光金属包层映出河面，整个建筑仿佛从场地中生长出来

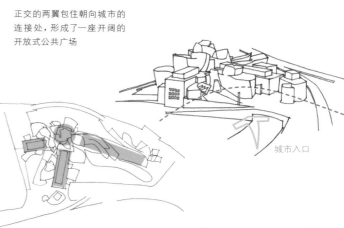

正交的两翼包住朝向城市的连接处，形成了一座开阔的开放式公共广场

城市入口

从高耸的中心入口大堂向外辐射出两个直线形区块（面向城市）和一条长长的雕塑式画廊（沿河）

在城市的入口处，雕塑般的金属形式飘浮在石头建筑之上，形成大胆的城市地标

为了更好地融入已有的城市肌理，朝向城市的博物馆两翼被设计成直线形区块，而且用石材贴面，从而与周围建筑相互呼应。建筑师提高了沿着河岸的雕塑般金属形式的高度，使其悬浮在城市翼侧的石材立面之上，谨慎地宣告着新建筑的到来，在新、旧建筑之间的对话得以维系。60米高的塔楼等雕塑元素的功能是定义城市地标。

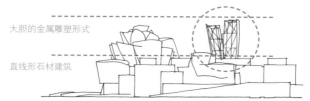

大胆的金属雕塑形式

直线形石材建筑

将设计程式包含在平面内

整体设计可以被视为设计程式与建筑外皮间的响应式互动。为了满足不同设计程式的需要，多种简单的平面形式聚合在一个中央共享空间周围，并且被单一外皮包裹起来。

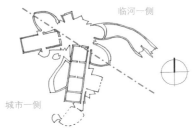
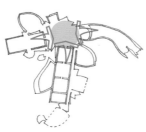
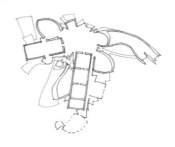

城市一侧的两条画廊和临河一侧的一条弯曲画廊分布在对角线轴线两侧

这三个空间围绕在旋涡般被压低的中央中庭空间周围

设计程式的不同部分被包裹在钛金属外皮下，形成了一个结合紧密的整体

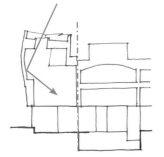
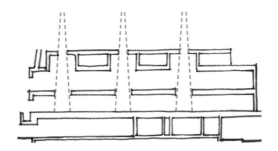

自然光通过天窗进入，从而使外皮承担起外包装的不同作用

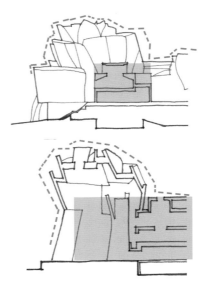

在建筑规划中，不同目的的空间种类可以共存。例如，城市一侧的呈现出简单正交形式的两个画廊以传统空间规划原则为基础，用于展示"已去世"的艺术家的作品，而临河一侧的画廊形式有趣，通过展示"活跃中"的艺术家的作品产生了具有活力的对话。在这里，与建筑设计程式的呼应并不是由传统建筑形式先入为主的概念决定的。传统的规则形式和前卫的规划形式被聚合在一起，实现不同的程式需求，成为一个统一的整体。

雕塑般伞状屋顶

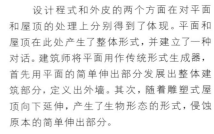

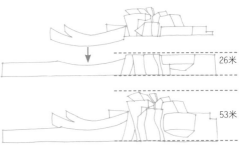

建筑的整体形式由两个截然不同的部分组成——直线条的可用空间构成了建筑的基础，有机形态的雕塑式形式则产生了屋顶的标志性轮廓。可用面积只存在于建筑的较低矮部分。

设计程式和外皮的两个方面在对平面和屋顶的处理上分别得到了体现。平面和屋顶在此处产生了整体形式，并建立了一种对话。建筑师将平面用作传统形式生成器，首先用平面的简单伸出部分发展出整体建筑部分，定义出外墙。其次，随着雕塑式屋顶向下延伸，产生了生物形态的形式，侵蚀原本的简单伸出部分。

弯曲屋顶的生物形态形式像窗帘垂下并覆盖住平面的正交突出部分，整体形式被发展为这两个元素间的响应式互动。在建筑外部，它们的对话通过材料的互动表达出来，金属屋顶浮在石质基础之上，像撑起了一把雕塑而成的伞。

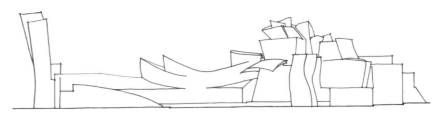

生物形金属伞状屋顶垂下并覆盖着正交功能基础，这种组合从简单的聚合平面生成，满足了设计程式的要求，构成了具有代表性的雕塑式城市地标建筑

记忆、类比和形式

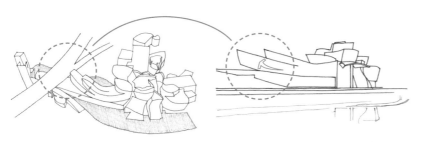

沿着河岸的弯曲平面形式被进一步发展，产生了与城市历史相关的类比式联系。临河画廊的较高层被略微抬高，使其外观更像一艘船的船体。毕尔巴鄂市曾经是一座工业化的航运中心，19世纪时发展造船业，积累了大量财富，而博物馆的航海相关形象很好地契合了这一历史。

被框起的景色和出入口

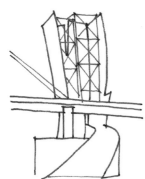

坡道使塔楼显得更壮观，同时，沿河的人行桥成为极佳的观赏点，走出博物馆后能够更全面地欣赏到航船一般的画廊形态

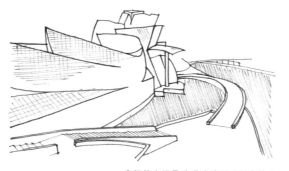

宽阔的广场是欣赏建筑形式组合的必要空间

为游客把景色和体验框起来的通道被精心协调起来，支撑起整个建筑形态有比喻意义和组合性质的多个方面。沿着河岸建起的一座人行桥将参观者带离博物馆，并为他们提供了欣赏这座航船般建筑的完美落脚点。另一条坡道通向高耸的风帆状塔楼。面向城市方向的巨大广场为访客提供了欣赏由矩形石质形式和弯曲的钛金属形式组成的博物馆全貌的前台空间。

形式和效果

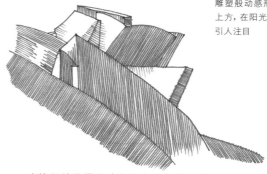

雕塑般动感形式的尖角突出在城市上方，在阳光下闪闪发光，像灯塔般引人注目

鱼的形式象征动感和能量

建筑师盖里借助动态形式组合成功打造出活力四射的地标式建筑综合体。在立面设计中，他捕捉了鱼的扭曲形态并将之抽象化，这不仅是基于与船有关的航海主题和河流的动态，而且提升了建筑金属外皮的表现力。这种扭曲形态像窗帘般垂下并包裹着金属表皮，同时，随着参观者的移动以及太阳的运动呈现出永恒变化的状态。

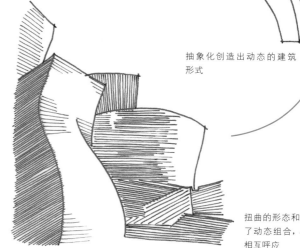

抽象化创造出动态的建筑形式

扭曲的形态和金属表皮实现了动态组合，与光线和运动相互呼应

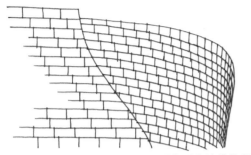

重叠的钛金属板产生的纹理更加形象地模仿出了鱼鳞效果，强化了比喻意义。每片金属板的固定夹产生了浅浅的凹痕，仿佛是阳光下的粼粼波光，增强了建筑表面的闪光效果。钛金属与玻璃和钢材质对比使得整个建筑体块更具活力。

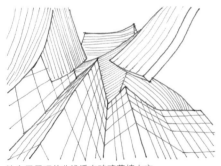

钛金属屋顶的曲线浮在玻璃幕墙上方

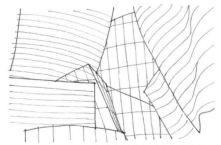

钛金属、玻璃和或弯曲或笔直的钛金属线条交会在一起，创造出动态组合

参观者体验

当参观者逐渐走近建筑时，整体形态模式让位于对应人体尺度的其他细节。在沿河一侧，巨大的柱子支撑起大型的顶棚，强调了中央入口大堂，而在城市一侧的入口则较隐蔽，参观者必须向下走到广场层下方。盖里在此处采用了一种已被广泛接受的建筑技巧，即参观者首先进入一个压缩空间，然后突然被引导进入令人惊叹的宏大内部空间。参观者由此进入中央中庭底部，地下层入口使其显得更加宏伟。超过50米高的空间参照了纽约古根海姆博物馆的巨大中央体量，由弗兰克·劳埃德·赖特在20世纪50年代设计。

大堂将钛金属、石头和玻璃的纹理细部延伸至室内

大堂空间将纹理互动带入室内，将参观者体验结合为一个整体。尽管这些纹理在展示空间变得更加温和，但是展示"活跃中"的艺术家的作品的画廊延续了纽约古根海姆博物馆的形式实验，强调了建筑与艺术品之间的互动。

在沿河一侧的巨大顶棚强调了中央入口大堂

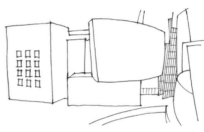

城市一侧的入口较隐蔽，参观者必须向下走到广场层下方

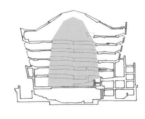

参观者被突然引领到巨大的内部空间（左上图），令人联想到纽约古根海姆博物馆（上图）

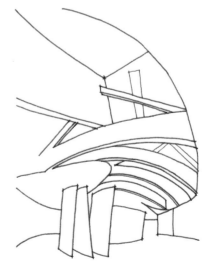

展示"活跃中"的艺术家的作品的画廊创造出与艺术对话的空间，延续了赖特的纽约古根海姆博物馆的设计理念

智利

帕瑞纳山

ESO酒店 | 1998—2002
奥尔与韦伯建筑事务所
智利，帕瑞纳山

29

ESO酒店是欧洲南方天文台（ESO）的员工和客人的居住设施，这座偏远的天文台位于智利北部海拔高达2635米的帕瑞纳山山顶。酒店设计的主要目的是应对严酷的干旱气候、降低对自然地貌的破坏、抵抗地震活动的影响，最重要的是避免任何会影响天文台工作的夜间光污染。

德国建筑师奥尔和韦伯采用强烈的几何图形——矩形和圆形，与当地地形的曲线形成对比，整个建筑呈一条直线，跨过山谷底部。建筑师为了将注意力吸引到这一陌生而又光秃秃的地区，插入了与景色尺度和力度相符合的造型奇特的建筑。

凯瑟琳·斯内尔 (Katherine Snell)、迈克尔·金·庞·吴 (Michael Kin Pong Ng) 和阿米特·斯里瓦斯塔瓦 (Amit Srivastava)

与自然地貌的呼应

作为欧洲南方天文台（ESO）的员工和客人的居住设施，ESO酒店并不对普通大众开放。因此，在连绵起伏的地形中，建筑师试图建造出一座在山谷中半隐半现的隐蔽式庇护所般的建筑。

整座居住设施坐落在天然山谷中，只有中央的穹顶部分高出地平线。这种设计方式在最大限度上减少了对文脉的视觉影响，同时确保建筑体不会打断惊心动魄的地形风光。在保证建筑与文脉的呼应不显突兀的情况下，标准的矩形轮廓又创造出了与起伏的山脉的强烈对比，不仅增加了视觉的趣味性，而且划定出一片荒野中的文明区域。

与天文台综合体的呼应

欧洲南方天文台中装备了数台最大的地面望远镜，设计酒店时将天文台的这一核心工作任务考虑在内。设计需要确保酒店综合体内的任何光源不会干扰望远镜的运作。酒店的位置处于凹处，减少了可能泄露光线的表面，但是带有天窗的中央穹顶结构仍然可能放射出一些余光。为了抵消这种影响加入了一种特殊的遮光装置，可以在穹顶内部署机械覆盖层，必要时可以在夜间造成熄灯效果。

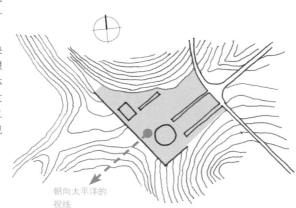

朝向太平洋的
视线

整个酒店综合体位于天然低凹处，将突兀
感减少到最低限度，同时还能看到太平洋

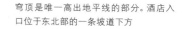

穹顶是唯一高出地平线的部分。酒店入口位于东北部的一条坡道下方

天然的凹陷被用于定义建筑的剖面轮廓，只有穹顶部分高出一般屋顶轮廓线

纯粹的建筑直线轮廓与弯曲的山脉形成对比，同时用氧化铁着色的混凝土使得建筑与地貌的融合更加统一

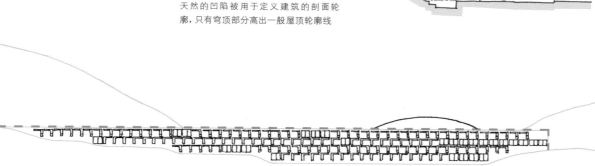

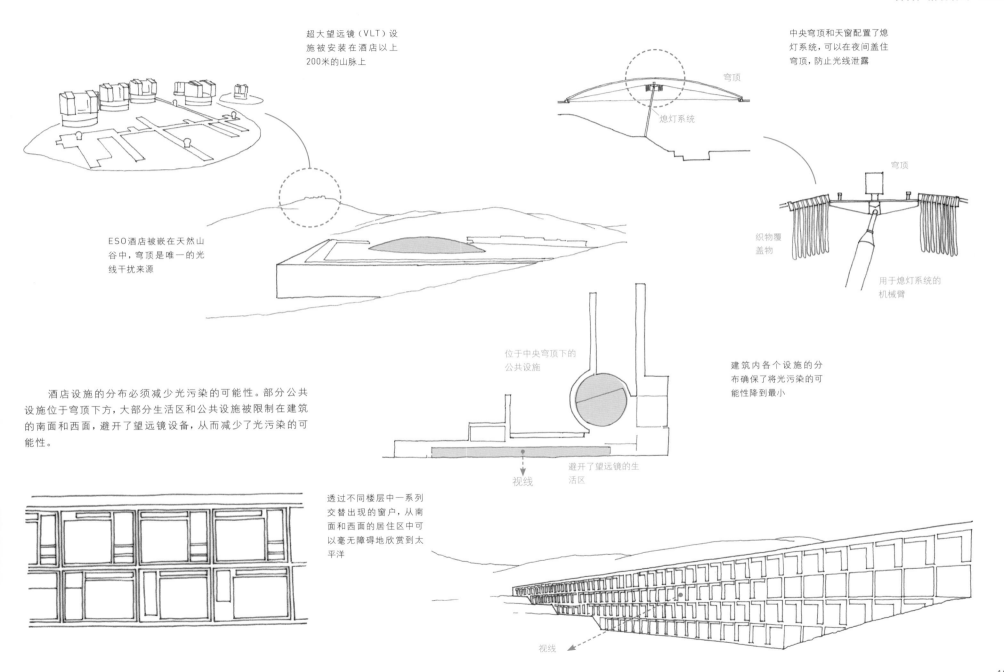

超大望远镜（VLT）设施被安装在酒店以上200米的山脉上

中央穹顶和天窗配置了熄灯系统，可以在夜间盖住穹顶，防止光线泄露

穹顶

熄灯系统

穹顶

织物覆盖物

用于熄灯系统的机械臂

ESO酒店被嵌在天然山谷中，穹顶是唯一的光线干扰来源

酒店设施的分布必须减少光污染的可能性。部分公共设施位于穹顶下方，大部分生活区和公共设施被限制在建筑的南面和西面，避开了望远镜设备，从而减少了光污染的可能性。

位于中央穹顶下的公共设施

建筑内各个设施的分布确保了将光污染的可能性降到最小

视线

避开了望远镜的生活区

透过不同楼层中一系列交替出现的窗户，从南面和西面的居住区中可以毫无障碍地欣赏到太平洋

视线

与严酷干旱气候的呼应

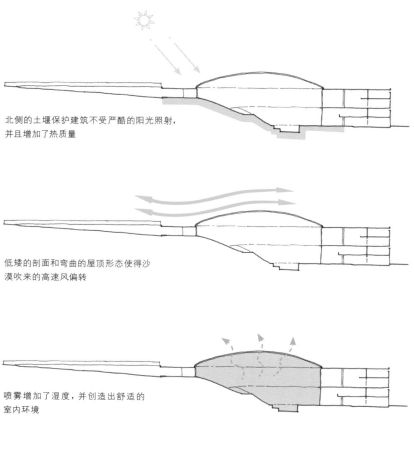

北侧的土壤保护建筑不受严酷的阳光照射，
并且增加了热质量

低矮的剖面和弯曲的屋顶形态使得沙
漠吹来的高速风偏转

喷雾增加了湿度，并创造出舒适的
室内环境

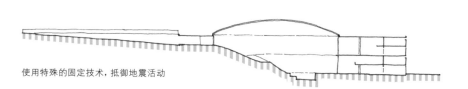

使用特殊的固定技术，抵御地震活动

ESO酒店综合体位于智利北部靠近阿塔卡马沙漠的干旱环境中。虽然日晒强烈，但是由于嵌在低凹的山谷中，因此减少了曝光量。周围土壤的热质量又进一步减轻了热增量。建筑的主要曝光面是南侧，但是由于地处南半球，所以受到的日晒较少。

场地受到从东部安第斯山脉吹向西部太平洋的高速风影响。由于来自沙漠方向，高速风可能温度较高，需要尽量避开。结构的低矮剖面和弯曲的穹顶有助于使气流偏转并保护室内不受影响。

干旱的气候也是一种考验，降水量少，相对湿度只有5%~10%。因此，酒店中装置了密封的中央穹顶，其中的喷雾有助于增加湿度，创造舒适的室内环境。这种受控室内环境也有利于减小沙漠气候极端气温变化造成的影响。

由于该地区多发地震，在设计中还使用了将混凝土块固定在地下的技术，同时用玻璃纤维垫吸收地震运动。而且整个综合体被设计为一系列小型建筑，而不是一个单一的大型结构，这样能够降低地震的影响。

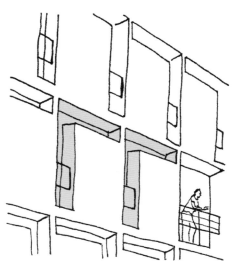

建筑的南立面和西立面上安装了小型窗户，不仅可以抵御热增量，而且可以瞥见外部沙漠的景色

与使用者的呼应——沙漠中的绿洲

酒店的整体设计是围绕着一个中心休闲空间展开的，在天文台工作的科学家和其他员工可以在此放松身心。个人居住设施、办公室、餐厅等公共区域的不同设计程式要求都是以这个共享休闲设施为中心的。功能的空间组织意味着可以从酒店的任何部分进入这一休闲空间，它可以被视为整个组合的心脏区。为了增加"到达感"并强化休闲感受，进入这一有天窗采光穹顶的巨大的两层通高空间的入口需通过一系列狭窄、昏暗的直线通道，而且这些通道连接着酒店的其他设施。

位于中心位置的两层通高穹顶空间有助于整个综合体的结合

由于在天文台工作的大多数员工并不是本地人，酒店试图尽力为他们营造一个可以忘记身处严酷的沙漠环境中的休闲空间。因此，中央休闲空间不仅要帮助他们脱离天文台的技术工作环境，而且要创造出远离沙漠的热带绿洲。绿洲种植着大量热带植物，还有一座游泳池，参观者可以把自己从工作中解放出来，在这个安全而舒适的环境中获得放松。半透明的穹顶起到温室作用，同时热带植物和游泳池还能够增加室内湿度。另外，机械喷雾设施也增加了绿洲的热带风情。保持原料状态的室内处理方式有助于营造质朴的感觉，同时也增强了这一休闲空间的整体体验。

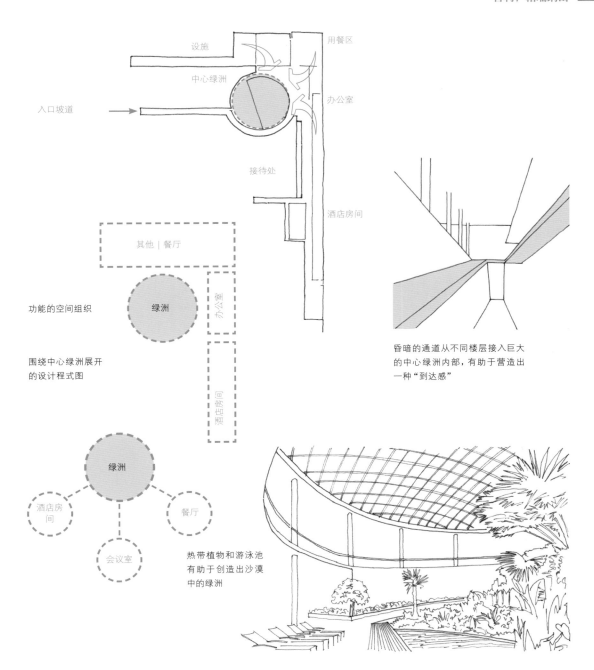

功能的空间组织

围绕中心绿洲展开的设计程式图

昏暗的通道从不同楼层接入巨大的中心绿洲内部，有助于营造出一种"到达感"

热带植物和游泳池有助于创造出沙漠中的绿洲

澳大利亚

里弗斯代尔

亚瑟和伊冯·博伊德教育中心 | 1996—1999
穆科特、勒温和拉克
澳大利亚，新南威尔士，
里弗斯代尔

30

澳大利亚画家亚瑟·博伊德和妻子伊冯将位于悉尼南部郊区的房产捐给了国家，用于建立一所艺术中心。中小学生可以在亚瑟和伊冯·博伊德教育中心（AYBEC）"露营"，与当地的动植物、砂岩和河流亲密接触，同时参与一些艺术活动。中心的建筑师是格伦·穆科特、温蒂·勒温和莱格·拉克。

无论是建筑的整体还是细部，都保持了优雅的秩序和清晰度。在建筑内部，由于规划合理、用料统一，以及细部与其文脉相互呼应，显得结合紧密。从外部来看，建筑与其所在的优美自然环境完美融合，仿佛并没有对场地造成改变或影响，它的线型秩序与自然的有机形态形成对比。

安东尼·拉德福德 (Antony Radford)、福迪·郭 (Verdy Kwee) 和塞缪尔·墨菲 (Samuel Murphy)

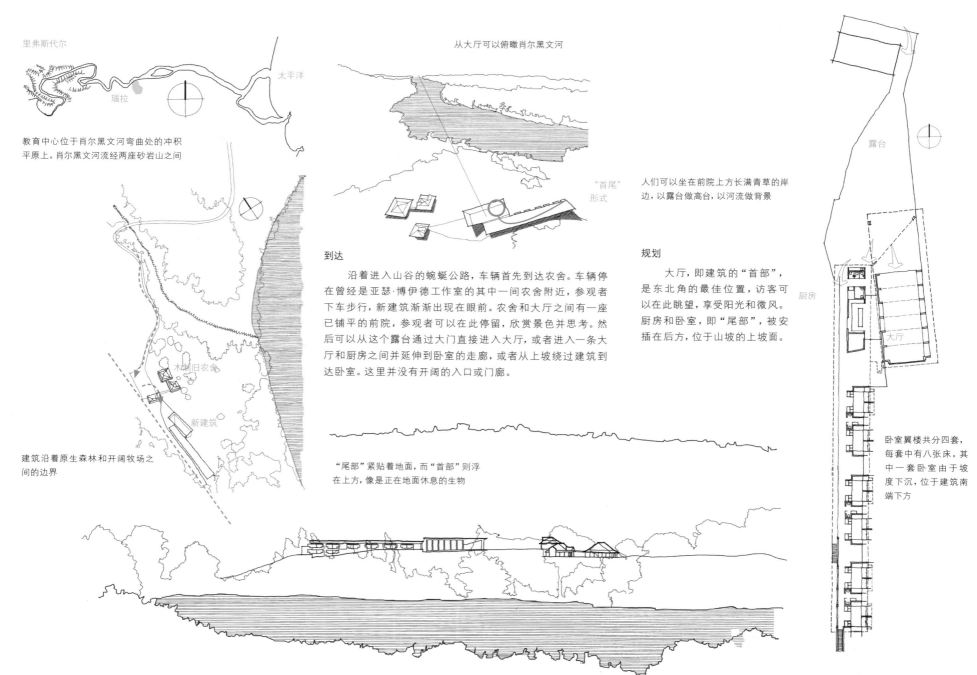

里弗斯代尔

太平洋

瑙拉

教育中心位于肖尔黑文河弯曲处的冲积平原上。肖尔黑文河流经两座砂岩山之间

木制旧农舍

新建筑

建筑沿着原生森林和开阔牧场之间的边界

从大厅可以俯瞰肖尔黑文河

"首尾"形式

到达

　　沿着进入山谷的蜿蜒公路，车辆首先到达农舍。车辆停在曾经是亚瑟·博伊德工作室的其中一间农舍附近，参观者下车步行，新建筑渐渐出现在眼前。农舍和大厅之间有一座已铺平的前院，参观者可以在此停留，欣赏景色并思考。然后可以从这个露台通过大门直接进入大厅，或者进入一条大厅和厨房之间并延伸到卧室的走廊，或者从上坡绕过建筑到达卧室。这里并没有开阔的入口或门廊。

"尾部"紧贴着地面，而"首部"则浮在上方，像是正在地面休息的生物

人们可以坐在前院上方长满青草的岸边，以露台做高台，以河流做背景

规划

　　大厅，即建筑的"首部"，是东北角的最佳位置，访客可以在此眺望，享受阳光和微风。厨房和卧室，即"尾部"，被安插在后方，位于山坡的上坡面。

露台

厨房

大厅

卧室翼楼共分四套，每套中有八张床。其中一套卧室由于坡度下沉，位于建筑南端下方

大厅

大厅被用作车间和工作室，餐厅最多可容纳80人，偶尔被用作剧场和音乐厅时可容纳更多人。前院上方的倾斜天花板使得北风和东北风经过一段狭窄地带，然后进入大厅和厨房间被扩展的走廊体量，促进了自然通风，弥补了此处由于建筑深度而空气对流难以实现的缺陷。

通过大厅和厨房屋顶收集的雨水被储存在地下室的水槽中。排水沟突出到建筑面积之外，在巨大的漏斗和落水管处终止。一根落水管像是游廊旁边的哨兵，另一根则像首部（大厅）折向尾部（卧室）的铰链。建筑设计的形式特征与其功能操作是共生关系。

遮阳棚像眉毛一样包围在屋顶的北侧和东侧边缘

在坚硬的表皮，包裹在门把手上的皮革触感柔软

通风口位于大厅两端的角落处

为外部服务的小窗口

落水管仿佛是大厅区块和卧室/服务区块之间的铰链

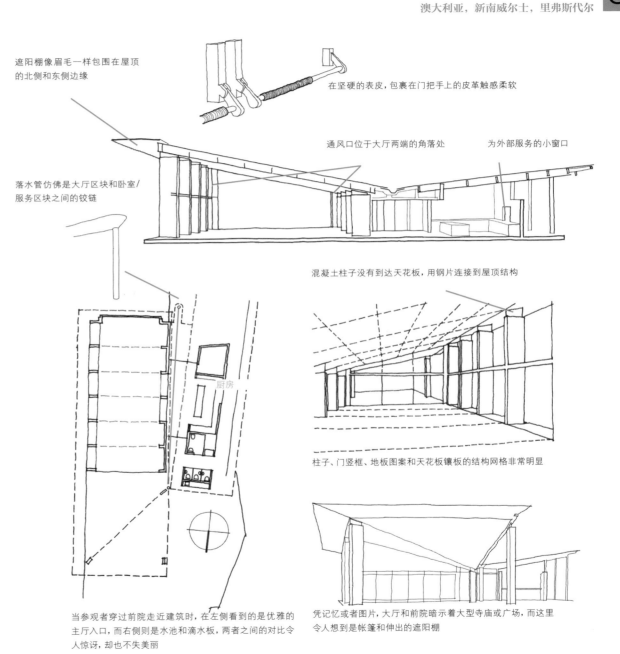

混凝土柱子没有到达天花板，用钢片连接到屋顶结构

大厅的柱子和横楣在观景视野上留下了一个网格

里弗斯代尔山

肖尔黑文河

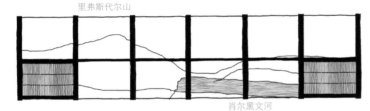

柱子、门竖框、地板图案和天花板镶板的结构网格非常明显

从外部：打开屏风和大门后，整个内部体量非常清晰

从内部：光线和景色都被木质板条屏风过滤。加装板条是为了音响效果，很容易被移除并清洗

当参观者穿过前院走近建筑时，在左侧看到的是优雅的主门入口，而右侧则是水池和滴水板，两者之间的对比令人惊讶，却也不失美丽

凭记忆或者图片，大厅和前院暗示着大型寺庙或广场，而这里令人想到是帐篷和伸出的遮阳棚

附加元素

卧室的基本单位是两张床和衣柜。两张床排列成直角，方便坐在床上聊天。这种安排反映在可以滑动的视觉隐私屏风上，将较大的房间再细分。员工置物小橱背向衣柜。每张床上方的天花板更低一些，还有专属窗户，感觉像一个半独立空间，延伸到巨大垂直遮阳棚之间的建筑表皮之外。遮挡了早晨的阳光，框起了景色。不需要时，房间分隔屏风可以在其中两个鳍状结构之间滑动。盥洗室、洗脸盆和淋浴房被插入到一对房间之间。它们处在独立空间中，因此可以被同时使用。

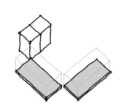

八张床和它们的湿区的组合被重复了四次，构成共有32张床的空间，每个空间都有专属窗户

在入口通道尽头，高耸的混凝土边墙之间的一组台阶向后连接到底层。如同一顶树冠，屋顶的边缘被削薄

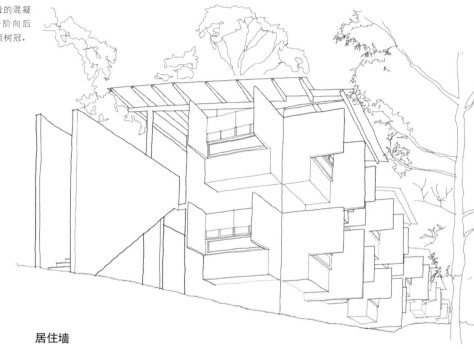

居住墙

在初期设计中，卧室单位沿着周线分布，类似露营点的帐篷。但是在最终设计中，它们并排在一起，像是古代有防御工事的城镇中的居住墙。在地面向下倾斜的位置，附加单位被塞入下方。在每一对四床房之间插入带有洗手池、洗脸盆和淋浴房的盥洗室，形成有八张床和湿区的组合。组合之间相互分隔，但是从它们之间的入口走道可以互相看到。

小隔间帐篷式卧室

在卧室入口处，用细长的木条制成低矮的天花板，因此两个床铺隔间之间的卧室本身看起来较高。薄而精细的木条令人想起了建筑外部优美的桉树。将隔板移开并打开百叶窗后，空间的特点被改变。没有百叶窗或窗帘（朝阳唤醒睡眠者），景色始终呈现在眼前。

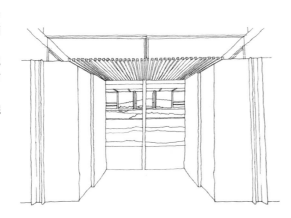

在卧室内部，为每一个床铺隔间划分了空间区域

每张床铺都配有专属窗户，可以欣赏风景

开窗方式有若干种，可以调节通风和采光。每种开窗方式都可以带来不同的景色，光影图案也会产生变化

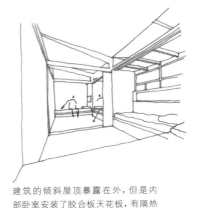

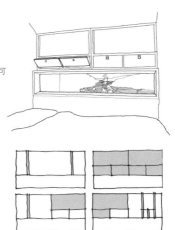

建筑的倾斜屋顶暴露在外，但是内部卧室安装了胶合板天花板，有隔热作用

床铺隔间、门和小橱上方的固定玻璃起到密封作用，同时使得屋顶产生浮在空间上方的视觉效果

透过靠近走道一旁的高屋顶可以看到高处的山坡

外部床铺隔间被悬挂在卧室翼楼混凝土东侧墙体之外

屋顶的大叶片充分利用了东北风，遮住早晨的阳光，并且在上午晚些时候将阳光反射回卧室。卧室天花板有隔热作用，室内没有内置取暖或空调设施，冬天可能会比较冷——就像在帐篷里一样。

淋浴间位于游廊下方（没有玻璃），基本上处于室外，但是可以通过调节木质威尼斯式百叶帘选择保持私密性或者欣赏景色

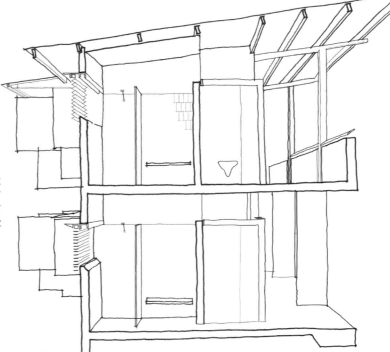

盥洗室的墙壁没有到达屋顶。为了通风，天花板有部分采用开放式。在靠近走道的一侧，木条之间使用了不透明玻璃，因此空间的通风和采光效果都非常好

建筑形式（未按比例）

全部位于澳大利亚，新南威尔士。

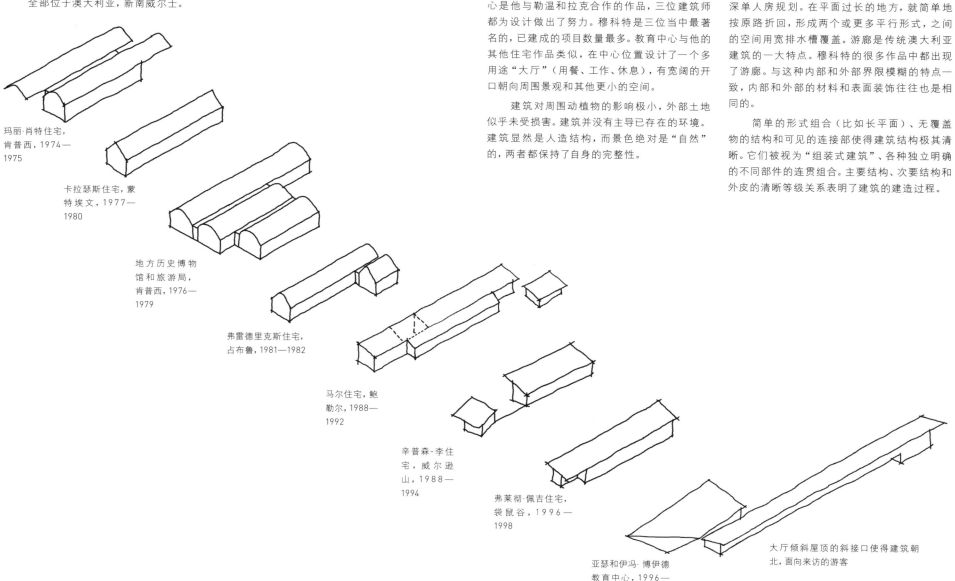

玛丽·肖特住宅，
肯普西，1974—
1975

卡拉瑟斯住宅，蒙
特埃文，1977—
1980

地方历史博物
馆和旅游局，
肯普西，1976—
1979

弗雷德里克斯住宅，
占布鲁，1981—1982

马尔住宅，鲍
勒尔，1988—
1992

辛普森-李住
宅，威尔逊
山，1988—
1994

弗莱彻·佩吉住宅，
袋鼠谷，1996—
1998

亚瑟和伊冯·博伊德
教育中心，1996—
1999

大厅倾斜屋顶的斜接口使得建筑朝
北，面向来访的游客

穆科特曾强调亚瑟和伊冯·博伊德教育中心是他与勒温和拉克合作的作品，三位建筑师都为设计做出了努力。穆科特是三位当中最著名的，已建成的项目数量最多。教育中心与他的其他住宅作品类似，在中心位置设计了一个多用途"大厅"（用餐、工作、休息），有宽阔的开口朝向周围景观和其他更小的空间。

建筑对周围动植物的影响极小，外部土地似乎未受损害。建筑并没有主导已存在的环境。建筑显然是人造结构，而景色绝对是"自然"的，两者都保持了自身的完整性。

穆科特的大部分作品都采用了直线、纵深单人房规划。在平面过长的地方，就简单地按原路折回，形成两个或更多平行形式，之间的空间用宽排水槽覆盖。游廊是传统澳大利亚建筑的一大特点。穆科特的很多作品中都出现了游廊。与这种内部和外部界限模糊的特点一致，内部和外部的材料和表面装饰往往也是相同的。

简单的形式组合（比如长平面）、无覆盖物的结构和可见的连接部使得建筑结构极其清晰。它们被视为"组装式建筑"、各种独立明确的不同部件的连贯组合。主要结构、次要结构和外皮的清晰等级关系表明了建筑的建造过程。

"轻轻地触摸地面"

穆科特引用了澳大利亚土著居民的忠告——"轻轻地触摸地面"，即希望人类活动对环境造成的破坏能够最小化，是与世界的一种响应式结合。这并不是关于风格的宣言。穆科特的很多早期住宅作品被框架式木地板抬升并脱离地面（这是对"轻轻地触摸地面"的准确表达），其他作品则是在底部使用了混凝土石板，甚至用地下室切入地面。在穆科特的近期作品中，如果所处地气候炎热，他会将地板抬离地面；如果凉爽，则会与地面接触，而且在建造过程中会结合更多热质量。亚瑟和伊冯·博伊德教育中心具备这种热质量。在所有案例中，直达建筑面积边缘的基本形式似乎从未改变。

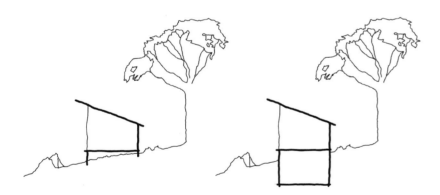

设计语言与材料色调和建造技术紧密相关。连接和细部被简化，实现清晰的极简主义风格。强调元素之间的差异，包括重（同质的、固态的、明显坚硬的）与轻（薄的、有羽毛的、明显易碎的）的对比。在开口处，通常用不同功能的若干层次调整内部和外部之间的边界，如石板、纱窗和玻璃。

柏林犹太人博物馆 | 1988—1999
丹尼尔·里伯斯金
德国，柏林

31

1988年举行的柏林犹太人博物馆建筑竞标的目的是在原有的18世纪巴洛克学院建筑中的博物馆设施基础上增加额外的展览和储存区域。丹尼尔·里伯斯金的设计不仅是对原有场馆的扩充，而且是借此在新、旧场馆之间建立一种对话，强调柏林城市的物质历史与其无形的犹太人历史之间的自相矛盾关系。里伯斯金在设计中使用了索引式标牌系统——据此，指向事件和体验的物理印记语言被用来揭示与历史的关系——再次呈现出这种灭绝行为。

运用材料和光线的其他方面在参观者中引起情绪共鸣，帮助他们感受犹太人曾遭受的痛苦和折磨，由此产生结合更紧密的整体体验。

阿米特·斯里瓦斯塔瓦 (Amit Srivastava)、罗恩·巴巴里 (Rowan Barbary)、本·麦克弗森 (Ben McPherson)、马纳拉·阿比阿德 (Manalle Abiad) 和阿利克斯·邓巴 (Alix Dunbar)

与城市文脉的呼应

犹太人博物馆新馆是对原有18世纪巴洛克学院建筑中的博物馆设施的扩充。新馆与直接和延伸的历史脉络相互呼应。新建筑的形式和物质性与旧馆的历史性形式截然不同，起初显得并不和谐。然而，建筑师追求的并不是简单的视觉和谐，而是探索一种不同的、更加自相矛盾的与历史的关系，虽然当今与过去完全不同，但是仍是根植于历史的。

新馆的直线形式和斜切口与原有的学院建筑形成强烈对比

与历史的自相矛盾关系首先通过新馆与旧馆之间模糊却根本的物理联系进行探讨。对犹太人博物馆沿街面的处理显然将其定位成与旧的学院建筑完全不同的独立结构，但是在这个令人敬畏的堡垒一样的建筑正面却没有可见的入口。参观者必须进入旧的学院建筑才能找到新馆入口，实际上"新"入口以地下室楼梯的形式被嵌在"旧"建筑深处。通过允许新馆入口切入旧馆的所有楼层，与"旧"的关系被进一步强化。

在与旧馆的对话中，新馆获得了全部意义。新建筑的复杂平面被视为"期望中的"形式，与旧建筑中捕捉的城市网格的"一般"形式共存，显示了城市的"无形的矩阵"。

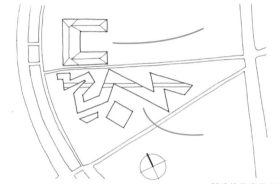

旧建筑代表了城市网格的"一般"形式

新建筑代表了"无形的矩阵"之下的"期望中的"形式

堡垒一般的新建筑与旧学院建筑形成对比，但是参观者必须进入旧馆才能找到入口，强化了新建筑与"旧"建筑以及城市历史的联系。

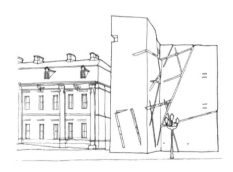

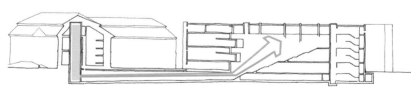

参观者必须向下走到"旧"建筑的地下室，然后经过一个地下坡道慢慢上行，通过楼梯到达新馆空间

与犹太人历史的呼应

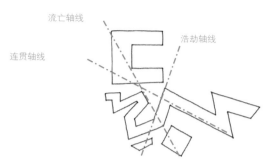

流亡轴线

浩劫轴线

连贯轴线

为了揭示与无形的犹太人历史的概念关系，引入了三条轴线——连贯、浩劫和流亡，重现了犹太人在德国的遭遇。这三条线形轴线分别引导至三个主要的设计元素：展览空间、浩劫塔和流亡之院。

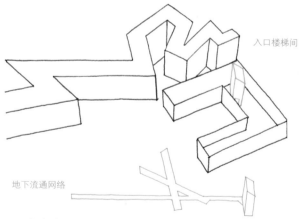

入口楼梯间

地下流通网络

在建筑内部的入口和流通通道的组织中，与旧建筑的物理联系和代表犹太人历史的三条轴线这两个独立的概念被整合在一起，形成了连接设计中多个不同元素的地下流通网络。

关于新馆的建筑形式对犹太人历史的表达方式存在颇多论点。一方面，"之"字形平面的形式特征通常被认为是对犹太教——大卫王之星的象征记号的实际消解，用此作为发展建筑整体形式的技巧。

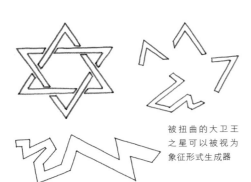

被扭曲的大卫王之星可以被视为象征形式生成器

另一方面，还有观点将它与被折磨的地景的表达进行比较，迈克尔·黑泽尔曾在他1968年的作品《裂缝》（美国，内华达州）（下图）中做出尝试。《裂缝》是20世纪60年代宏大的地景艺术作品之一。

地图与历史的交织

连贯但扭曲的柏林历史与笔直却破碎的犹太人历史相互交织

通过空白与建筑形式的绝对化集合，两条历史线被包含在内

对犹太人的象征或对磨难的图标式艺术表达更容易与建筑关联起来，但是建筑师还通过更加哲学化的方式探讨了对历史的本质和我们与历史的关系的理解。犹太人在柏林的遭遇这段历史是缺失的，被视为交织在柏林本身的物质历史中。建筑师试图通过将这些痕迹——展示来弥补这段缺失。由此产生的图表是柏林历史具有凝聚力的图画，缺失的历史解释了另一条平行时间线的出现。

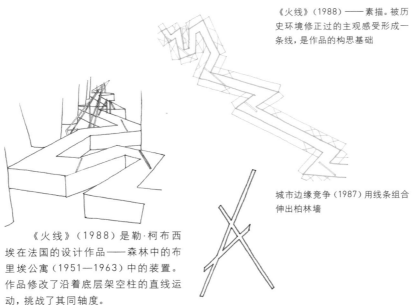

《火线》（1988）——素描。被历史环境修正过的主观感受形成一条线，是作品的构思基础

城市边缘竞争（1987）用线条组合伸出柏林墙

《火线》（1988）是勒·柯布西埃在法国的设计作品——森林中的布里埃公寓（1951—1963）中的装置。作品修改了沿着底层架空柱的直线运动，挑战了其同轴度。

里伯斯金曾经在他的绘画作品 *Micromegas*（1979）及若干后续作品中使用线条来图解时间的本质，表面看来是被历史环境修改。在这里，绘画并不是一个"符号"——其他物品的物质表现——而是某个事件或体验的"痕迹"。

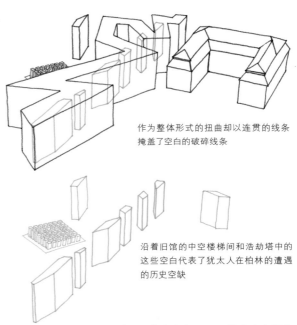

作为整体形式的扭曲却以连贯的线条掩盖了空白的破碎线条

沿着旧馆的中空楼梯间和浩劫塔中的这些空白代表了犹太人在柏林的遭遇的历史空缺

在建筑形式中，通过可居住空白和不可居住空白这两个空白元素来发展图形。可居住空白保持着柏林的物质呈现的连贯性，而不可居住空白则标志着虽然缺失但是不可否认犹太人历史的存在。这段缺失的历史与代表犹太人特殊经历的三条轴线相互叠加。

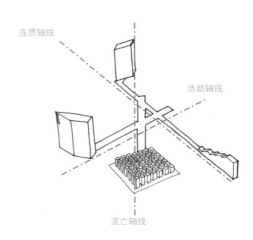

连贯轴线

浩劫轴线

流亡轴线

使用者体验

通过建筑结构使有关犹太人的磨难和与柏林的历史关系的图表化探索越来越明显，建筑结构构成一系列不断挑战并刺激参观者的体验。建筑师借助运动、材料、照明以及对首层平面的微妙调节等若干建筑操纵手段激发起参观者的情绪反应。

参观者的体验之旅始于旧馆中的入口，必须向下走过一条昏暗的地下通道才能进入新建筑迷宫般的内部。旅程的剩余部分围绕着设计中的三个主要元素展开，即展览空间、浩劫塔和流亡之院。每个元素都分别构成了地下网络的三条轴线的终点。

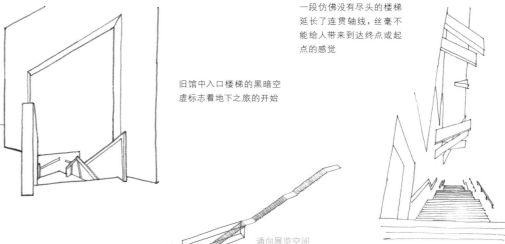

旧馆中入口楼梯的黑暗空虚标志着地下之旅的开始

一段仿佛没有尽头的楼梯延长了连贯轴线，丝毫不能给人带来到达终点或起点的感觉

连贯轴线将参观者引导至展览区，但是他们首先要被迫爬上一段楼梯，到达顶层。似乎没有尽头的楼梯形成了一条狭窄的通道，还有一些交叉的体量穿过楼梯间，令人想到连续性当中固有的困难和挣扎。

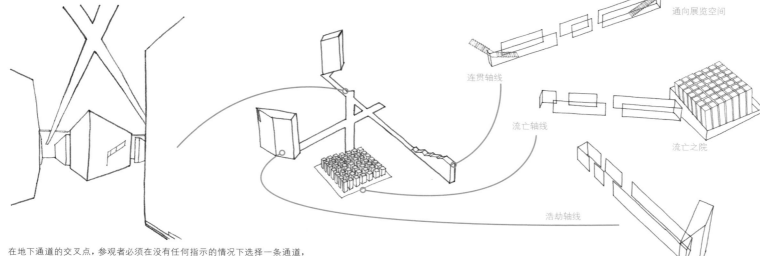

通向展览空间

连贯轴线

流亡轴线

流亡之院

浩劫轴线

在地下通道的交叉点，参观者必须在没有任何指示的情况下选择一条通道，而他们并不知道将会遇到什么、终点是何处

设计融合了材料和灯光的作用，从参观者身上抽取情绪反应，从而帮助他们体验犹太人曾经遭受的痛苦和折磨，而这座博物馆正是犹太人的纪念碑。上述体验在浩劫塔中最为强烈，银色的光刺穿冰冷、黑暗的混凝土内部，标志着从被蹂躏的现世逃脱、到达来世的可能。

浩劫塔

垂直体量顶部的小裂口成为共鸣感强烈的光源

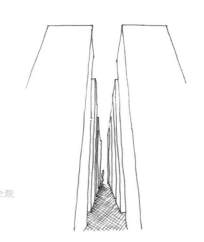

流亡之院

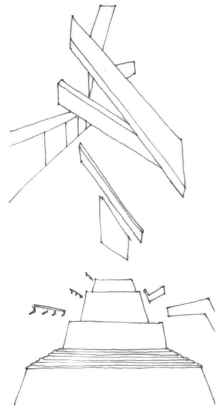

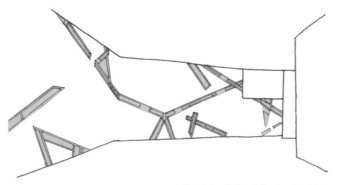

内部展览空间的照明是由墙体中的一系列狭槽完成的，将外立面的"切口"建筑语言延续到内部

作为索引式地图的立面

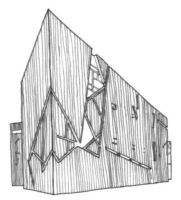

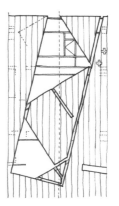

建筑表皮的切口被用作柏林犹太人和德国人遗产的索引式标记

中空被浇铸到混凝土表皮中，用金属锌包裹住外层

建筑的外皮继续了地图性质，并且将建筑形式与柏林犹太人和德国人遗产联系起来。建筑立面被发展为线条网络，连接起有影响力的犹太人物和德国人物的地址。延续了里伯斯金用线条作为时间和空间的索引式标记的实验，这些线条的"痕迹"被记录成建筑表皮的切口。这些切口被浇铸成钢筋混凝土表皮的中空，原本应具有光源功能的窗户被转化为历史环境的索引式标记。使用镀锌包层也是为了传承与柏林的光荣历史的联系，是属于过去的建筑材料。建筑师希望随着时间的流逝金属锌被风化，并且转变材料性能，为建筑形式增添叙事潜力。

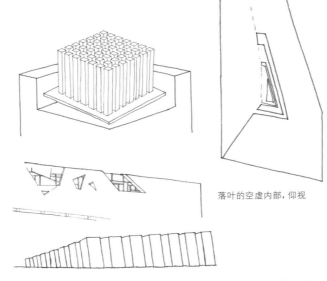

落叶的空虚内部，仰视

流亡之院是另一个对抗性体验，参观者被引导向一个室外空间，必须经过位于倾斜的首层平面上的49根混凝土高柱。逃离到种满树木的自由空间的希望被受限制的、令人失去方向感的空间挫败，空间中没有出口，参观者被强制返回主建筑。流亡之院的设计令参观者感受到逃亡中的禁锢，逃离只是幻觉，而人被迫与能够明确自身位置和存在的历史及现实分离。

在流亡之院参观两层楼高的混凝土高柱以及倾斜首层平面给人强烈的冲击感，令人失去方向感

内部的空洞空间也借助声音给人造成相似的不适感。落叶的空虚中回荡着参观者踏在金属盘上的脚步声，意在重现受折磨者的哭喊声。

浩劫塔和流亡之院的露石混凝土与镀锌包层背景形成对比

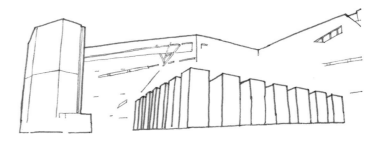

密尔沃基

美国

夸特希展厅 | 1994—2001
圣地亚哥·卡拉特拉瓦
美国，威斯康星州，密尔沃基

32

　　夸特希展厅是密尔沃基艺术博物馆的增建部分。博物馆坐落在密歇根湖西岸，尽管巨大却乏善可陈，而夸特希展厅为其增添了特色。夸特希展厅位于城市和湖岸之间，靠近埃罗·沙里宁的名作战争纪念中心（1957），展厅造型雕塑感十足，与它的物理和气候文脉相互呼应。

　　夸特希展厅是西班牙建筑师、工程师圣地亚哥·卡拉特拉瓦在美国的第一座建筑，显示出他在借助创新工程技术创造出极具表现力的建筑方面的才华。他将对自然和建筑先例的深刻理解融合成一体。展厅装配了可调节的大型遮阳板，可以根据日晒和风量开启或关闭，翼状结构令人想到飞行，增添了组合和视觉张力。

塞伦·莫可 (Selen Morko) 、保罗·安森·卡斯鲍姆 (Paul Anson Kassebaum) 和李希 (Xi Li)

文脉

图标说明
1. 夸特希展厅
2. 战争纪念中心
3. 密尔沃基艺术博物馆
4. 雷曼步行桥

夸特希展厅是密尔沃基艺术博物馆的一部分，坐落在密歇根湖西岸。夸特希展厅以多种方式与其文脉形成呼应，包括湖上的帆船、天气、飞翔的小鸟、地形，以及埃罗·沙里宁设计的战争纪念中心。

战争纪念中心的混凝土体块毗邻展厅场地，确保它能够继续观赏到密歇根湖和周围公园的景色是夸特希展厅的重要设计目标。

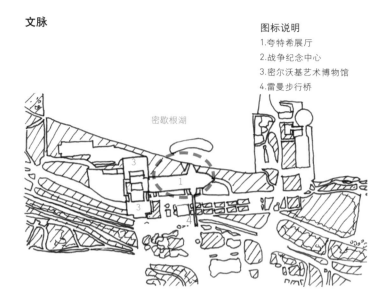

密歇根湖

场地平面

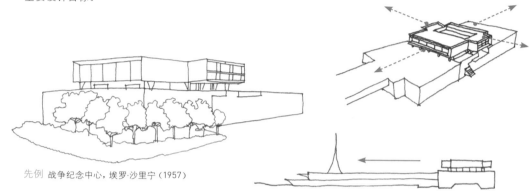

先例 战争纪念中心，埃罗·沙里宁（1957）

为了获得更好的日照和自然光线，展厅的主要窗户朝向南方和东方。通过遮挡直射阳光，避免了眩光和艺术品上的反光。

夸特希展厅位于密歇根东街尽头，包围在多栋高层建筑中间，与其形式形成了鲜明的对比。与展厅相连的是同样由卡拉特拉瓦设计的一座纤细的步行桥，这座桥架在北林肯纪念车道上方，将城市和湖岸线连接起来。从密歇根湖的方向望去，夸特希展厅充满动感的三角形形态和亮白色的翼状遮阳板使其在周围环境中显得十分突出。

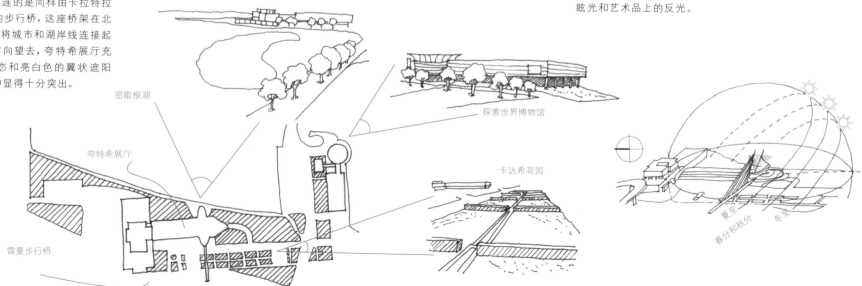

密歇根湖

夸特希展厅

探索世界博物馆

卡达希园

雷曼步行桥

夏至
春分和秋分
冬至

有机先例

人体形态启发了卡拉特拉瓦的雷曼步行桥吊索系统的内力研究

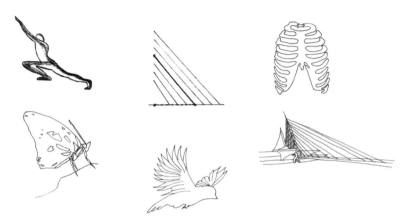

动物的翅膀及其动态功能启发了卡拉特拉瓦对遮阳板的设计理念

遮阳板

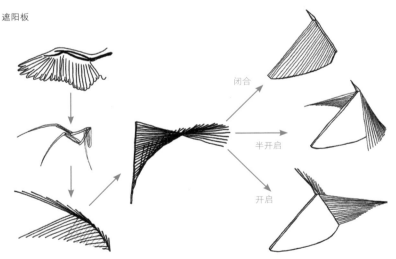

闭合

半开启

开启

自然是卡拉特拉瓦的灵感源泉。翅膀是反复出现在他作品中的主题之一。博物馆的标志性遮阳板构成了一个动态的屏风，既是象征元素也是功能元素，能够控制阳光等级，也赋予了展厅独一无二的外观。可以根据天气情况和特殊事件调节遮阳板。

建筑先例

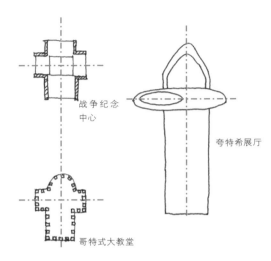

战争纪念中心

夸特希展厅

哥特式大教堂

夸特希展厅可以被视作对哥特式大教堂的后现代主义阐释。平面布局是对称的，令人联想到大教堂的飞扶壁和肋状拱顶。这些结构元素创造出光影图案，提升了内部的视觉体验。

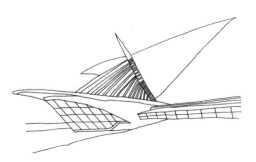

对称性和轴平面

哥特式大教堂

夸特希展厅

哥特式大教堂的中殿剖面图

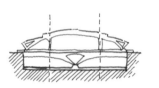

展览空间和地下停车场的剖面图

古典穹隆结构

茶隼大厅（展厅的主要体量）的钢和玻璃结构

哥特式大教堂半圆后殿的内景（仰视）

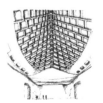

茶隼大厅的内景

结构衔接

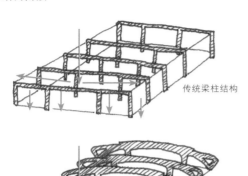

传统梁柱结构

展览空间结构

停车场结构

不同于直角传递作用力体系，梁与弯曲的柱子相互融合，直接将作用力以最短距离传递到地面，柱子的数量更少。

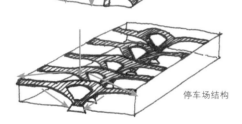

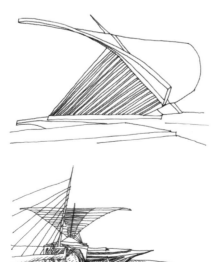

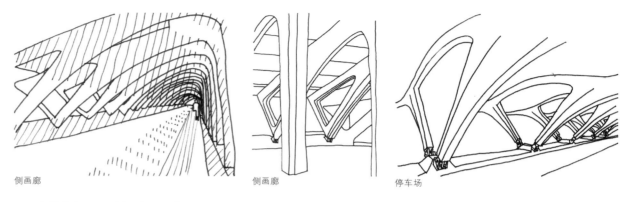

侧画廊

侧画廊

停车场

支撑着东、西两侧画廊空间的是一系列预制混凝土元素。除了结构作用，它们还具备视觉冲击力，划分了支撑物之间的空间。停车场中也有类似圆柱，在开阔空间中定义出更小的体量。

结构细部

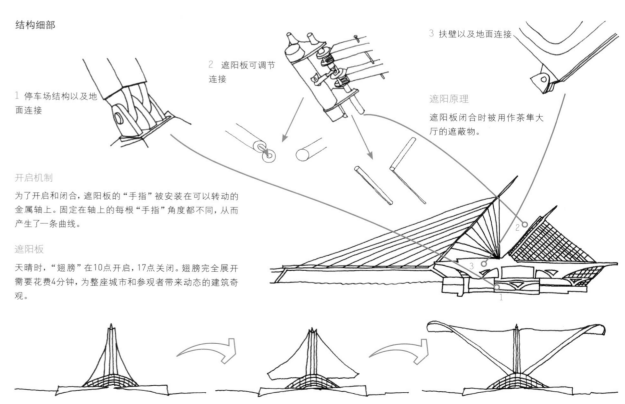

1 停车场结构以及地面连接

2 遮阳板可调节连接

3 扶壁以及地面连接

开启机制

为了开启和闭合，遮阳板的"手指"被安装在可以转动的金属轴上。固定在轴上的每根"手指"角度都不同，从而产生了一条曲线。

遮阳板

天晴时，"翅膀"在10点开启，17点关闭。翅膀完全展开需要花费4分钟，为整座城市和参观者带来动态的建筑奇观。

遮阳原理

遮阳板闭合时被用作茶隼大厅的遮蔽物。

设计先例

夸特希展厅与卡拉特拉瓦之前的作品有很多相似之处。步行桥的设计中使用的平衡力理念与他在西班牙塞维利亚的阿拉米略桥（1992）十分相似，而玻璃立面令人联想到法国里昂圣埃克苏佩里机场附属的火车站（1994）。

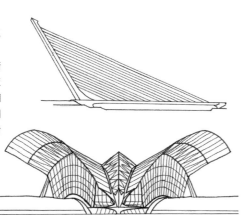

平面布局

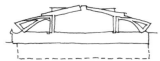

1 画廊中有一条沿着南北轴线的对称线。在侧画廊中可以清晰地看到密歇根湖的美景，吸引游人前往。

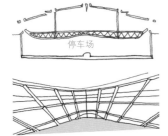

2 茶隼大厅是展厅的主要体量，天花板极高，当遮阳板开启时，内部充满阳光。通过覆盖在停车场入口上方的户外露台，花园空间与展厅南部相连。

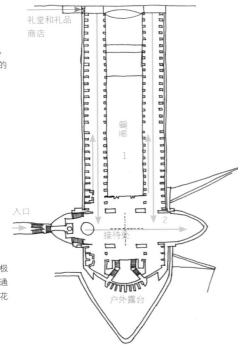

礼堂和礼品商店

画廊

1

入口

接待处

2

户外露台

路径

三角形的形态和亮白色翼状遮阳板使得展厅成为当地地标，以及城市文脉和湖岸线的视觉联系。

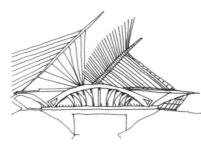

重复

沿着画廊一眼望去，外露的支撑结构令人感觉巨大的空间被分隔开来，尽管空间之间并没有实墙。

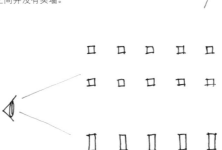

被框起的视野

纵向延伸的玻璃水平开口在视觉上连接起展厅的两侧，同时框起了强调结构元素重复的分隔物之间的景色。

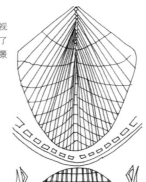

战争纪念中心

密歇根湖

步行桥

遮阳板

停车场入口

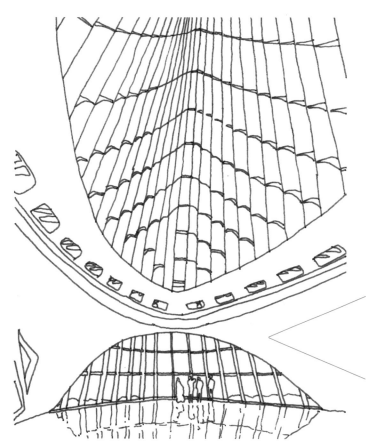

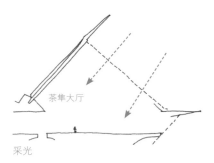

采光

建筑立面有巨大的开窗，当遮阳板打开时，室内光线充足，令人倍感惊异。

空间性

展厅的高度和尺度都十分巨大，带来大教堂般的宏大感。

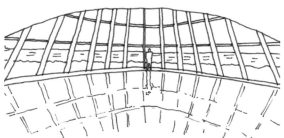

宏伟

茶隼大厅营造出宏大感，为夸特希展厅内部带来一种永恒的气息。与哥特式大教堂不同，轻质天花板和墙体以及各种开口将内部与外部连接起来。

表现力和平衡力

极具表现力的结构形式是以柱子和吊索之间的拉力和平衡力为基础的。比如，步行桥东侧有角度的长臂被吊索连接到桥上，桥与吊索相互支持。

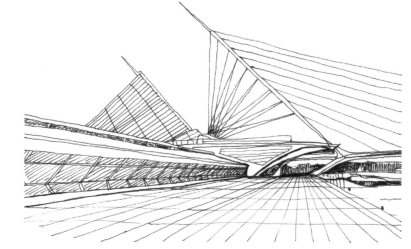

质量和光线

　　结构和内部通过质量和光线相连，因此提升了展览空间的体验特质。在内部，一天之中光和影的变化提醒参观者时间的流逝。在外部，雕塑般的形态成为城市地标，供游客在多角度和多方面欣赏。

艾瓦哲克

土耳其

B2住宅 | 1999—2001

汉·土曼特肯
土耳其，艾瓦哲克，布于库苏

33

B2住宅的设计者是土耳其建筑师汉·土曼特肯，住宅靠近土耳其西部艾瓦哲克的布于库苏村的东南边界，是居住在车程两小时的伊斯坦布尔的两兄弟的周末别墅。

将现代元素融入当地文脉中，这座住宅属于批判性的地方主义风格。其形式、尺度、空间组织兼具功能性和极简主义风格。虽然在材料选取方面参考了当地建筑，但是其形式、肌理和定位都具有现代特点。B2住宅坐落在村庄附近的一座山顶，将四分之三的山村景色尽收眼底，景色的宏大与建筑尺度的微小形成强烈对比。

马修·伦德尔 (Matthew Rundell)、塞伦·莫可 (Selen Morko) 和艾伦·L.库珀 (Alan L. Cooper)

B2住宅是位于布于库苏村边缘的一幢度假别墅，用石材、混凝土和木材建造。建筑采用了当地住宅规划和建造技术，与周围社会和物理环境形成呼应。

布于库苏村

B2住宅

场地景色

虽然形式颇为现代，但是由于其尺度和建材，建筑与当地环境和谐统一。

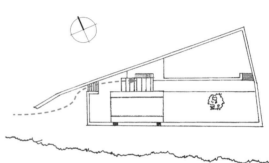

场地规划

B2住宅朝向南方，呼应阳光、景色和地形。

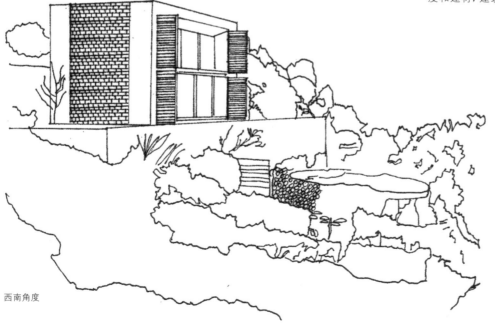

西南角度

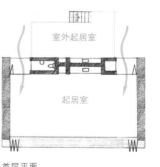

首层平面

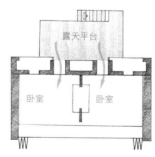

二层平面

建筑规划属于极简主义，为居住者提供基本起居功能。

外部形式发展

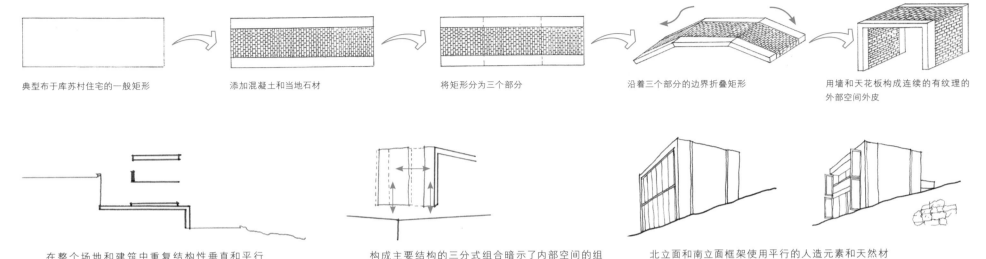

典型布于库苏村住宅的一般矩形

添加混凝土和当地石材

将矩形分为三个部分

沿着三个部分的边界折叠矩形

用墙和天花板构成连续的有纹理的外部空间外皮

在整个场地和建筑中重复结构性垂直和平行线条，创造出进入房间的非专门化的空间。

构成主要结构的三分式组合暗示了内部空间的组织方式。所有材料都是外露的，人造材料与天然材料平行使用。

北立面和南立面框架使用平行的人造元素和天然材料。在南立面（右上图），铝框芦苇遮阳屏风与整体式浇筑混凝土墙体形成对比。内部空间朝外部景观完全开放。

环境和住宅

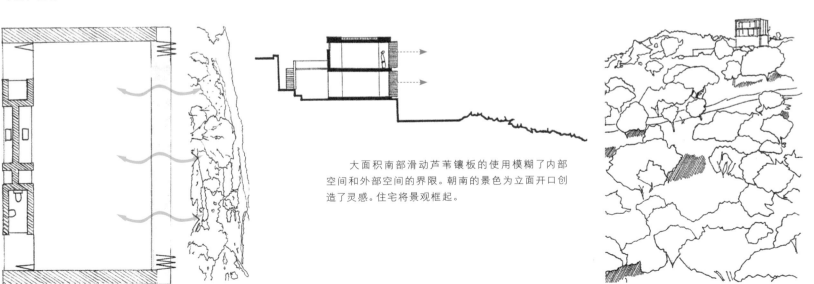

大面积南部滑动芦苇镶板的使用模糊了内部空间和外部空间的界限。朝南的景色为立面开口创造了灵感。住宅将景观框起。

从附近村庄望去，坐落在倾斜的山坡上的建筑像是立在基座上的纪念碑。它的位置强调了住宅及其平台，与其微小的尺度形成对比。通过这种手法，由于它的巨大，B2住宅显得与当地建筑截然不同。

与环境的呼应

防风

　　盛行的西北强风被没有开窗的侧墙挡在住宅之外。

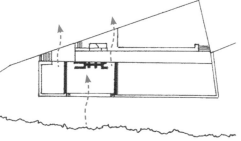

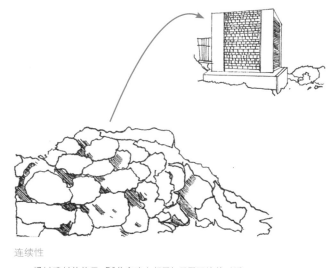

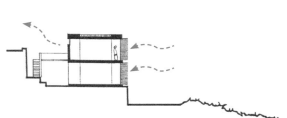

通风

　　北立面和南立面的开口实现了有效的对流通风。

热质量

　　混凝土和石材为冬天的天然取暖提供了热质量。

连续性

　　通过建材的使用，B2住宅建立起了与周围环境的对话。

文化和设计

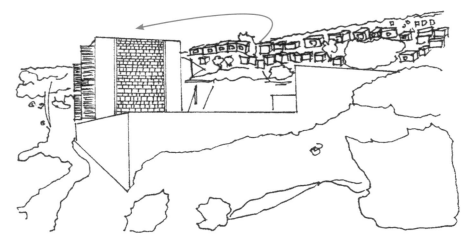

完整性

　　包括石料、混凝土、木材和芦苇等当地材料的使用创造出对比层次丰富的纹理。在结构和建造过程中，材料表达非常清晰。

综合性

　　在尺度、颜色和纹理等方面，混合使用了地中海建筑技术。

典型艾瓦哲克住宅

B2住宅

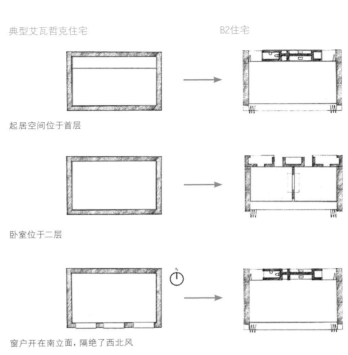

起居空间位于首层

卧室位于二层

窗户开在南立面，隔绝了西北风

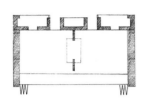

灵活的空间

二楼卧室的分隔墙可以改变，需要时能够将空间统一。两个独立空间可以成为一个集合空间。

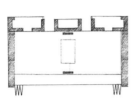

耐久性

地处地震高发区，坚硬的整体式墙能够抵御地震。

极简主义

三角形和方格形场地与地形限制相互呼应。B2住宅重复了一般艾瓦哲克村屋的形式。极简主义场地规划与两个设计目的相结合。

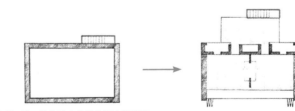

楼梯在室外，从而能够最大化地使用内部空间

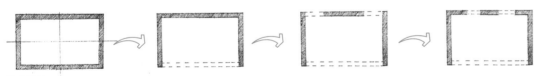

秩序和统一

与典型艾瓦哲克住宅的一般对称矩形体块不同，B2住宅的南立面被移除，以呼应环境文脉。部分被移除的北立面为住宅一层和二层提供了入口和通风。

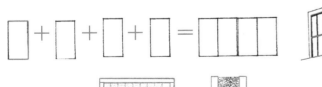

住宅的元素主要是由更小元素的增加构成的

定义边界的形式重复

相似的矩形形式被用来表现不同材料间的边界。

使用

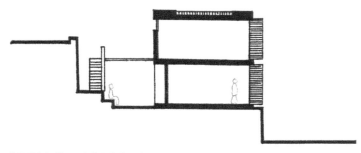

首层露台提供了一个有遮蔽的户外空间，其中配备了各种为内外空间服务的设施。室内空间和室外空间的界限仍然是模糊的

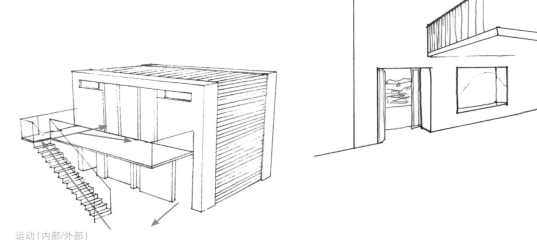

运动（内部/外部）

将楼梯建在室外符合住宅的用途。

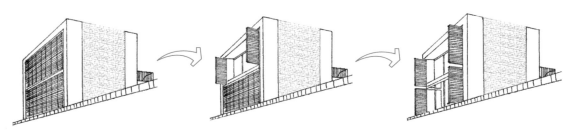

功能方盒

　　B2住宅安装了两折铝框芦苇滑动门，可以根据需要关闭到不同程度，与环境相互呼应。

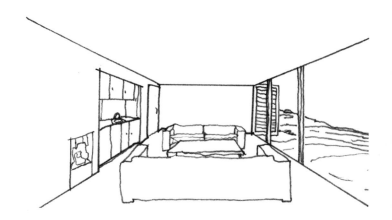

先例和响应式结合

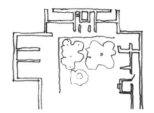

艾瓦哲克住宅的平面

B2住宅内的房间布局、设施、窗户和楼梯，以及尺度、形式和材料，都参考了当地建筑。

相似的设计目的可以追溯到土曼特肯的早期和后期作品。Cital住宅中也使用了与B2住宅类似的材料、建造技术、形式、尺度和颜色。从Optimum住宅等后期项目中，可以看出建筑师进一步发展了自己的设计目的和材料使用，尽管每一座建筑也形成了与自身环境的独特呼应。

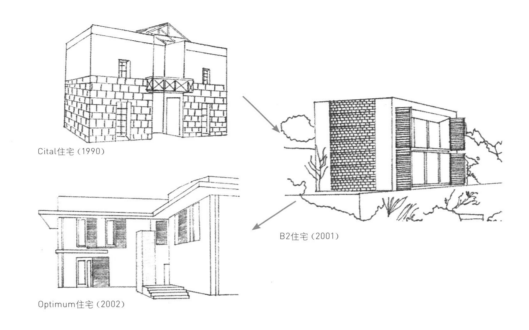

Cital住宅（1990）

B2住宅（2001）

Optimum住宅（2002）

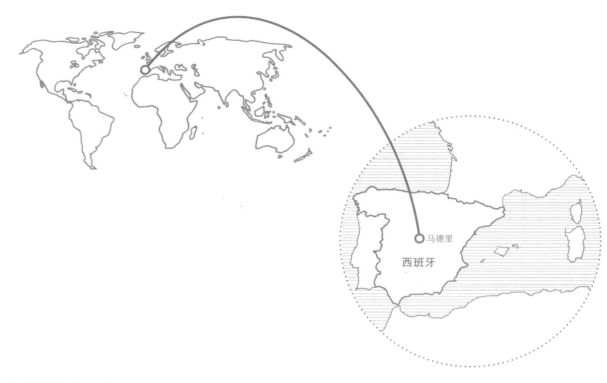

34

卡伊莎文化中心证明了彻底的改造而不是拆除能够创造出当代特征明显而同时又与历史联系紧密的建筑。由瑞士建筑师赫尔佐格和德梅隆设计的这座文化中心对建于1899年的一座电厂建筑进行了扩建和去除。他们在先前已经生锈的从墙体延续至顶部的钢铁部分添加了扩展覆盖层，同时通过切去首层去除了建筑底部。建筑体块像反重力般飘浮在地面之上。由此获得的新建筑与其城市文脉搭配得宜，它的存在显得微妙，而不是宏大或对抗性的。

由法国植物学家帕特里克·布朗设计的绿墙"有生命的画"是覆盖在画廊硬立面外的一层薄箔。两者明显都是人造产物：一个由植物构成，另一个用砖和钢筑成。

萨拉·苏莱曼 (Sarah Sulaiman) 、阿里斯·麦克维卡 (Allyce McVicar) 和安东尼·拉德福德 (Antony Radford)

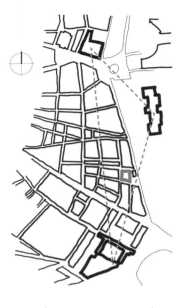

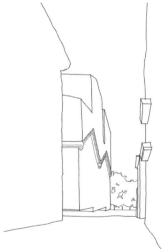

从卡伊莎文化中心南侧可以看到植物园

卡伊莎文化中心地处马德里文化区"艺术黄金三角"的心脏位置，位于三角位置的分别是普拉多博物馆、索菲亚王后艺术博物馆和提森·波涅米萨博物馆。可以穿过小街或者与城市植物园交界的宽阔的普拉多大街到达卡伊莎文化中心。

城市文脉

1899年的旧建筑低于周边的大部分建筑，所以增建的上部楼层使其达到了相仿的高度。上部楼层的深切口创造出破碎的天际线，与马德里的城市天际线相呼应。保持在旧立面的开窗模式反映出了邻近建筑的开窗模式。

绿墙位于建筑正面新建广场的两侧，与植物园相互呼应，仿佛园中的植物越过马路并迁移到了墙上。绿墙为广场添加了两道绿色边缘，也在普拉多大街上显得独具风格。

与街道相接的狭窄小道延伸到建筑的地下室。

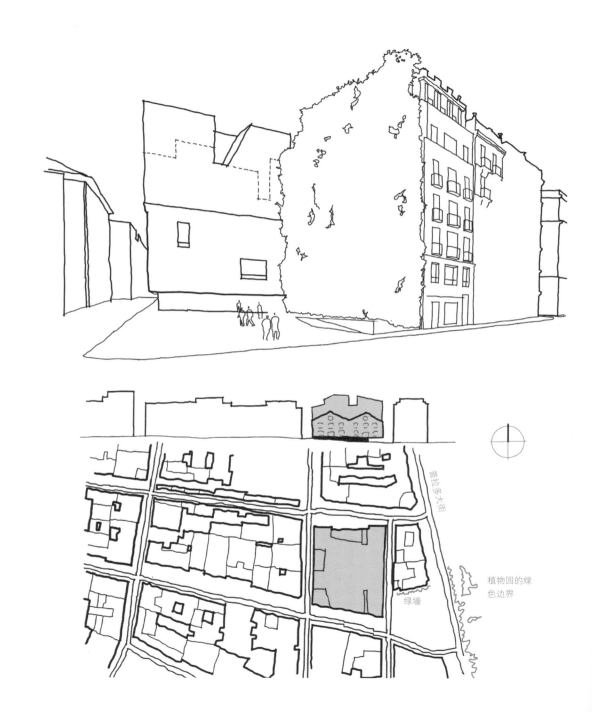

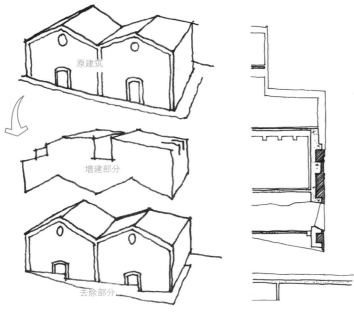

原建筑

增建部分

去除部分

旧和新

在处理旧建筑时，建筑师并没有一味保留。相反，他们利落地去除了不需要的部分，清理了保留部分，并且把旧建筑合并到新建筑中。

被保留的只是1899年的砖砌表皮，表皮内部是新建筑，并向上延伸。进入后完全感觉不到是旧建筑，入口楼梯和门厅十分光滑，具有现代感。内墙使用混凝土，地板则铺设了大理石。

高出砖砌表皮的混凝土部分包裹着已经生锈的钢铁，其光泽看起来似乎颇有年头。颜色和色调变化与被风化的砖墙相得益彰。

与气候的呼应

马德里的夏季（主要旅游季节）十分炎热，因此地下室的浓重阴影是极受欢迎的。上部楼层窗户也有遮阳设施。建筑的厚墙和地下部分提供了热质量，使得内部温度更加稳定。新建的绿墙虽然需要不断保养产生花费，但是为邻近建筑带来了隔离效果，同时也在夏天起到天然降温系统的作用。

不需要的旧窗户被砖块堵住，需要的窗户穿透保留的砖立面，或者隐藏在穿孔的已生锈钢铁外皮后方

增加和切除

在其他项目中，赫尔佐格和德梅隆采用的策略是为现状建筑增加或外科手术般切除某些部分。

赫尔佐格和德梅隆曾经将位于英国伦敦的一座巨大的电厂改造成泰特现代美术馆（1995—2000）。他们切去了巨大的墙体的下方一角，留下了一个不可能的沉重体块立在空间和玻璃上方。为了开出一个到涡轮大厅的宽阔入口，他们将地面降低到原来的地下室层，并且在墙的下方开凿地洞。在建筑顶部，平滑的盒形空间扩展了体量。

处理瑞士巴塞尔文化博物馆（2001—2011）时，赫尔佐格和德梅隆在原有墙壁下方开凿了地洞，造出一个不会影响原立面的巨大开口。在顶部增建了阁楼层，与邻近建筑陡峭的坡屋顶形成呼应，但是覆盖了一层纹理感极强的穿孔表皮。

目前正在建造中的德国汉堡易北爱乐厅（2003—2016）是在一座旧仓库首层墙壁中切割出开阔的开口，并且在顶部加盖了巨大的玻璃空间。增建部分精巧而有趣的屋顶轮廓线与原有建筑沉闷的砖结构形成对比。与卡伊莎文化中心不同的地方是，此处旧墙的顶部有一个凹进部分，创造出一个阴影间隙，将新、旧建筑分隔开来。

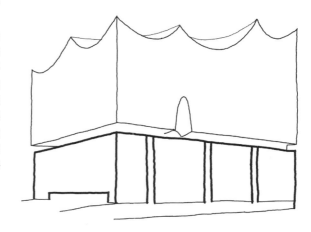

平面

顶层

　　用作餐厅和办公室的小空间

陈列室层

　　巨大而灵活的中性空间

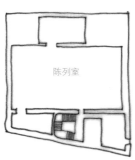

门厅层

　　光线明亮、表皮闪耀的动态空间

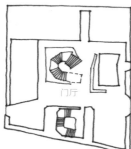

地下室层

　　陈列室空间和独立礼堂

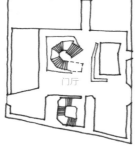

广场在建筑腹部下方展开，其中旧砖墙已经被移除

广场层

　　三角形路面和天花板

增建部分顶部的碎片明显已被移除

有天窗的楼梯间像钉子一样贯穿建筑的所有楼层

预先锈化的钢铁新墙体和砖砌的旧墙体包围起全新的内部空间

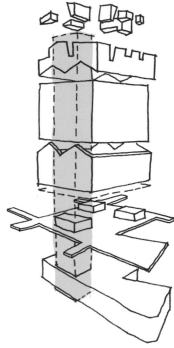

在门厅南侧，明亮的中庭楼梯连接到上部楼层，是参观各个陈列室以及前往顶层咖啡厅的起点。电梯和逃生楼梯扩充了主要流通通道

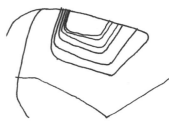

在门厅下方，相同的中庭楼梯向下连接到地下剧场和更多陈列室

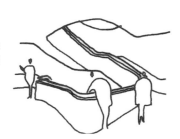

入口

在低照度的地下室，亮起的文字"CaixaForum"（卡伊莎文化中心）标出了入口。

陈列室采用人工照明，灵活的空间可以被划分以适应不同的展览

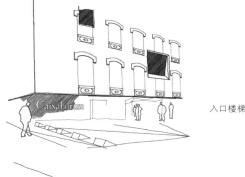

入口楼梯靠近地下室中央

透过巨大的窗户可以看到广场和植物园

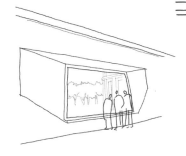

入口宽敞的楼梯向上连接到门厅，两侧呈三角形，并向外展开。门厅的天花板不封吊顶，管线裸露在外。管状灯悬在建筑中

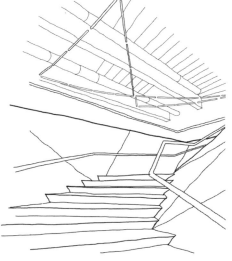

有穿孔的表皮

部分考顿钢表皮上有穿孔，而且呈现出重复图案，令人想到当地传统的西班牙蕾丝。办公室和咖啡厅窗户的视线需穿过这一屏障，仿佛被遮上了一层致密的面纱。这种装置拉远了参观者与外部景色的距离。同时，它也简化了外部，使建筑更具特色。

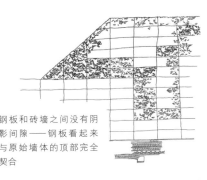

钢板和砖墙之间没有阴影间隙——钢板看起来与原始墙体的顶部完全契合

原始墙体上的装饰性砖檐口与钢制新建部分的"被切除"顶部形成对比

西班牙蕾丝

穿孔板的细部

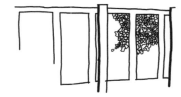

有穿孔的钢板遮住了顶层咖啡厅窗户的部分视线

美国

纽约

35

　　日本建筑师赢得了新当代艺术博物馆的设计竞赛，他们将日本建筑的轻盈和简洁带到了严苛的纽约现场。从街道上观看，这座博物馆是多个盒子结构的大胆堆叠，以敏感和自信的微妙组合融入所在文脉。内部是绝不会主导展览中的当代艺术品的中性空间。透明、轻盈和反射等特质暗示了数字建筑中虚拟世界的转瞬即逝。清晰的平面组织和实用的功能性确保了它在物质世界中的作用。新当代艺术博物馆证明了在局促的场地和有限的预算条件下也可以创作出优秀的建筑。

　　SANAA是建筑师妹岛和世与西泽立卫的联合事务所。他们都保持着个人工作室的运营，而SANAA则集中处理大型国际项目。

丹尼尔·特纳 (Daniel Turner)、安东尼·拉德福德 (Antony Radford) 和桑娅·奥托 (Sonya Otto)

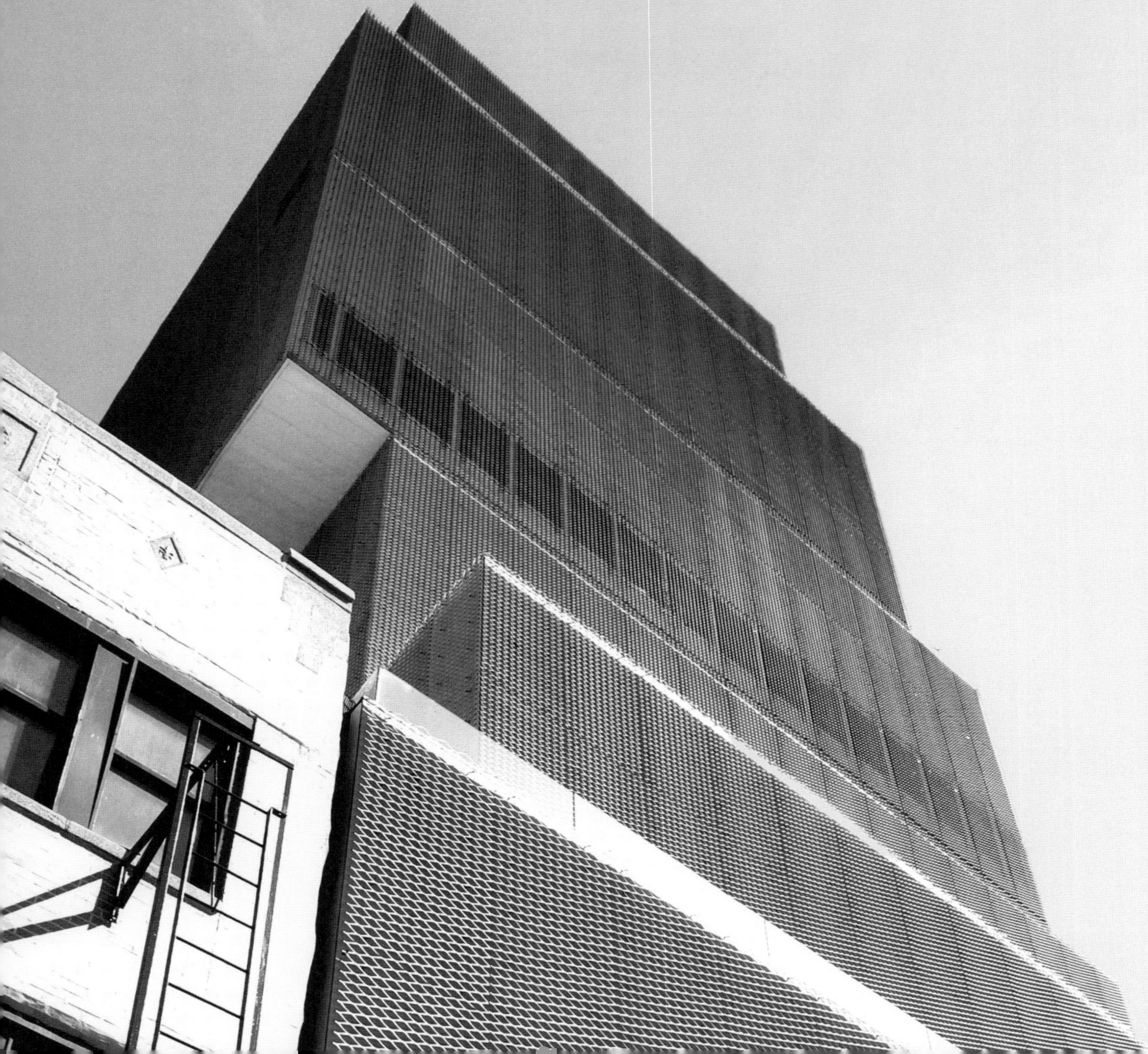

与场地的呼应

建筑由六个位置互有偏移、大小不一的"盒子"堆叠而成。其周边街道上林立着高矮宽窄各不相同的20世纪早期石材建筑。新博物馆保持了这一传统尺度，但是将分隔部分转移到了侧面，因此得到突出强调的是水平分层，而不是竖向部分。

博物馆底部参考了纽约建筑中典型的后缩进式上部楼层。缩进部分与相邻建筑呼应，西侧低而东侧高。上部悬臂式突出部极其特别，在传统建筑形式中找不到先例。第五层上的直线形长窗将更上方的楼层局部分隔开，使其"飘浮"在空中轮廓线之上。

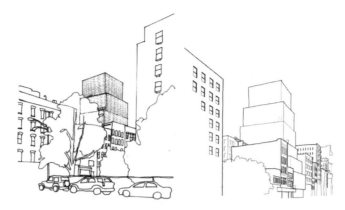

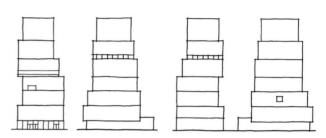

新当代艺术博物馆象征着自信和文化，吸引了大批游客。它像信号灯一样，比周围建筑更大、更亮。

建筑本身就如同街上的一件展览品，是对当代设计和价值观的大胆的块状表达。它光滑、精确，而周围建筑早已度过了"青春全盛期"，相较之下粗糙得多。在博物馆内部，呈现出强有力的半工业化简洁美学。

建筑立面没有展示出楼层间的分隔。虽然包括屋顶外壳在内共有九层楼位于地面之上，但是根据立面情况，从外部看起来最多只有七层。

由于盒子的变化，建出了天窗和露台，而且都保持在分区的建筑外皮内。

邻近建筑新暴露出来的侧墙的旧砖石被干脆地削去，没有被弄平或覆盖

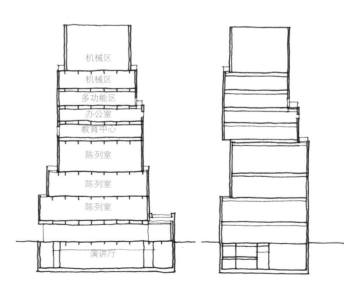

机械区
机械区
多功能区
办公室
教育中心
陈列室
陈列室
陈列室
演讲厅

图标说明

1. 上部楼层之间的楼梯
2. 电梯
3. 连接上部楼层和地下室的楼梯
4. 通往地下室的楼梯
5. 商店
6. 入口
7. 接待处
8. 逃生出口
9. 装载平台

入口和平面

　　从地板直达天花板的临街窗户使得过往游人能够看到博物馆的内部活动。游人可以看到内部一张金属质地的长接待桌摆在一侧（开放且明显的），另一侧是弯曲的网眼房间隔断（有趣且戏谑的）。原来这是画廊商店里的货架背面，展览品若隐若现，吸引游人进入仔细观看。后方是一间小咖啡厅，以及连接着有天窗的陈列室的玻璃幕墙，自然光可以进入内部后方。

　　弥漫的自然光线使得首层成为室外和上方封闭陈列室之间的过渡，陈列室的空白墙用于展览。这些位于上层的陈列室整齐、中性，由当时展览的艺术品决定其特点。

建筑的结构和部件都是外露的：
梁、管道、照明、喷水灭火装置和防火装置

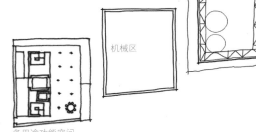

机械区

多用途功能空间

办公室

教育中心，配有教室空间、资源中心和博物馆

包括楼梯、电梯和管道的垂直服务核心穿透多个盒子，就像儿童玩具里的柱杆

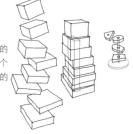

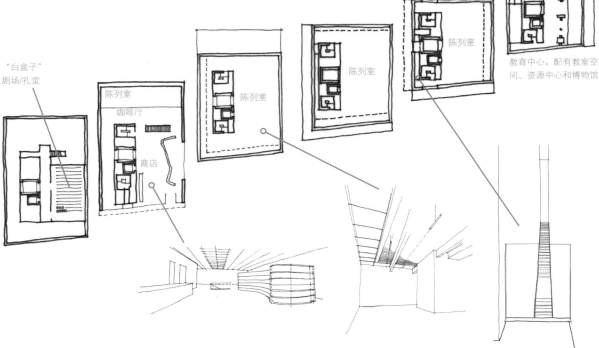

"白盒子"剧场/礼堂

陈列室 咖啡厅 商店 陈列室 陈列室 陈列室

　　隐藏在服务核心后方裂缝中的一段楼梯连接起两个陈列室。天花板极高极窄，九个未加装饰的灯泡排成一排，再配合楼梯两端的灯池，使得宽阔的两间陈列室之间的这段通道充满视觉张力。随之带来的不安全感和隔绝感使人仿佛置身当地老旧的出租房的狭窄楼梯间，它的朴实无华令人回忆起经济萧条期的困难时光。参观者并没有被强制体验身体、运动、精力、灯光和心情这些因素之间的关系——他们可以选择乘坐电梯，从而避开这段楼梯。

透明性和反射

网状屏风、玻璃栏杆、抛光地板、亮白色墙壁和闪耀的金属长凳，这些在设计中随处可见。不管是商店货架上屏风后的诱人物品，还是四层楼上透过条状窗户的屏风后看到的城市南部天际线，透明性都激起了人们的好奇心和兴趣。反射则带来了模糊感，比如在未加屏风的露台窗户上令人意外的城市景象反光。

轻盈、纤细、透明性和反射都是计算机生成的虚拟世界的典型特质。

建筑的边界是明确的，但是房间之间、内部和外部之间的边界存在联系，这些联系模糊了界限，并且可以被视为跨越了界限。

物质性

建筑立面外包裹着经过阳极化处理的扩展铝网，能够反射太阳光和不断变化的天空颜色，看起来常常是褪色或消失的状态。在晚间，窗户和天窗滤出光线，整个建筑变成一座闪亮的灯塔，仿佛是一个巨大的折纸灯罩。

大部分室内墙是白色的，配合灰色的抛光混凝土地板和天花板，其中的结构、外露的管道和荧光灯排列成平行的线条，跨越建筑宽度。通过协调的用料和直线形式实现了统一效果。安静的色调营造出令人沉思的环境。看起来似乎统一的内部被突然出现的亮色打破了秩序：电梯是柠檬绿色的，而地下盥洗室则铺着明亮的樱花色瓷砖。

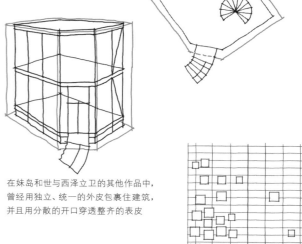

美人蕉商店，日本，东京（2009）。
围绕着建筑的屏风

在妹岛和世与西泽立卫的其他作品中，曾经用独立、统一的外皮包裹住建筑，并且用分散的开口穿透整齐的表皮

关税同盟管理学院，德国，埃森（2003—2006）

有镂空开口的立面

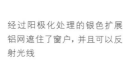

经过阳极化处理的银色扩展铝网遮住了窗户，并且可以反射光线

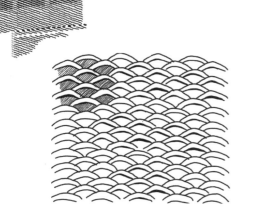

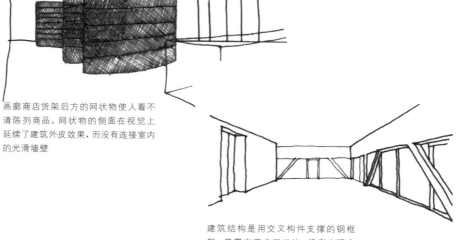

画廊商店货架后方的网状物使人看不清陈列商品。网状物的侧面在视觉上延续了建筑外皮效果，而没有连接室内的光滑墙壁

建筑结构是用交叉构件支撑的钢框架，暴露在窗户开口处。没有出现会打破陈列空间的室内柱子

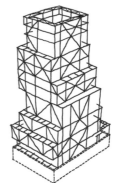

矩形框架中的曲线

　　商店货架的蛇形曲线与其所处的直线形盒子形成对比。在其他项目中，妹岛和世与西泽立卫也曾将曲线放置在矩形框架之中或并置。在叶山别墅中，出现了相似的曲线形式，但是被放置在盒子外部，而不是内部。在大仓山公寓项目中，体量的边缘是直线形，有严谨的横向露台和屋顶，而体量中却出现了弯曲的空洞。劳力士学习中心中的曲线虽然并没有穿过地板/屋顶夹层结构，但是也使夹层变得扭曲。

与气候的呼应

　　建筑的最顶部两层有大型机械设备，因此供给设施是非常完善的。由于伸展的铝网可以为墙体遮阳，因此绝缘良好，所采用的环境策略是保护有空气调节设备的体量，而不是与外部气候互动。陈列室的开窗较少，而且在较脆弱的西立面上的窗户都被连续的屏风保护起来。露台被建造在朝阳的南面。

　　笔直的工业型荧光管灯在天花板旁边排列成行。白色的墙壁使光线漫射开来。白天，自然光和人造光组合而成的照明系统中的自然光元素带来了照明环境的微妙变化。

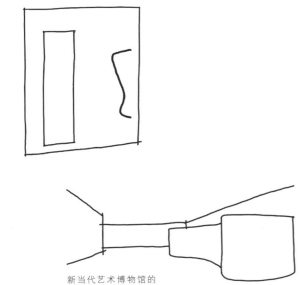

新当代艺术博物馆的
商店和门厅

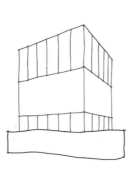

叶山别墅，日本，神奈
川县（2007—2010）

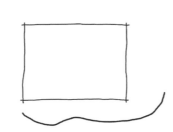

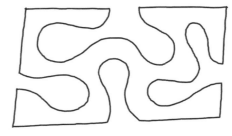

大仓山公寓，日本，横滨
（2006—2008）

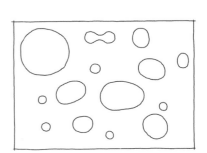

劳力士学习中心，瑞士，洛
桑（2005—2010）

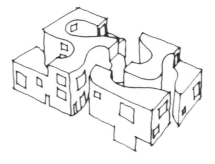

英国

爱丁堡

苏格兰议会大厦 | 1998—2002

EMBT建筑事务所和RMJM建筑事务所
英国，苏格兰，爱丁堡

36

　　1998年，苏格兰议会大厦国际设计比赛举行，位于巴塞罗那的EMBT建筑事务所（来自西班牙的安立克·米拉耶斯和来自意大利的伯纳德塔·达格利亚布艾）联合苏格兰本地的RMJM建筑事务所赢得了竞赛。苏格兰有着悠久的民主政治历史，这座大厦正是对价值观和态度的表达。苏格兰议会大厦拼贴了多种元素，与多个方面形成呼应，包括当地属于联合国教科文组织世界遗产的爱丁堡旧城中的多个小型中世纪建筑、草木稀疏的荷里路德公园、索尔兹伯里峭壁和斜坡以及相邻的荷里路德宫。同时，这座建筑还参照了如诗如画的苏格兰风土人情，与国家文脉形成了呼应。安立克·米拉耶斯于2000年去世，当时建筑还未完工。

西莉亚·约翰斯顿 (Celia Johnston)、安东尼·拉德福德 (Antony Radford) 和李根明— (Lee Ken Ming Yi)

位置和城市文脉

　　历史名城苏格兰首府爱丁堡拥有多个独具特色的地区，包括中世纪、乔治王朝时代和近期新建的一些当代建筑的维多利亚女王时代地区。苏格兰议会大厦的场地与英国王室在苏格兰的皇家居所——荷里路德宫相对。

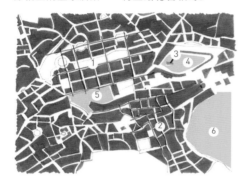

图标说明
1. 爱丁堡新城（乔治王朝时代，有秩序，网格状）
2. 爱丁堡旧城（中世纪，有机形态，不规则）
3. 爱丁堡国家纪念碑
4. 卡尔顿山
5. 王子街花园
6. 亚瑟王宝座

　　贯穿爱丁堡旧城的皇家哩大道沿着山脊连接起荷里路德宫和爱丁堡城堡。这是一条游行路线和视觉轴线，吸引了大量游客。

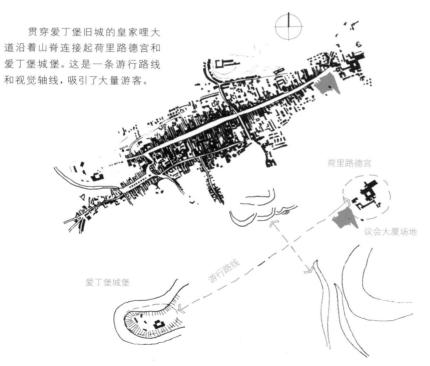

路径和入口

　　议会大厦的主要入口位于三条道路的交叉点：从皇家哩大道（主要路径）上的爱丁堡城堡、从荷里路德公园以及从亚瑟王宝座的公园部分。穿过一条长长的蔓藤架，游客可以进入。

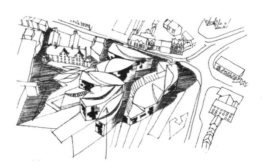

沿着皇家哩大道的建筑一侧保持了历史感的街道边缘和视线。朝向亚瑟王宝座公园部分的一侧是有机形态，更近乎圆形

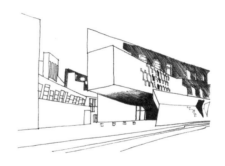

MSP（苏格兰议会成员）入口位于皇家哩大道尽头的修士门教堂悬臂结构下方

建筑内紧密的空间单位并置反映了邻近的中世纪城区稠密的建筑集合

多条道路将建筑与风景连接起来，从物理和视觉两方面把人们引领到惹人注目的景观元素

苏格兰议会大厦综合体表现出碎片式的当代设计风格，参照了多方面的苏格兰特色。建筑设计尊重了其所在文脉的多样性，以拼贴画式的设计特色分别与之呼应。

围绕着建筑边缘的直线元素（办公室、昆斯伯里酒店、修士门教堂和入口门廊）构成了辩论室和会议室群组的框架。它们的形态像是停泊在港口的小船。

屋顶延续了建筑后方亚瑟王宝座小火山和其他小山的圆形轮廓

辩论室和会议室之间是"亲子"关系

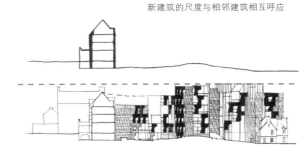

新建筑的尺度与相邻建筑相互呼应

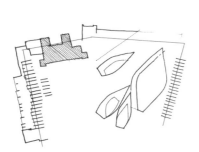

在"小船"的"柔软"形式和直线"框架"之间，存在很多形成锐角的线条

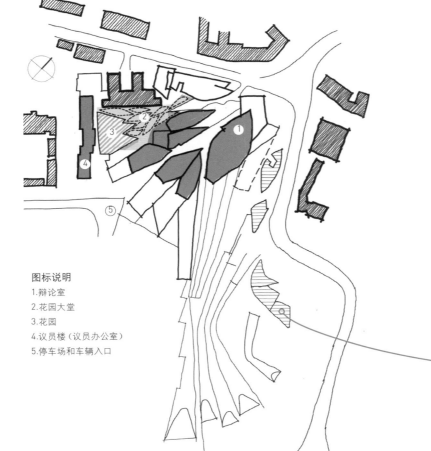

图标说明
1.辩论室
2.花园大堂
3.花园
4.议员楼（议员办公室）
5.停车场和车辆入口

与苏格兰议会大厦截然不同的是，由查尔斯·巴里设计的位于伦敦的议会大厦（1870）结合了中世纪哥特风格（象征英格兰）与古典主义对称平面（象征秩序）。议会大厦强化了文脉中的统一建筑秩序。

位于建筑西南侧的两个池塘效仿了辩论室和会议室，起到了建筑与亚瑟王宝座之间的过渡作用

花园大堂的天花板表面复杂，延续了建筑外部的形式。多个窗户和天窗为室内空间提供光源，其中一个天窗还透出了屋顶结构。

议员办公室的混凝土拱形天花板参照了冷静而深沉的修道院传统风格。天花板表面镶嵌着由苏格兰旗帜圣安德鲁十字抽象而来的设计图案。玻璃被嵌入拱形表面。办公室材料的色调内外一致：混凝土、玻璃和橡木。

花园中包括苏格兰本地植物，还可以看到"动感地球"展示馆和远处的亚瑟王宝座

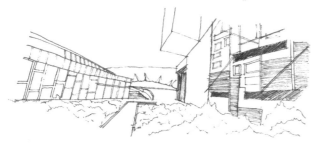

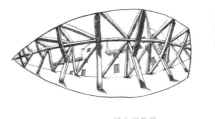

大堂天窗的设计和结构带有当代元素，可以从中看到外部具有历史感的建筑

昆斯伯里酒店

修士门教堂

议员入口

主要楼梯间

会议室的天花板呈拱形，安装着多盏吊灯。两扇平行的窗户构成重复性图案。使用木镶板部分是为了音响效果。办公桌是椭圆形而不是矩形的，暗示着包容与合作，而不是对立。

公共入口位于蔓藤架下方，与之相连接的大堂中摆放着一张接待桌、公共座椅和关于苏格兰议会的永久展览，大堂上方即辩论室。由苏格兰旗帜圣安德鲁十字抽象而成的图案被浇注在混凝土拱形天花板上。

从辩论室可以欣赏到城市风光。撑木、横梁和系梁共同支撑着屋顶，就像苏格兰议会的成员应该互相支持，为国家服务一样。

剧场风格的平面将执政党和反对党成员的视线集中到一个公共点，公共点后方透出室外的景色。议长的位置处于轴线上（象征中立），而且并没有被抬高，代表着调解而不是控制。

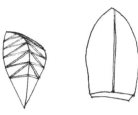

外墙和蔓藤架上自然弯曲的木条构成的屏风模仿了植物的茎，而屋顶天窗则类似叶片

屋顶天窗的外露结构构件像是船肋或是叶脉

苏格兰石头被镶嵌到预制混凝土元素中。部分主题没有镶嵌，创造出积极元素和消极元素之间的互动效果

底面朝上的小船暗示了苏格兰工业和休闲服务业

突出于墙皮之外的元素是传统苏格兰建筑的一部分

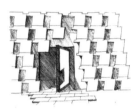

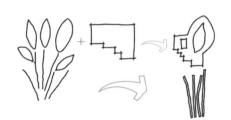

窗座和凸窗的多样化构成了"个体立面"，被组织在规则的网格中，类似爱丁堡新城中乔治王朝时代的立面，但是立体感和纹理感远胜于后者。对主题略加变化的重复使得建筑形式统一化，并且在避免过度使用相同设计的前提下强化了关键理念。

被赋予戏剧化阴影效果的墙体元素的重复与安立克·米拉耶斯和卡米·皮诺斯设计的位于西班牙的伊瓜拉达墓园（1985—1994）中的墙壁有相似之处。配置不同的重复元素赋予立面部分个体特点，认可了个人性格的多样性。

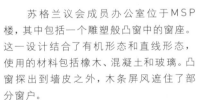

苏格兰议会成员办公室位于MSP楼，其中包括一个雕塑般凸窗中的窗座。这一设计结合了有机形态和直线形态，使用的材料包括橡木、混凝土和玻璃。凸窗探出到墙皮之外，木条屏风遮住了部分窗户。

安立克·米拉耶斯在很多作品中都使用了材料色调——混凝土、金属、木材和玻璃。拼贴的概念也十分明显。

MSP楼的部分立面面向花园

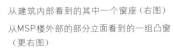

从建筑内部看到的其中一个窗座（右图）从MSP楼外部的部分立面看到的一组凸窗（更右图）

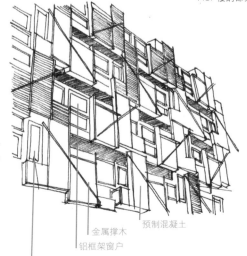

金属撑木
预制混凝土
铝框架窗户
木框架窗户

日本

横滨

37

　　由FOA建筑事务所设计的横滨国际港口码头被用作日本大栈桥码头的一座客运码头，主持设计师是阿里桑德罗·柴拉波罗和法希德·穆萨维。他们抵挡住了将建筑设计成图标式大门的诱惑，转而集中精力为公众创造出一片滨水的开阔空间，满足城市需要。结构是通过对首层平面的充分利用发展而来的，据此码头的需求可以被合并到其他商业功能和市民功能，成为城市的连续扩张部分。

　　建筑师在码头中使用了一些可以辅助流畅运动的建筑特色，从而解决了旅客运动的复杂性问题。因此，建筑形式重新思考了地板、墙壁和屋顶平面之间的区别，用连续的表皮结构模糊了结构和外皮的传统分隔。这一过程有助于发展无差异化的连续的类坡道系统，打破了内部和外部的区别，创造出开阔的公共广场和内部私密空间，成为对空间的单一而有内聚力的体验的一部分。

艾伦·孝-真·辛 (Ellen Hyo-Jin Sim)、威·杰克·李 (Wee Jack Lee) 和阿米特·斯里瓦斯塔瓦 (Amit Srivastava)

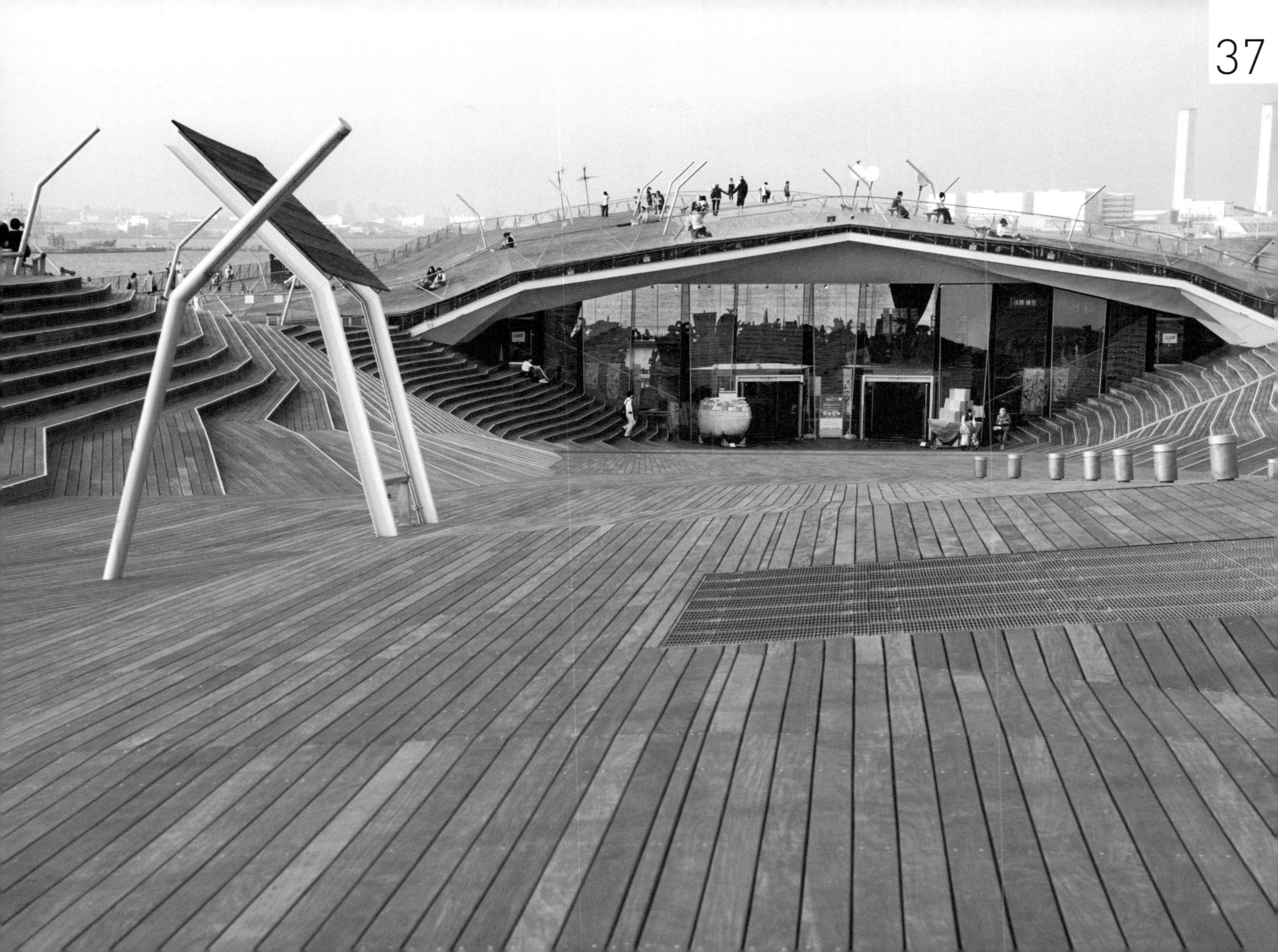

与城市文脉的呼应

新码头建筑位于横滨的大栈桥码头，与周围的城市文脉有千丝万缕的联系。设计的作用是对城市地面的扩展。该项目将建筑形式和景观的各个方面合并成一个结构，从而满足了设计程式的需要，但是同时也创造出一大片城市广场。

扩展城市地面的概念体现在建筑的整体尺度以及对建筑形式的阐释方面。首先，建筑形式的整体高度极低，整个码头建筑可以作为首层的扩展。其次，建筑的屋顶呈波浪状，可以为多种活动提供灵活的多向空间，变成了一座城市操场。

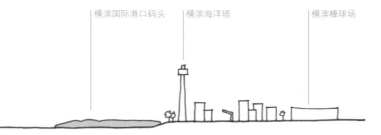

横滨国际港口码头　横滨海洋塔　横滨棒球场

码头位于城市主轴的尽头，与周围的城市肌理之间存在强烈的视觉联系和物理联系

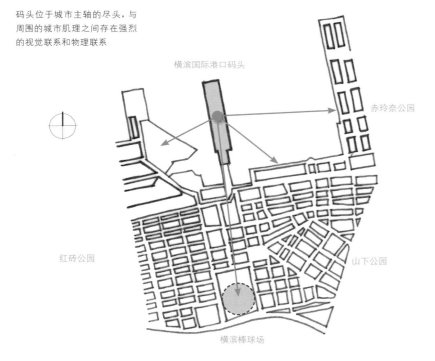

横滨国际港口码头

赤玲奈公园

红砖公园

山下公园

横滨棒球场

近海平面的建筑形式略微高出水面，屋顶部分成为一片城市操场，将市民区域延伸到了海洋

码头被开发成一片宽阔的公共空间，并且被添加到附近的公园综合体中

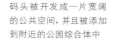

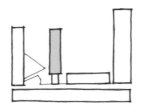

起伏的屋顶表面给人海浪一样的感觉，从比喻意义上将土地和海洋相连

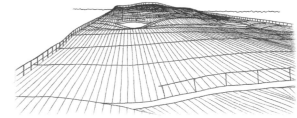

横滨国际港口码头对于城市文脉的设计立场与其他滨水结构不同。建筑师并不想呈现出一座图式性建筑，对城市大门这一象征性轻描淡写。他们强调的是建筑的水平状态和城市公园的作用，力求将公共空间最大化。

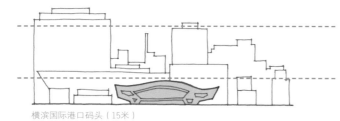

横滨国际港口码头（15米）

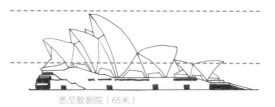

悉尼歌剧院（65米）

与设计程式的呼应

建筑设计是考虑设计程式的理性途径和解决国内、国际码头的复杂流通模式的直接结果。这些问题首先被简化为一张"无回程图表"，其次在这张图表的基础上发展出整个设计。

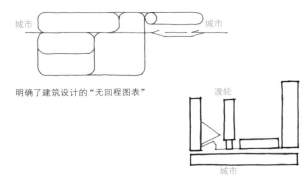

明确了建筑设计的"无回程图表"

在一座终端码头，旅客必须折返才能回到陆地，"无回程图表"的概念正是基于这样的限制。为了避免给旅客带来终端体验，设计师试图提供接近和返回的其他通道，因此增加了路途中会遭遇到的事件数量。这已经摆脱了有固定导向和具体流向的终端空间的传统组织方式。于是"无回程图表"被转化为一个"折叠空间"，为居民和参观者实现了所有内部程式间的顺畅过渡和陆地与海洋活动间的平滑连接。移除静态和动态的障碍后，创造出了一个不受干扰的多向空间，顺利连接起所有程式需要并提供了基于连续坡道体系的一系列替代通道和体验。由于坡道的使用，降低了对楼梯和电梯的依赖，进一步改善了可达性。

为了实现空间的无缝转换，传统的楼面板被推拉以相互靠近，满足不同功能需要。通过折叠和分叉获得了某些凹陷空间，成为屋顶花园或公共广场，而其他被拉开的表皮变成有遮盖物的区域，可以满足码头和商店等功能。这一过程进一步实现了程式的混合，形成了一系列楼面板以及相应的程式元素之间的顺畅连接。参观者会在走过整个码头的过程中慢慢发现这些连接处。

不受干扰的多向空间创造出了替
换通道和体验

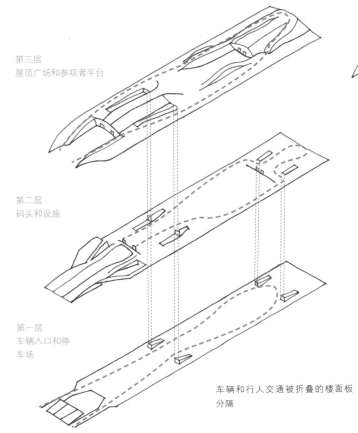

第三层
屋顶广场和参观者平台

第二层
码头和设施

第一层
车辆入口和停
车场

车辆和行人交通被折叠的楼面板
分隔

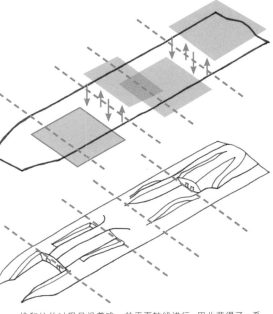

推和拉的过程只沿着唯一的平面轴线进行，因此获得了一系列对称却不同的空间配置

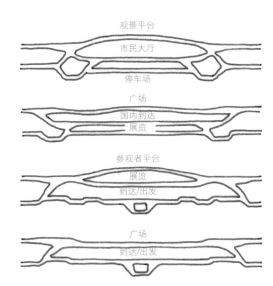

观景平台
市民大厅
停车场
广场
国内到达
展览

参观者平台
展览
到达/出发

广场
到达/出发

与学科革命的呼应

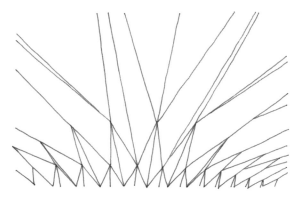

钢桁架折叠板系统形成的屋顶表面图案令人联想到日本的折纸工艺

折叠板结构增加了表面积，从而提高了荷载能力

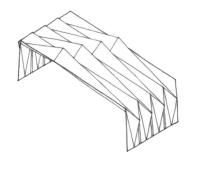

折叠的过程中产生了对角线表面，能够吸收地震活动产生的侧向力，非常适合日本

横滨国际港口码头的结构体系和整个形式可以被认为是标明了建筑项目中表皮的变化和发展的革命性过程的一部分。设计师发展出了关于处理表皮的不同类型化倾向的树状矩阵，并且以此作为修改和产生新原型的基础。这种系统示意图被称为系统发生图，更常用于绘制生物学中的种系进化（种系发生）关系，成为记述学科知识增长的工具，每一个项目都被处理为一个技术资源，而这个资源可以用来参照生成新的知识谱系。这一过程中的形式生成允许新结构域一个或多个现有模式相互呼应，并建立起与学科历史的对话。

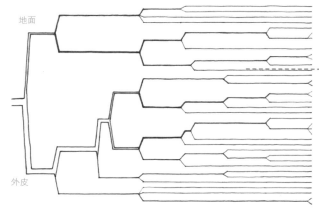

地面

表面

外皮

基于用来处理外皮和首层平面的技术的系统发生图允许在新项目中使用其他系统并生成混合体。因此，横滨国际港口码头的设计中结合使用了钢桁架折叠板外皮和折叠混凝土主梁首层平面。更进一步来说，对首层平面本身的处理由莫比乌斯带发展而来，模糊了地板、墙壁和屋顶平面之间的线条。这种混合式原型允许结构和建筑外皮之间的传统分离的消失，创造出无差异化体量。

首层平面被发展为基于莫比乌斯带概念的平滑的、暂时的平面，定义了朝各个方面延伸的连贯表面

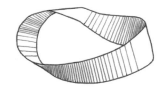

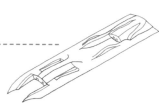

横滨国际港口码头
建筑表面的折叠和分叉形式由首层平面发展而来，是系统发生过程中的产物。

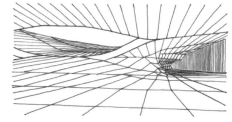

首层平面被封闭体量环绕，消解了地面和墙壁之间的区别，进一步实现了内部空间和外部空间的连贯性

与使用者体验的呼应

经过一系列折叠而形成的结构为当地居民和参观者带来了有趣的空间体验。上、下台阶一样的屋顶区域创造出一系列广场般的公共空间和同时也被遮挡在公共视线之外的私密区域。屋顶空间的多样性吸引人们走到城市操场，并参与到建筑形式中。木镶板的淡雅色调强调了波浪起伏的特质。

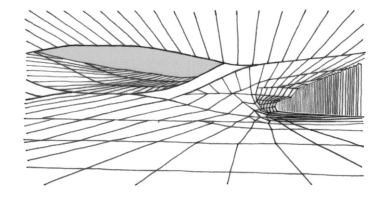

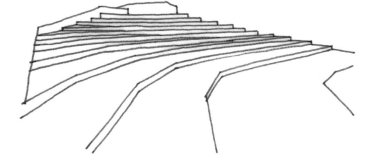

屋顶的波浪形式允许在表面上方和下方进行不同的空间配置

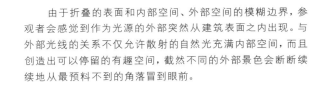

由于折叠的表面和内部空间、外部空间的模糊边界，参观者会感觉到作为光源的外部突然从建筑表面之内出现。与外部光线的关系不仅允许散射的自然光充满内部空间，而且创造出可以停留的有趣空间，截然不同的外部景色会断断续续地从最预料不到的角落冒到眼前。

屋顶形式的复杂性反映在内部空间中，折叠板系统实现了一片巨大的无柱空间。折叠板系统的折痕根据建筑本身波浪起伏的表面发生变化，创造出惹人注目的有趣图案。这种结构体系的使用同时意味着建筑是朝一个方向纵向延伸的，带来了一系列对称却不断变化的空间。当参观者从陆地前往海洋或者从海洋返回陆地时，差异本身让他们体验到空间的闭合和紧随的开放。

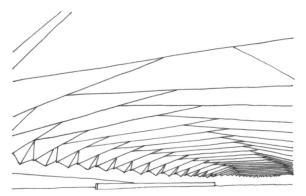

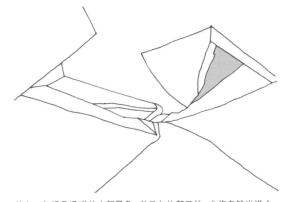

其中一条折叠通道的内部景象，并且向外部开放，允许自然光进入

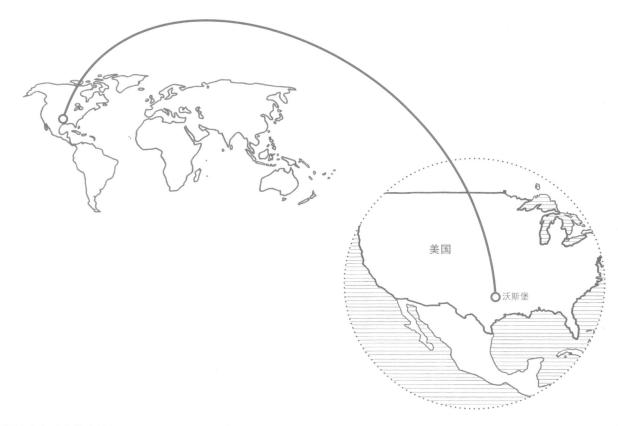

美国

沃斯堡

沃斯堡现代艺术博物馆 | 1996—2002
安藤忠雄建筑事务所
美国，得克萨斯州，沃斯堡

38

在设计位于得克萨斯州沃斯堡的这座现代艺术博物馆时，日本建筑师安藤忠雄参考了场地附近早期已建成的项目和日本文化。与安藤的其他作品一样，光和水在空间组织中起到了至关重要的作用。独一无二的巨大柱子和混凝土平屋顶的运用体现出建筑师对清水混凝土的表现力的挖掘。贯穿整个建筑的玻璃的透明和反射极具特色。

安藤在赢得一场国际竞赛后被委任设计这座博物馆，这是他在美国的第一件重要作品以及在日本之外的最大项目。博物馆具备杰出的结构诚恳度、形式完整性及被透明度进一步强化的视觉体验丰富性。

塞伦·莫可 (Selen Morko)、蒂姆·哈斯维尔 (Tim Hastwell)、王辉 (Hui Wang) 和艾莉森·拉德福德 (Alison Radford)

文脉

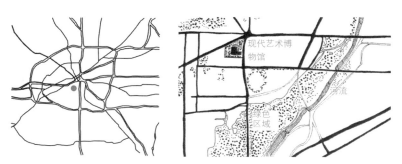

现代艺术博物馆地处沃斯堡文化区的心脏地带，靠近路易·康的金贝尔艺术博物馆（1972）和菲利普·约翰逊的阿蒙·卡特博物馆（1962）。通过对水和植物的运用，河流附近的绿色区域被吸收到建筑设计中。

景观和水

建筑的屋顶与场地周围平坦的景观相互呼应，仿佛可以触到地平线。巨大的池塘把光线反射进两层通高的过渡空间，波动的水纹映射在墙壁上。

场地边缘被混凝土墙包围，从而隔绝噪声和污染

南侧

建筑的唯一入口位于南侧

北侧

可以远眺金贝尔艺术博物馆的西立面被装载区和混凝土墙堵塞住

西侧

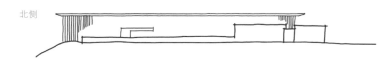

东侧

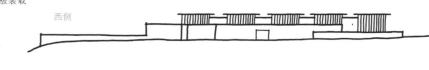

场地平面

场地周围被拥挤、嘈杂的高速路包围。景观缓冲带对建筑起到保护作用。

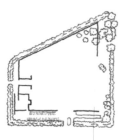

栽种在两条交通拥挤的道路旁的树木非常密集，形成一堵可以将博物馆和街道隔离的墙壁

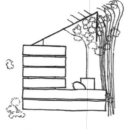

高起的堤增强了墙的效果，树木也可以起到框起景色的作用

运动

与文化区的大部分建筑相同，现代艺术博物馆共有两层。整个建筑只有一个入口。每层的矩形体量的主要部分都是陈列区，鼓励参观者随意走动。工作人员区位于平面外围。

在建筑内部可以欣赏到外部的池塘。池塘的反射光线同时也增强了建筑内部和周边的自然光效果

巨大的密闭陈列室空间使得参观者可以把精神集中到展品上

陈列室

首层平面

高大的过渡空间显得参观者非常渺小

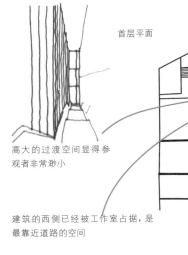

建筑的西侧已经被工作室占据，是最靠近道路的空间

在咖啡厅和被混凝土墙围起的庭院中可以欣赏到池塘和陈列室。咖啡厅呈椭圆形，打破了博物馆其余部分的正交线条，使得曲线更加丰富

二层空间

混合尺度

整个博物馆混杂了单倍高和双倍高的空间。这种层次的变化使得参观者可以从不同角度和尺度欣赏艺术品。

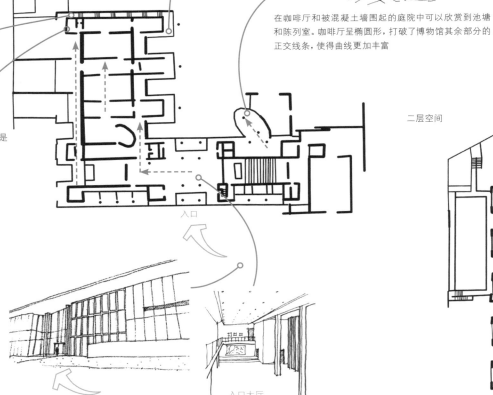

入口

博物馆的入口是一道平淡无奇的玻璃门，之后展现在眼前的是极其雄伟的大厅，从中可以看到两层通高的玻璃幕墙和池塘。参观者能够透过这个矩形盒子欣赏景色，与外部的视觉联系得到保留，而建筑外部的人也被吸引进入参观。

入口大厅

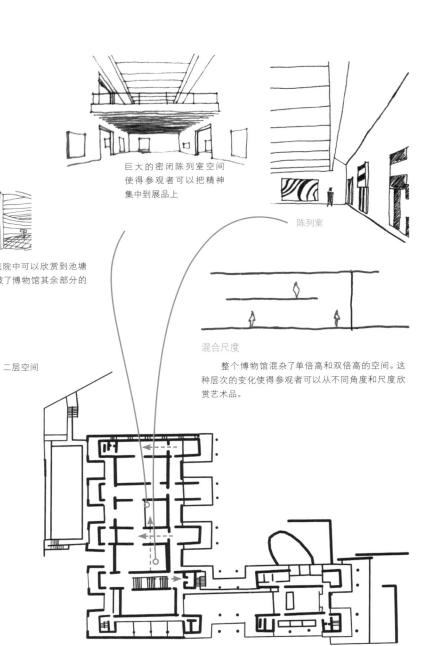

形式产生

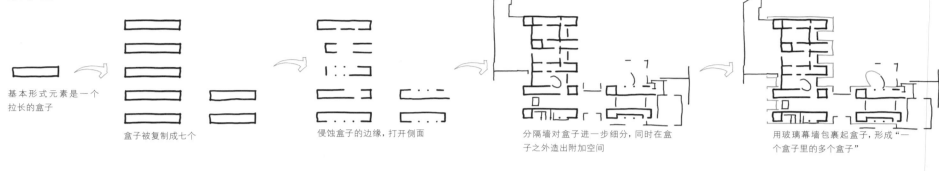

基本形式元素是一个
拉长的盒子

盒子被复制成七个

侵蚀盒子的边缘，打开侧面

分隔墙对盒子进一步细分，同时在盒子之外造出附加空间

用玻璃幕墙包裹起盒子，形成"一个盒子里的多个盒子"

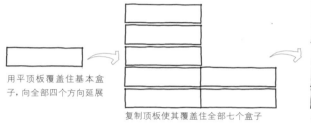

用平顶板覆盖住基本盒子，向全部四个方向延展

复制顶板使其覆盖住全部七个盒子

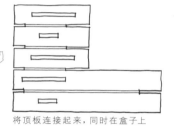

将顶板连接起来，同时在盒子上方打开天窗

简单的几何学

这座建筑可以被视为简单几何元素的集合，通过混凝土、铝和玻璃等不同材料相互区分。显而易见的极简主义强调的是工艺和物质性。巨大的"Y"形柱子被浇注成两个部分：首先完成"V"形，然后将它无缝连接到"I"形柱子，使其看起来成为一体。

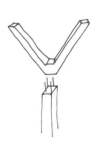

先例

路易·康的作品影响了安藤忠雄的整个职业生涯。通过在矩形平面上运用一系列相似的拉长体量，现代艺术博物馆与金贝尔艺术博物馆形成呼应。但是，前者背对后者，同时服务区和停车场面向康的作品。

金贝尔艺术博物馆的基本设计元素——拱顶的半椭圆轮廓，出现在安藤忠雄的矩形形式中。两个建筑都是将基础的二维空间延伸从而创造出基本体量，然后用重复的基本体量组成博物馆的主体。

日本文化

安藤忠雄大部分时间生活在日本，因此日本文化对他的作品产生了深厚的影响。在现代艺术博物馆可以发现对日本文化和传统建筑的多处参考。

Engawa（回廊）

装有玻璃幕墙的狭窄走道环绕着展览厅的外部，令人想到日本的Engawa，一种环绕在建筑外部的开放式走廊。

兵库县儿童博物馆

现代艺术博物馆的设计似乎是受到了安藤早先作品的影响，也就是位于日本立姬路的兵库县儿童博物馆（1989）。"飘浮"在巨大玻璃亭子顶部的混凝土屋顶，就是最为明显的一处。

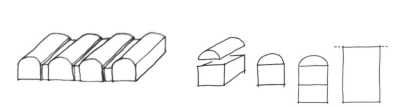

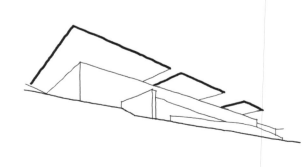

形式和意义

比喻

重与轻：在安藤的设计中，重与轻两种元素之间有一种微妙的平衡。在所有的立面中，沉重的混凝土屋顶被轻巧地置于玻璃幕墙之上。再加上"Y"形柱子，使得屋顶看起来似乎是漂浮在反光的池塘上方。

力量

"Y"形混凝土柱子支撑着混凝土平屋顶，给人一种力量感和宏大感，与玻璃和水稍纵即逝的特质相互平衡。

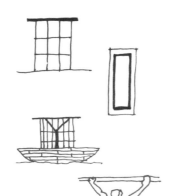

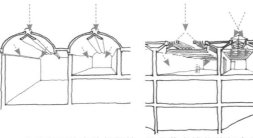

对称和重复

局部对称出现在整个设计中。平面和立面被重复。材料、结构元素和某些形式的重复贯穿所有空间。

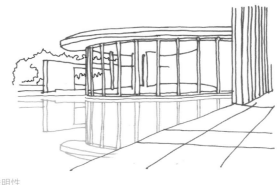

透明性

没有窗户的陈列室围墙和透明的流通空间外墙之间构成明显的对比。在日照良好的白天，窗棂和"Y"形柱子在大厅和走道的地板上投下浓重的阴影图案。

光的运用

日光是安藤设计中的关键元素。引入到陈列室中的间接日光不仅不会损坏艺术品，而且光线还成为丰富参观者体验的功能元素。

日本灯笼

夜间亮灯时，熠熠生辉的博物馆倒映在池塘的水面上，就像一盏传统的日本灯笼

由于剖面轮廓的相似性，现代艺术博物馆与金贝尔艺术博物馆运用了相似的技术将光线导入陈列室。两座建筑都运用了透过天窗的反射光。现代艺术博物馆还使用了可以调节的百叶窗和半透明的天花板。

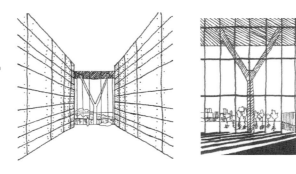

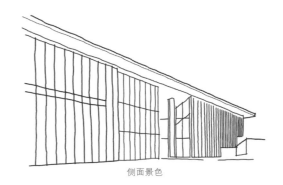

侧面景色

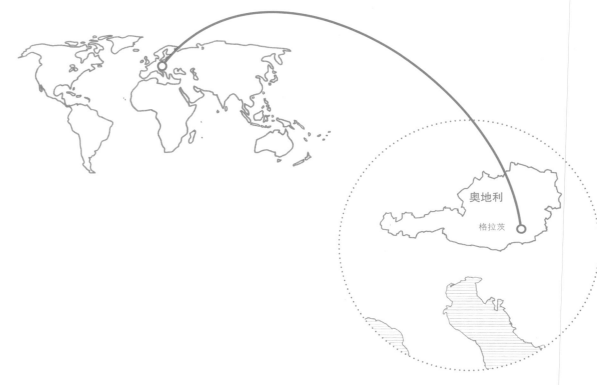

奥地利

格拉茨

库克-福尼尔空间实验室和
ARGE美术馆
奥地利，格拉茨

美术馆位于奥地利第二大城市格拉茨，用于暂时性展览。这座建筑被它的伦敦建筑师彼得·库克和科林·福尼尔称为"友好的外星人"，是在古城中的大胆植入，一方面展现了特色和差异，另一方面尊重了既有文脉。美术馆试图将传统的格拉茨带入未来，同时显示了它的起源——20世纪60年代的建筑电讯派运动和21世纪设计流程中的数码模型。

新建筑属于"水泡建筑"，但却是一个高度可控、举止得当的水泡。同时，它能唤起人们的深度共鸣；它被比喻成"心脏"（因为它在格拉茨文化中的作用，以及它的形式）和"宇宙飞船"，以及"友好的外星人"。

拉克兰·诺克斯 (Lachlan Knox) 、安东尼·拉德福德 (Antony Radford) 和道格拉斯·利姆·明·费 (Douglas Lim Ming Fui)

城市文脉

凭借和谐的建筑风格和从中世纪持续到19世纪的艺术运动历史，格拉茨古城已被列为联合国教科文组织世界遗产。古城展示出了城市形式方面的响应式结合。

美术馆是安插在遵循着更加固定的规则的建筑中的唯一存在，使得城市景色更加丰富。美术馆的生物形态和附加的光滑材质与周边建筑形成了生动的对比。相似水泡构成的街道可能不具备同样的吸引力。

美术馆看起来好像把自己挤压到场地中，依偎在遗产建筑和河流之间。

从一条主干人行道可以进入美术馆。美术馆已经成为现代主义图标式建筑，吸引游客从熙来攘往的、充满历史感的河右岸来到过去相对被忽视的左岸。

美术馆没有采用附近建筑的黏土砖和重叠的黏土瓦作为建筑表皮，它使用的是连接在钢框架上的塑形亚克力板。

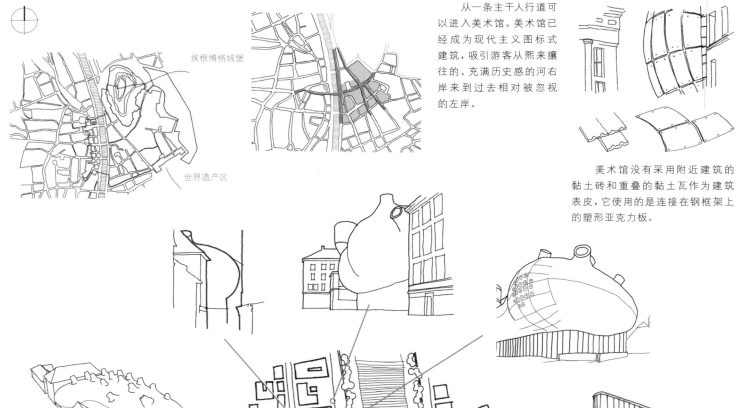

埃根博格城堡

世界遗产区

隔着穆尔河望去，好像是一只奇特的动物蜷伏在树丛中

水泡在老建筑的转角周围松弛下来

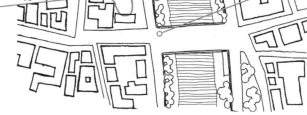

来自格拉茨的建筑师约瑟夫·本尼迪克特·威瑟姆设计的铸铁结构铁屋完工于1847年，保持了街道边缘的连贯性。

设计部件

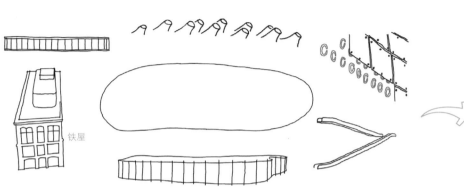

铁屋

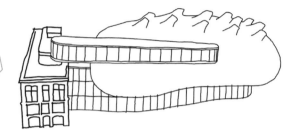

铁屋

这座19世纪建筑的直线性秩序、独立的房间及传统的窗户是组合的重要部分，突出了后来作品的曲线和空间连续性。

水泡

美术馆的主要部分是"水泡建筑"，借助屏幕上的计算机数字建模技术和三维打印模型技术进行设计。除了拟人化的比喻，这座建筑还被称为格拉茨古城中的"宇宙飞船"。

下腹部

在水泡建筑的腹部下方，墙壁围合起的体量中采用凹面天花板，就像蹲放在水桶里的一个气球的底面。

针

后来被叫作"针"的悬臂式玻璃走廊探入到有机形态的水泡中，起到观景平台的作用，可以俯瞰老城景色。如果把水泡比作一种生物，针就是它的眼睛。针的高度被设计为与沿岸的相邻建筑匹配。

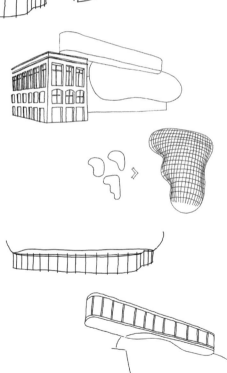

喷嘴

水泡的上表面凸起了15个喷嘴，自然光可以由此进入三层展览空间，使得建筑更像外星来客。

别针

水泡内部两条长自动扶梯将建筑的三个主要楼面串联在一起。

媒体立面

水泡外皮的一大部分被用作媒体屏幕。930根荧光环附着在位于半透明表皮后方约100毫米的框架上。作为建筑的组成部分，荧光环的亮度和持续时间可以被单独控制，用来显示低分辨率的静态图片和动态图片。

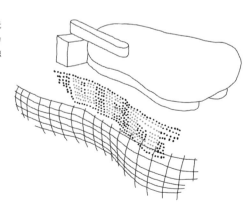

平面

平面

通过铁屋与水泡下腹部的巨大门厅的连接处，游客可以进入美术馆。服务和楼梯核心的白色弯曲表面探入一侧，即穿透水泡的体量。在另一侧，有穿孔的钢框架之间的从地面直达天花板的玻璃幕墙构成门厅的边缘。自动扶梯向上连接到二层陈列室。

中间层平面

夹在两个混凝土楼面板之间的中间层显得坚硬、冰冷，用成排的荧光灯管照明。在功能方面，它能够提供可调节的展览空间。

转身之后，参观者会看到第二个扶梯，可以到达水泡顶层的较窄一端。

顶层

在水泡较宽一端的角落，有一个喷嘴打乱了朝北和朝东的其他喷嘴的阵形。透过这个喷嘴，人们就像透过望远镜一样可以在美术馆内部看到格拉茨的传统地标——钟塔。

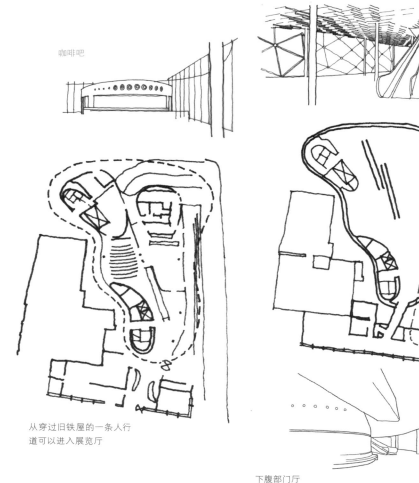

咖啡吧

从穿过旧铁屋的一条人行道可以进入展览厅

下腹部门厅

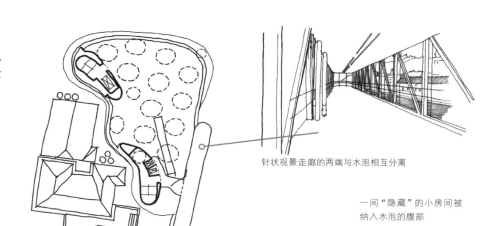

针状观景走廊的两端与水泡相互分离

一间"隐藏"的小房间被纳入水泡的腹部

经过低吊顶并且采用人工照明的下方楼面，可以进入这个高天花板且光线充足的空间。在光和暗混杂的巨穴般的空间中，"喷嘴"穿透了深灰色的天花板，但是可以传导光线。

自动扶梯顶端左侧是"针"，即一条被从地板直达天花板的玻璃包围起来的狭窄走廊。在这个现代感十足的观景平台上，整个世界文化遗产古城成为一个展览。

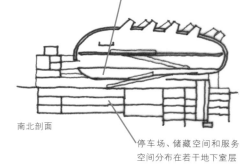

南北剖面

停车场、储藏空间和服务空间分布在若干地下室层

建造

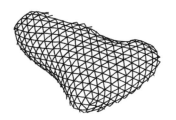

三角形钢空间架构使得水泡的生物形态在结构上具有可能性。框架是自承重式，实现了带有60米屋顶跨度的无柱上层展览空间

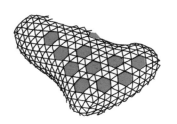

空间架构中的六边形孔可以安装喷嘴

针状走廊的轻质钢框架被连接到空间架构，并且如悬臂似的伸到铁屋顶之外

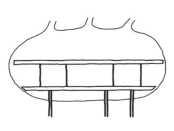

钢筋混凝土柱子支撑着同样材料的楼面板，像是堆叠起来的两张桌子。上层桌子的柱子比下层的多（但是较细）

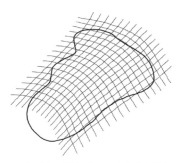

为了安装表皮镶板，借助三维数码模型技术将二维网格像窗帘一样覆盖在水泡上

单独塑形的蓝色树脂玻璃板朝两个方向弯曲。为了达到防火规范，在镶板上添加了防火材料

每张镶板的尺寸是2米×3米，用蜘蛛形玻璃固定件通过六个点附着到空间架构上。使用了柔软的密封材料，以便进行移动

与气候的呼应

喷嘴朝向北面，日光可以进入，但是避免了阳光直射。树脂玻璃镶板阻挡了紫外线。外伸的水泡和周围的树木很好地遮挡了朝东的首层玻璃幕墙。冬季的格拉茨经常下大雪，建筑师在水泡外皮的上半部分添加了亚克力节点，帮助保留降雪——一来有利于保温，二来可以防止雪块或冰块砸到行人。

建筑电讯派

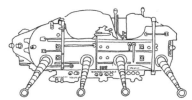

"建筑电讯派"是活跃在1961—1974年的一群前卫的伦敦建筑师，彼得·库克是其中的一员。他们创造出了戏谑的、受流行文化启发的对技术未来的想象。他曾提出一种"即兴城市"（1969），即可以用气球运送到单调的小镇上的移动技术结构。如果美术馆水泡建筑长出了"腿"，那么它就符合了"建筑电讯派"成员罗恩·赫伦的"行走的城市"。

当代MOMA ｜ 2003—2009
史蒂文·霍尔建筑事务所
中国，北京

40

当代MOMA（译者注：在史蒂文·霍尔建筑事务所中，这个项目被称为"Linked Hybrid"，意为"相连的混合体"）是一个多功能开发项目，地处现代化北京的心脏地带。为了适应城市不断增长的人口密度和商业发展，建筑设计向城市领域开放，可容纳多个公共设施和商业设施，还用于居住。这种混杂的建筑类型不同于传统的中国开发项目，为未来的发展提供了范例。

"混合"这一术语将该建筑的目的与其他多用途住宅类型区别开来。后者也许可以被定义为"社会聚合器"，目的是通过对共享设施的空间操纵把全然不同的人群集中到一起。作为一个社会工程的实验，"社会聚合器"没有办法考虑一致的意见和共同的兴趣，而它们能够定义私密和社区生活的均衡，因此导致了许多与共享空间的所有权相关的问题。与之形成对比的是，"相连的混合体"允许多种私密和公共设计程式需要与"自由市场"的影响相互呼应，还考虑到了在这一过程中出现的补充功能之间的动态关系。

温金严 (Wing Kin Yim)、阿米特·斯里瓦斯塔瓦 (Amit Srivastava)、文亚 (Wen Ya) 和玛格丽特·巴托鲁 (Marguerite Bartolo)

与城市文脉的呼应

　　自1980年之后，北京进入了快速城市化时期，建造公寓大楼成为不可避免的趋势。先前的做法是尝试将居住用公寓大楼与商业服务设施整合到一起，导致的唯一后果是"社会聚合器"的出现，成为住宅和形式孤立集群的专属领域。"相连的混合体"采用了一种相互联系的环形，允许公共领域渗入居住区块，并与城市肌理结合。任何将来的发展都是沿着商业/公共环形扩展，允许私密住宅区块与公共领域共存。

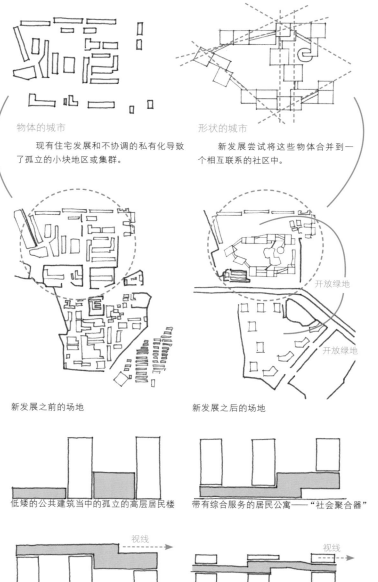

物体的城市

　　现有住宅发展和不协调的私有化导致了孤立的小块地区或集群。

形状的城市

　　新发展尝试将这些物体合并到一个相互联系的社区中。

沿着二环的场地构成了现代化北京新发展的一部分

新发展之前的场地

新发展之后的场地

低矮的公共建筑当中的孤立的高层居民楼

带有综合服务的居民公寓——"社会聚合器"

颠倒的"社会聚合器"，带有屋顶花园等公共便利设施

"相连的混合体"——渗透进居住区块的延伸的公共环

开放空间和建筑空间

一系列景色优美的小山为各年龄层次的人群提供了开放的绿色空间

　　采用高层建筑类型增加了周围环境的开放绿色区域。"相连的混合体"本身使用从场地抽取出的土地开发出了五座休闲用小山，被称为儿童小山、青少年小山、中年人小山、老年人小山和婴儿小山。

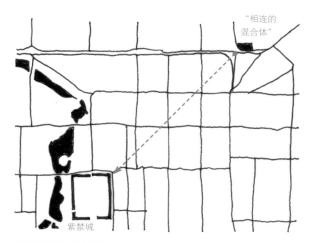

从较高楼层上的公共设施可以毫无障碍地看到紫禁城的心脏区域

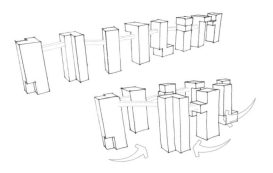

多座连接桥不能被认为是直线形系列。相反，高楼呈环形布局，从而生成了一个中央围场，类似传统四合院的院子。

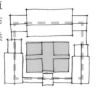

中央围场被各种公共建筑激活，比如电影院和酒店；电影院的屋顶被用作庭院花园

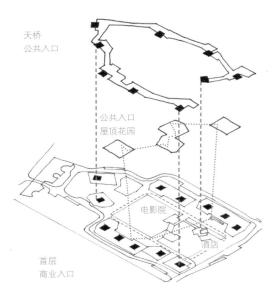

天桥
公共入口

公共入口
屋顶花园

电影院

酒店

首层
商业入口

与设计程式的呼应

作为一个混合建筑类型，当代MOMA包含了若干个私密功能和公共功能，而且允许这些不同设计程式共存。居住高楼围绕着电影院，电影院起到中心定位公共空间的作用，并且考虑到了与城市生活的视觉联系。位于20楼的天桥使得其他公共功能区与居民区靠得更近，实现了更紧密的社会互动。

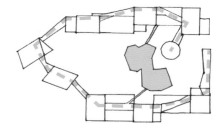

电影院的屋顶花园中可以进行各种社区活动

将各个区块组织成环形也实现了位于首层和20层的两个商业/公共楼层之间更频繁的互动。垂直连接打破了线形体验的单调。通过一个平行的流通网络，公众可以进入电影院大厅顶部的屋顶花园。由于居民可以观看到这一复杂的中央公共空间，所以社区活动被重新联系到私密区域，从而提升了社区的紧密性。

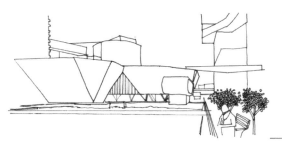

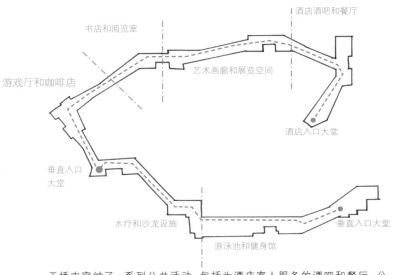

书店和阅览室
酒店酒吧和餐厅
艺术画廊和展览空间
游戏厅和咖啡店
酒店入口大堂
垂直入口大堂
垂直入口大堂
水疗和沙龙设施
游泳池和健身馆

天桥中容纳了一系列公共活动，包括为酒店客人服务的酒吧和餐厅、公共健身馆以及商店。在设计布局时，建筑师考虑到了居民对私密的需要，因此绝大部分公共活动都被安排在桥上，同时用贯穿建筑体块的部分为支持功能服务。

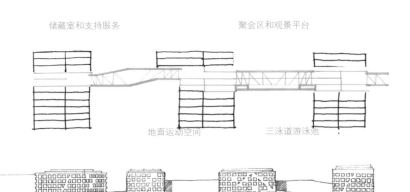

储藏室和支持服务
聚会区和观景平台
地面运动空间
三泳道游泳池

形式和类比

建筑师决定将高楼进行环形布局以带来实际利益，但是同时也是出于希望表现社区紧密联系的本质。简单的直线形建筑体块可以被看作孤立的构件，但是在这个环形中结合成一体。它们被设计成能够与周围体块进行呼应，并且相互之间似乎存在一种对话。在一张初期草图中，建筑师探讨了这种呼应关系，再现了牵手舞蹈的人群的活力。

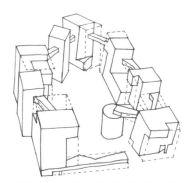

建筑师对建筑体块的形式进行调整，使其与相邻的结构相互呼应

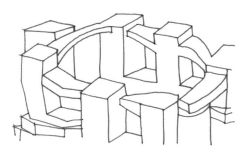

在草图中，建筑像是一场聚会

《舞蹈》，亨利·马蒂斯（1910）

轻盈、透明的天桥与建筑体块的坚固实体形成对比，强调了它们之间的比喻关系

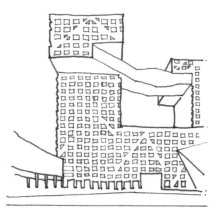

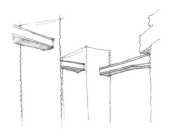

通过天桥底面的照明和建筑表皮的连接带，进一步探索了"相连"这一概念

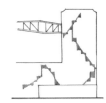 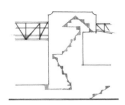

与当地文化的呼应

除了建筑的整体外观与现代审美原则互相呼应，设计中还参考了当地的文化和信仰。从最简单的意义上来说，塔楼和相连的桥参考了中国的重要文化象征——长城。而对水和颜色的运用也符合当地习惯。

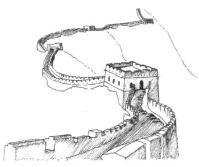

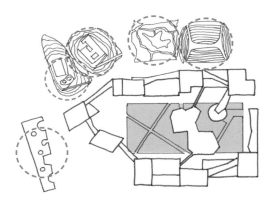

在场地北侧堆起了数座小山，人们认为高山可以在象征意义上抵挡消极的能量。中心封闭庭院中的巨大水池也是一种传统设计元素，水被认为可以疏导积极的能量，并且给居住者带来繁荣和健康。

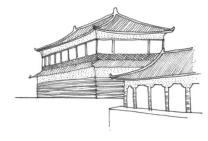

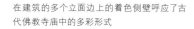

在建筑的多个立面边上的着色侧壁呼应了古代佛教寺庙中的多彩形式

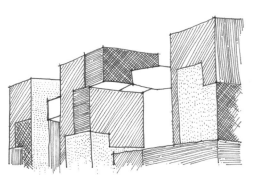

与使用者的呼应

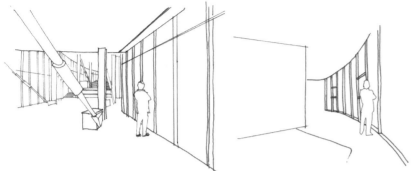

透明的天桥走廊起到公共展示空间的作用

透明度的轻微变化将走廊转化为观景平台

在设计中，通过控制透明度的变化，创造出天桥走廊中的公共功能与住宅公寓中的私密领域之间的流畅转换。根据透明度的不同，天桥本身可以从用于观赏室外活动的观景平台变成一个活动展示柜，供室外的人欣赏。

有轮廓分明的开窗的实墙生成了私密居住内部空间

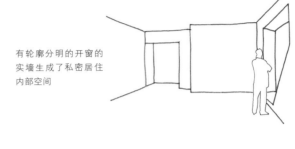

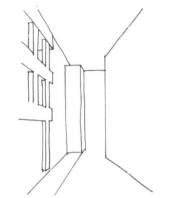

公共走廊的尺度和内部体量被放大

通过尺度和照明的变化，建筑设计为用户带来了一系列体验，可以帮助他们在空间中找到方向。庭院中较小结构的并置有助于打破高层建筑的尺度，同时商业走廊的内部体量被放大，从而明确其公共性质。相似地，光线充足的透明天桥走廊与更私密的居住内部空间的实墙和直线形开口形成了对比，标志着从公共到私密的过渡。

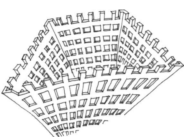

结构的外骨架解放出了内部布局，可以充分利用景观和自然通风

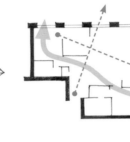

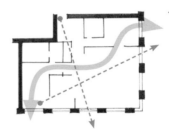

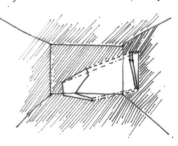

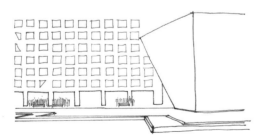

庭院中相对较小的电影院建筑打破了高层建筑的尺度

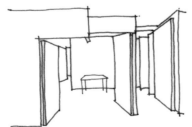

根据住户的需要，公寓中可以移动的墙壁能够把私密的密闭空间转变成相互联系的一系列空间

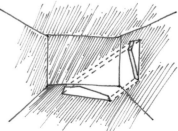

透过不规则形状的窗户，阳光在室内投下出人意料的、形状各异的光斑

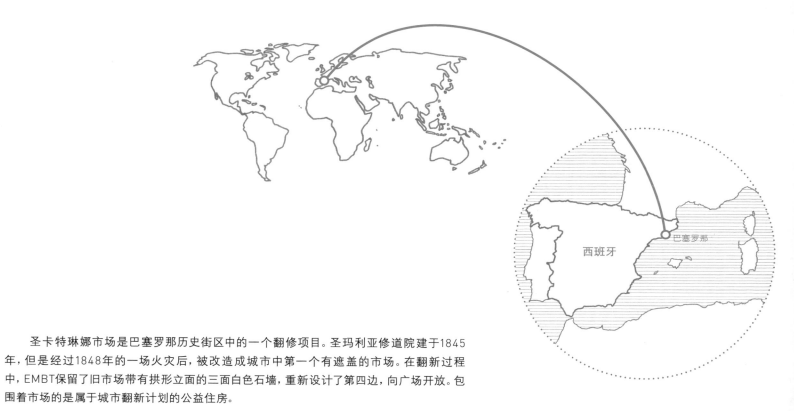

圣卡特琳娜市场是巴塞罗那历史街区中的一个翻修项目。圣玛利亚修道院建于1845年，但是经过1848年的一场火灾后，被改造成城市中第一个有遮盖的市场。在翻新过程中，EMBT保留了旧市场带有拱形立面的三面白色石墙，重新设计了第四边，向广场开放。包围着市场的是属于城市翻新计划的公益住房。

圣卡特琳娜市场极具特色的新屋顶不仅采用弯曲的形态，还运用了活泼的色彩，给城市环境增添了活力。

建筑师努力以多种方式实现与城市设计的响应式结合。住房与公共区域、车辆与行人、旧建筑与新建筑、整体建筑形式与建筑细部之间的关系都经过了周密的考虑，达成相互之间的呼应。

塞伦·莫可 (Selen Morko)、穆罕默德·法伊兹·麦得伦 (Mohammad Faiz Madlan)、哲·蔡·扎克 (Zhe Cai Zack) 和莉安娜·格林斯莱德 (Leona Greenslade)

圣卡特琳娜市场 | 1997—2005
EMBT建筑事务所
西班牙，巴塞罗那

41

文脉

在这个高密度街区，市场场地是一个罕见的开阔空间，成为适于行人活动的重要节点

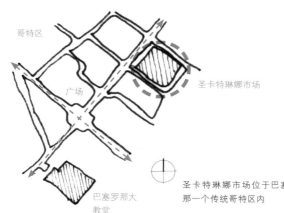

圣卡特琳娜市场

圣卡特琳娜市场位于巴塞罗那一个传统哥特区内

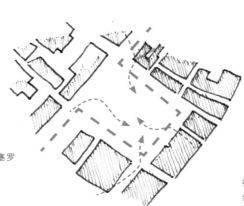

市场地处稠密的城市街区，街道昏暗，周围是五层至九层不等的旧居民楼，罕有开阔的公共空间。此处以高贫困率和高犯罪率出名。

连接性

视觉联系

从大教堂可以看到外伸到街道的顶棚，加强了市场和大教堂的连接。

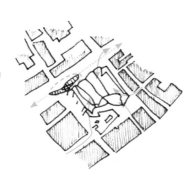

区域文脉的连接性

屋顶布局设计与现有建筑文脉和两侧的运动路线相互呼应。

市场和附近的大教堂都吸引了游客前来。大教堂宏伟壮观，而为了与周边建筑保持和谐，市场的高度和轮廓都比较低矮

气流和自然光

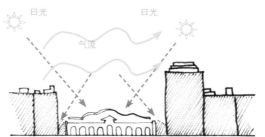

由于市场建筑低矮，阳光和气流能够进入这片极端密集的城市街区

旧市场和街景

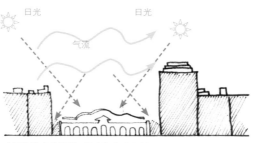

新建筑和部分旧市场的组合设计为这片街区增添了活力

旧和新

旧立面

新市场的背立面

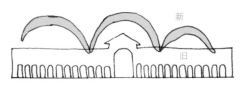

新　　　旧

市场的正交正面属于古典主义风格，镶嵌着一道道拱券，与街道对面的建筑相互呼应。背立面有轻微的弯曲，但是仍然与旧市场立面保持着相同的韵律。

通过屋顶结构，新设计与旧建筑相互呼应。突出的屋顶并没有主导旧立面，仿佛轻柔地浮在墙壁之上。

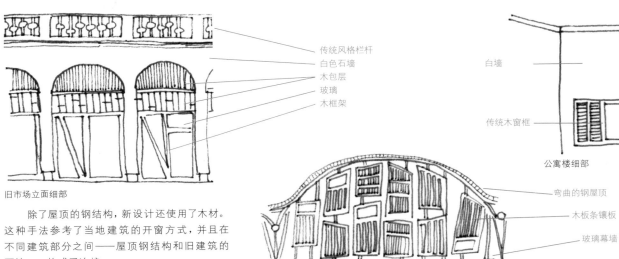

传统风格栏杆
白色石墙
木包层
玻璃
木框架

旧市场立面细部

除了屋顶的钢结构，新设计还使用了木材。这种手法参考了当地建筑的开窗方式，并且在不同建筑部分之间——屋顶钢结构和旧建筑的石墙——构成了连接。

白墙

传统木窗框

公寓楼细部

弯曲的钢屋顶
木板条镶板
玻璃幕墙

背立面细部

货物进出的市场服务入口是位于建筑后方的若干大门，通过封闭的坡道连接到地下装货/卸货区。入口的高度和矩形开口令人联想到市场长立面的简化版本

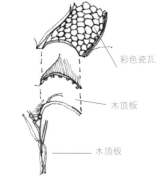

彩色瓷瓦
木顶板
木顶板

材料分析

除了现有材料外，建筑师在市场新建部分使用了各种其他材料。主要结构使用的是钢。色彩缤纷的屋顶结构铺砌着瓷瓦，参考了巴塞罗那的其他建筑。市场立面使用了木材和玻璃。

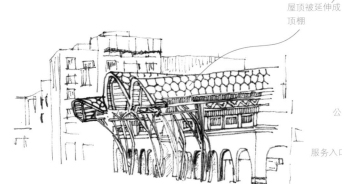

屋顶被延伸成顶棚

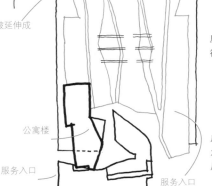

屋顶延伸部分强化了新建筑与街道的联系

公寓楼

服务入口

服务入口

后墙呼应了新建公寓楼（反之，公寓楼也呼应了市场），而屋顶形式符合区块的形状

服务入口

路径和运动

市场内部地面继续使用了人行道的花岗岩材料，从而强调了市场是公共空间的一部分。

虽然地处房屋密集的狭窄街道，但是新建的后部广场仍然光线充足。

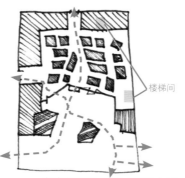

建筑师重新设计了市场入口，更有效地连接起若干重要节点。通过楼梯间可以方便地进入地下停车场。

货物运输需从小街经过一条地下坡道。停车场也位于地下，但是入口位于远离市场的一条更宽的街道。公寓位于场地的西南角。

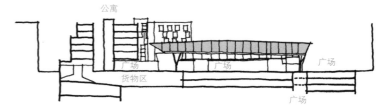

结构和细部

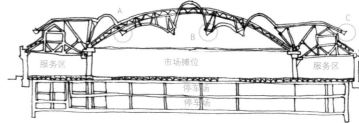

两根混凝土梁支撑着大跨度的屋顶结构。起伏的拱形钢架的高度和轮廓不断变化，从入口立面延伸到后方。

平面和使用

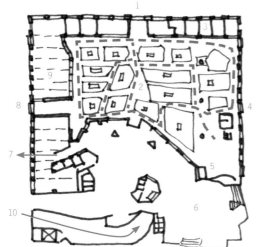

广场的三个侧面都有公共入口。同时，还有购物区和餐饮区，鼓励游客通过若干途径在广场游览

图标说明
1.主入口
2.60个摊位
3.商店
4.入口
5.底板下方区域，被挖掘的废墟暴露在外
6.后部广场
7.服务区
8.入口
9.餐厅
10.连接到货物区的封闭坡道

细部 A

细部 B

图标说明
1.弯曲的桁架
2.胶合板
3.彩色瓷砖
4.木桁条
5.排水沟

细部 C

混凝土梁和柱子是结构的承重系统。

再利用的原始框架将旧市场墙壁与新的混凝土梁连接起来。大跨度木制拱形桁架通过钢连接件把荷载传导到这些混凝土梁上。

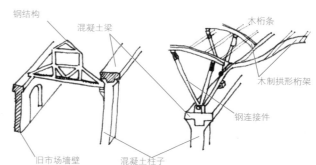

屋顶形式

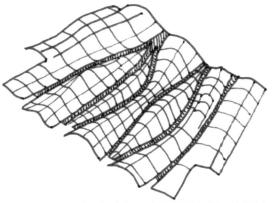

色彩丰富的屋顶连绵起伏，参考了巴塞罗那的历史建筑，特别是安东尼·高迪的作品

米拉之家，高迪（1906—1912）

奎尔公园，高迪（1900—1914）。彩色的屋顶瓷瓦令人联想到高迪设计的公园

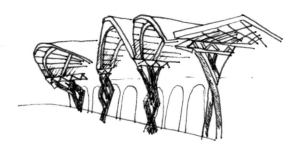

拱券和屋顶曲线

市场中的铺路材料

主立面的树杈形柱子

　　屋顶结构、平面布局和原有立面间存在形式呼应；铺路材料和立面柱子重复了相似的曲线，自由流畅的曲线形成了有机的整体。

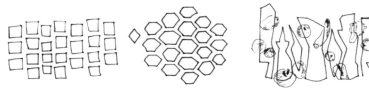

瓷砖设计

　　市场中贩售的产品启发了屋顶平面的设计，各种水果和蔬菜的样子被抽象成六边形瓷砖，颜色多达66种，构成独特的图案。

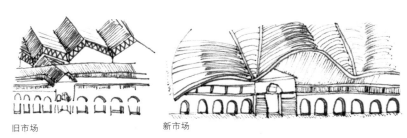

旧市场　　　　　　新市场

　　翻新后的旧市场获得了创新的形式和丰富的色彩，原有结构得到了增值，强调了其历史遗产特质。彩色的屋顶结构使得原本单调、无足轻重的周围城市肌理变得多姿多彩，而且改善了对公共空间的使用。

新市场和周边建筑

上部屋顶结构和旧立面

适中的市场尺度和连绵起伏的屋顶

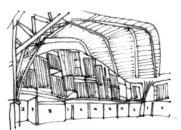

后墙和新市场

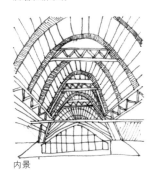

内景

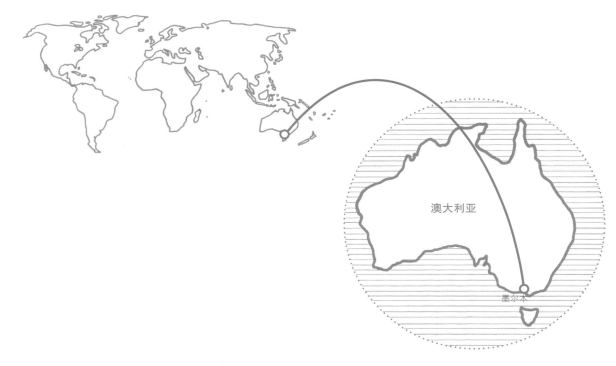

南十字星车站 | 2001—2006

**格雷姆肖建筑事务所和
杰克逊建筑事务所
澳大利亚，墨尔本**

42

南十字星车站是一座公共交通枢纽和城市地标。独特的沙丘似的屋顶结构不仅可以提供自然通风进行降温，适应墨尔本时而潮湿、时而湿热的气候，而且还可以抽出柴油火车产生的烟。屋顶还有收集雨水的功能。这座车站属于振兴墨尔本西部的再开发项目的一部分。

南十字星车站由总部在伦敦的格雷姆肖建筑事务所联合墨尔本当地的杰克逊建筑事务所共同设计，体现了对公共空间的整体处理方式，包括运动、尺度、城市宣言及与环境的呼应。

加布里埃尔·阿什 (Gabriella Ash) 和塞伦·莫可 (Selen Morkoç)

城市文脉

墨尔本空中轮廓线

南十字星车站位于墨尔本市中心以西，连接到维多利亚州郊区和乡村。它所在的枢纽有大量公共和私密交通设施，提供州际大巴和机场大巴服务。

墨尔本CBD（中央商业区）

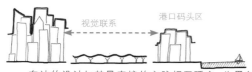

车站的设计与其最直接的文脉相互呼应，为墨尔本市区和新港口码头区提供了视觉和实际连接，新码头区被重新开发成居住、休闲和展览区域。

站台和上部外壳

每座站台都是到顶部结构的轴线，因此有支撑作用的柱子被排列在站台的中线。

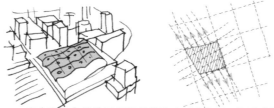

南十字星车站的屋顶覆盖着整个城市街区，是近端和远端位置之间的连接枢纽。车站的网格对齐了铁道线路，但是与街道网格形成微小的角度。它的屋顶像一座座沙丘，其水平和有机形态与市中心鳞次栉比的垂直建筑构成了对比。建筑师把设计重点定位于改善斯宾塞街的街景，为墨尔本西端创造出全新的充满活力的城市空间。人们还可以通过一条越过铁道线的附加人行道进入站台。

新车站顺畅、流动的曲线为原本已经过时的终端重新注入了活力，创造出市中心最大的有顶市民空间。

形式产生

三维屋顶网格

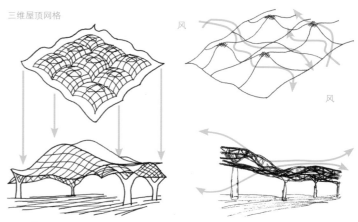

按照设计，三维屋顶网格能够为通风良好的舒适城市空间提供遮蔽。对沙丘中的风场类型研究影响了屋顶的设计。

条形天窗为站台内部提供采光

城市尺度

港口码头区正面

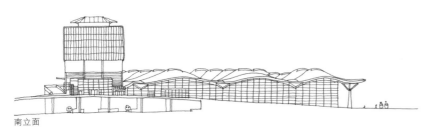

南立面

与排列在斯宾塞街上的高楼大厦相比，南十字星车站只有三四层楼高。低矮的屋顶因其尺度和透明度仿佛飘浮在首层平面之上。

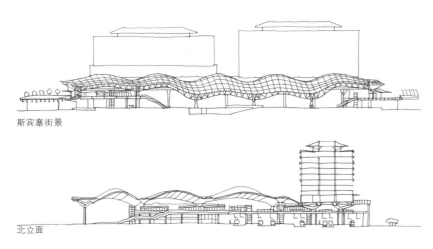

斯宾塞街景

北立面

带有钢和聚碳酸酯屋顶衬砌，车站给人一种整体的"轻盈感"。与附近的混凝土和砖砌结构相比，它在城市文脉中显得低调却现代。

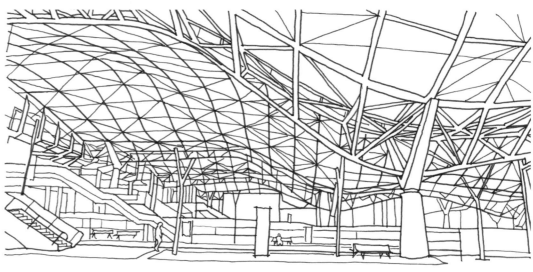

车站的内部元素创造出大厅般的氛围，朝向各个方向的视野都不受阻碍，方便旅客找到方向。车站屋顶和结构令人惊叹，呼应了火车和车轨的原始工程本质。

结构完整性

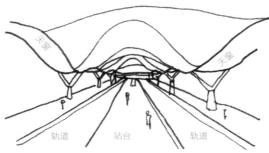

天窗 天窗

轨道 站台 轨道

从南大厅望过去，可以看到屋顶结构与站台的对齐方式。天窗部分用料灵活，使得钢屋顶能够扩展，并且能够根据气温进行变化。

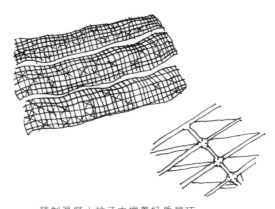

预制混凝土柱子支撑着轻质屋顶棚。车站在建设期间仍然正常运营。屋顶模块被预先制成，然后在非高峰期抬升到位。

运动

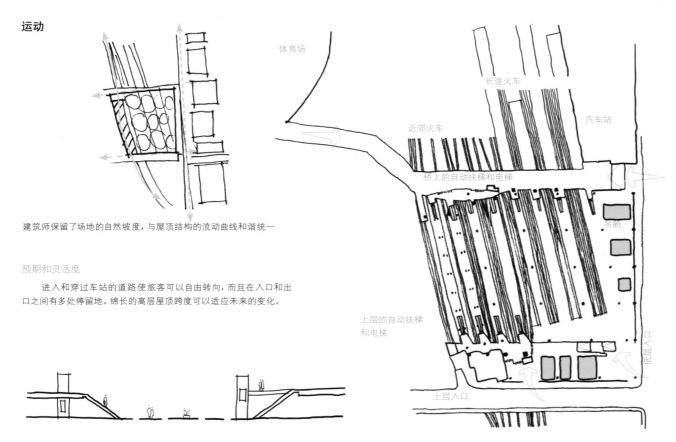

建筑师保留了场地的自然坡度，与屋顶结构的流动曲线和谐统一

预期和灵活度

进入和穿过车站的道路使旅客可以自由转向，而且在入口和出口之间有多处停留地。绵长的高层屋顶跨度可以适应未来的变化。

长途火车
近郊火车
汽车站
桥上的自动扶梯和电梯
体育场
吊舱
上层的自动扶梯和电梯
上层入口

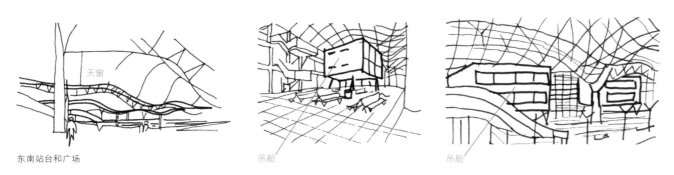

建筑形式和平面在垂直和水平方向都给出了流通方向提示

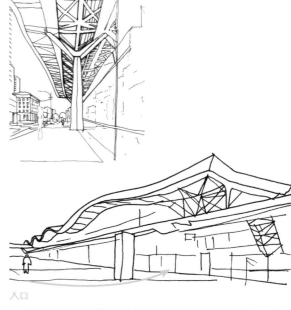

入口

巨大的顶棚结构模糊了内部和外部的界限，强调了车站入口的重要地位。

天窗

东南站台和广场

吊舱

吊舱

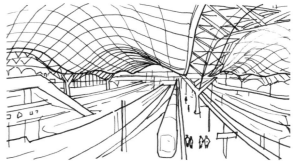

内部空间里安装着特色鲜明的吊舱，这些吊舱容易被移动，其中设置了零售商店、办公室和其他公共设施。这些自由飘浮的吊舱让内部空间充满活力，同时也没有破坏空间的统一性。

气候/通风

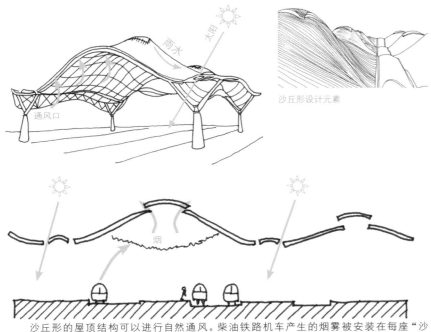

沙丘形设计元素

沙丘形的屋顶结构可以进行自然通风。柴油铁路机车产生的烟雾被安装在每座"沙丘"最高点的通风口从站台抽取到上方。

持续性

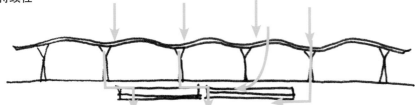

建筑师将持续性作为主要设计关注点。大型屋顶可以收集雨水，流向屋顶排水沟，然后进入两个地下水槽。车站实现了50%的用水自供给。

借助屋顶和结构的被动系统，最大限度地减少了对通风和照明的机械和电力系统的依赖。

建筑可以被调整，以适应未来扩展，寿命超过100年。

光线

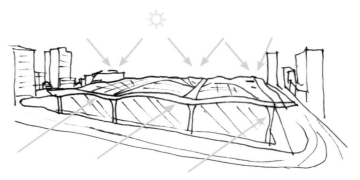

车站的所有立面都安装了玻璃，为内部空间提供了光线和视野

设计统一性

所有的内部元素和整体都是相互联系的。屋顶的流动曲线配合了站台的布局，实现了视觉元素的对比。站台的布局考虑到了附近去往南方的大巴终点站的需要。便利的入口方便州际旅客进行换乘。城市通勤者也可以很快地在此分散。

岐阜县市政殡仪馆 ｜ 2004—2006
伊东丰雄建筑设计事务所
日本，岐阜，各务原市

43

　　岐阜县市政殡仪馆（冥想的森林）是表现主义建筑的当代作品。有机形态的白色粉刷屋顶与下方火葬场巨大的体块形成生动的呼应。屋顶结构的曲线模仿了周围地形，并且构成山与湖之间的连接。在建筑的公共空间中，可以欣赏到周围动人的景色全貌。参观者可以登上屋顶，从景观直接走到建筑中。

　　岐阜县市政殡仪馆是模糊了二元对立的界限的建筑实例，比如外部和内部、自然和人工。

塞伦·莫可 (Selen Morko)、赵坤 (Kun Zhao) 和西蒙·费舍尔 (Simon Fisher)

基本元素

地形

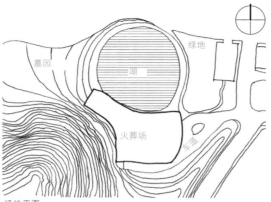

场地平面

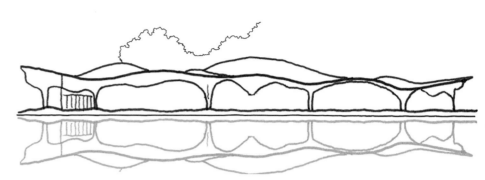

岐阜县市政殡仪馆被修建在山坡上，可以俯瞰山谷。一条高速公路隧道穿过山体。

一座巨大的墓园位于山脚下的公园中，而殡仪馆是其中的一部分。南部植被茂密，北部是一片湖。周围区域主要用于居住。在这片敏感区域中，火葬场的选址和设计力求把自身的存在感降到最低。

建筑俯瞰北面的湖水。巨大的屋顶好像是从背后的高山延伸而来，形成山与湖之间的联系。建筑师刻意降低了这座建筑对周围灌木丛的影响。

建筑设计受到了自然的启发。它并不是一座传统的巨大火葬场。它的尺度适中，由两个元素构成：屋顶以及隐藏在这个主导性的屋顶结构下方的功能空间。屋顶的白色表面营造出安详的氛围。

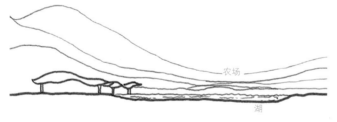

场地的立面表现出与自然的和谐。在形式和尺度方面，建筑都考虑到了周围景观

屋顶类比

在日本，白鹭象征着纯净的生命。伊东丰雄试图将火葬场定义为对生命的净化，而不是死亡。被粉刷成白色的屋顶结构受到白鹭的曲线的启发，象征着净化与平静。

人们可以从山坡走到屋顶，向逝者告别。虽然屋顶延续了山顶的形态，但是颜色和质地完全不同。

景色

等候室和整个大堂面向绿地和湖泊，是宁静的冥想空间。

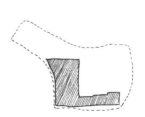

私密空间

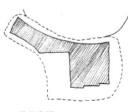

公共空间

建筑局部有两层，用钢筋混凝土建造。从侧面看，自由形态的屋顶有所偏移，被直线形墙体的水平线条和垂直线条强调

公共空间面向湖泊，而更加私密的空间面向山坡

与场地的呼应

屋顶的曲线融入景色当中，与周围山水的轮廓和谐一致。人们可以感受到建筑内部、外部与场地的联系。

建筑的东立面极其简单。由玻璃幕墙和两个入口构成

南立面有一个副入口。一半立面用混凝土建造，只允许部分日光进入。混凝土部分与山脚相连

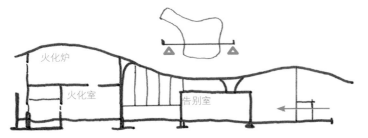

在屋顶之下，是形式追随功能的典型建筑。最高的空间用来安置火化炉

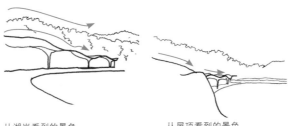

从湖岸看到的景色　　　从屋顶看到的景色

大部分西立面在较低矮的山坡处。墙壁没有镶嵌玻璃。但是朝北的部分弯曲玻璃幕墙突出到西立面，形成其他立面的延续

参观者路线

逝者路线

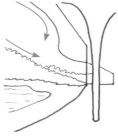

从大堂看到的景色　　　与湖泊的关系

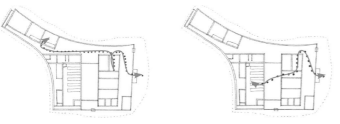
流通

路线遵循了日本火葬的流程。家属跟随逝者从主入口入内，在告别室完成仪式后，家属在等候室等待逝者火化，然后从取骨灰室拿到骨灰。

入口大厅

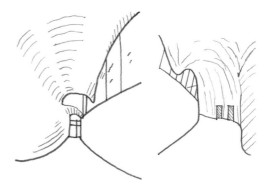

长走廊中弯曲的高层玻璃幕墙把双曲线天花板与单曲线墙壁分隔开来，在视觉上使空间更丰富

界限

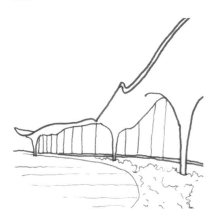

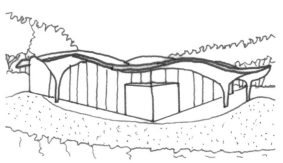

通过用料变化表明不同空间的界限。界限既连接又分隔了各个空间

火化室之外的大厅带来庄严肃穆的仪式效果

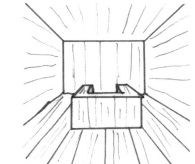

小尺度取骨灰室采用了木材和大理石建造表面，为进入房间取骨灰的亲属带来私密感。

极简主义的玻璃边界将形状柔和、轻巧的内部空间与外部的湖光山色相连，消除了所有视觉障碍

殡仪馆中共有三个等候室。出于对不同火化习俗的尊重，其中一间是传统日式风格，其余两间是现代风格。等候室面朝池塘和绿树，可以看到湖水，将宁静的景色带入室内，给人以慰藉。

公共空间主要使用了大理石和混凝土。在火化室外面的大厅，大理石地板和墙壁与对面的弯曲墙壁形成对比。玻璃和木材是混凝土和大理石之间的过渡材料。

与环境的呼应

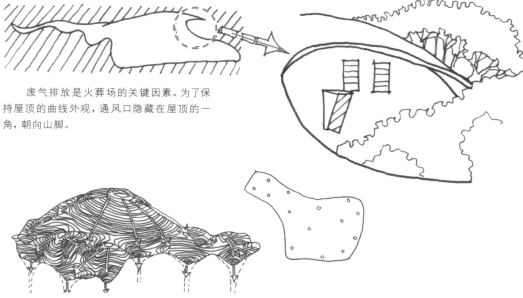

废气排放是火葬场的关键因素。为了保持屋顶的曲线外观，通风口隐藏在屋顶的一角，朝向山脚。

弯曲的屋顶是用200毫米厚的钢筋混凝土建造的。由于屋顶悬臂越过了建筑的玻璃立面，因此看起来像是浮在锥形柱子顶部。屋顶是在现场浇注并打底的。

屋顶的排水方式与周围的山体一样。四个结构核心与11根柱子位于屋顶下方。柱子的形状像是展开的倒圆锥形融入天花板中。

打底混凝土

鹅卵石

粗糙的堆砌石

玻璃

大理石

玻璃

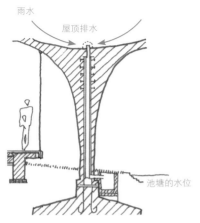

圆锥形柱子中嵌入了雨水收集管

光线的运用

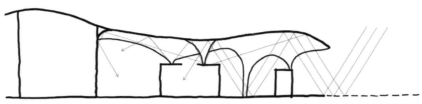

　　自然光为主要门厅和其他巨大的公共空间带来了生气。主要光源是直射阳光和从湖面反射的光线。光线从北侧幕墙进入，并且被大理石地面和弯曲天花板的白色粉刷表皮反射。光线在建筑内跳跃，渗透到公共空间深处，并且以非直接的反射光形式进入更加私密的空间。

非直射阳光柔和地照亮了弯曲的天花板，朝各个方向
漫射，给室内带来一种微妙的视觉流动感

　　告别室中没有窗户。大门关闭后，屋顶天窗和天花板及墙壁缝隙间的人工照明创造出与外部大厅截然不同的氛围。从天花板而来的柔光仿佛是黑暗房间中的光晕，贴合了空间的精神功能。

　　总体上，殡仪馆实现了功能运转、精神用途和风景之间的响应式结合。对于悲伤的访客来说，它带来了与周围世俗活动的敏感的隔绝，并创造了群体和个人体验的宁静环境。

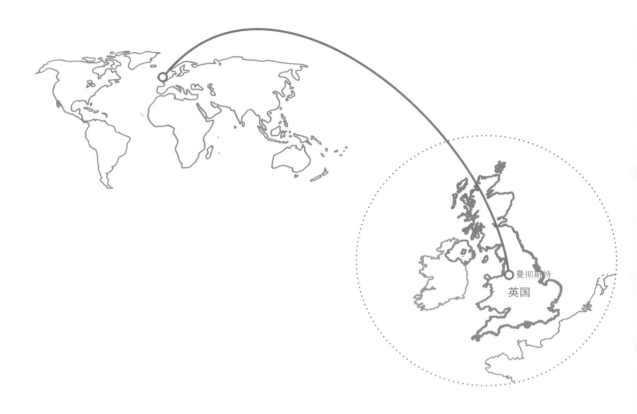

民事司法中心 | 2001—2007
登顿·科克·马歇尔
英国，曼彻斯特

19世纪，曼彻斯特发展为一座纺织工业城市和主要商业中心。2001—2002年，该市举行了民事司法中心国际设计竞赛，获胜者是来自澳大利亚墨尔本的登顿·科克·马歇尔。民事司法中心于2007年建设完成。

建筑的规划清晰，有独立的公共和专业侧面，其流通路线在法庭中汇聚。另外，建筑的环境特色（双层玻璃幕墙、遮板墙、采光架和自然通风设备）与干脆利落但是表现力丰富的建筑语言的结合方式也可以被树为典范。

山姆·洛克 (Sam Lock) 和安东尼·拉德福德 (Antony Radford)

与场地的呼应

斯班尼菲尔兹是一个法律区域附近的金融和商业区，位于曼彻斯特中心城区的西部边缘。民事司法中心的场地原来是一个多层停车场，靠近原有法庭建筑。大部分区域在2000年之后被重新开发。民事司法中心的外层包裹着玻璃和铝合金粉末喷涂涂层，也是附近新办公楼的常用手法。它的高度和体块在区域中毫不突兀。

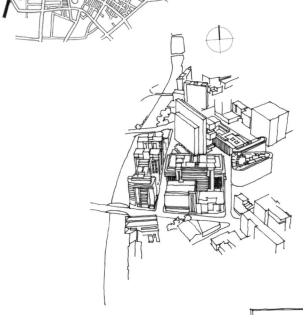

建筑靠近艾尔韦尔河上的一座桥，标志着城市入口。其特色鲜明的体块非常显眼。

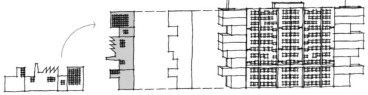

突出的楼层像是文件柜里拉出的抽屉，使其端立面远比大部分建筑的立面更有特色——与其说是建筑的墙体，不如说是曼彻斯特的一道屋顶风景。

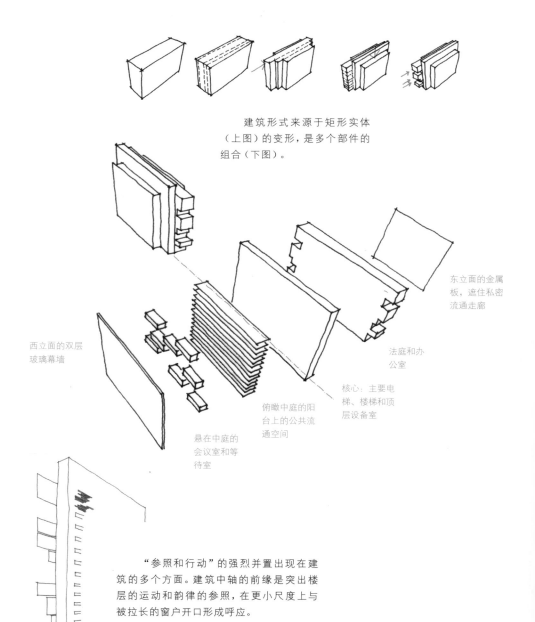

建筑形式来源于矩形实体（上图）的变形，是多个部件的组合（下图）。

东立面的金属板，遮住私密流通走廊

西立面的双层玻璃幕墙

法庭和办公室

核心：主要电梯、楼梯和顶层设备室

悬在中庭的会议室和等待室

俯瞰中庭的阳台上的公共流通空间

"参照和行动"的强烈并置出现在建筑的多个方面。建筑中轴的前缘是突出楼层的运动和韵律的参照，在更小尺度上与被拉长的窗户开口形成呼应。

一般来说，法院建筑通过对称性和尺度来彰显庄重、权威和秩序，入口宏伟且令人感到疏远。民事司法中心的设计同样让人感到秩序和庄重，但是避免了令人压抑的权威感。司法体系被定位成公民社会的一部分。

美国最高法院，卡斯·吉尔伯特，美国，华盛顿特区（1935）

皇家司法院，乔治·埃德蒙·斯特里特，英国，伦敦（1882）

联邦最高法院，奥斯卡·尼迈耶，巴西，巴西利亚（1958）

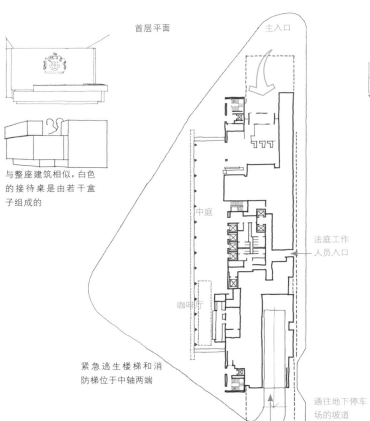

首层平面

主入口

与整座建筑相似，白色的接待桌是由若干盒子组成的

中庭

法庭工作人员入口

咖啡厅

紧急逃生楼梯和消防梯位于中轴两端

通往地下停车场的坡道

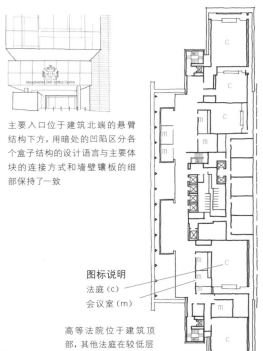

典型上部楼层平面

主要入口位于建筑北端的悬臂结构下方。用暗处的凹陷区分各个盒子结构的设计语言与主要体块的连接方式和墙壁镶板的细部保持了一致

图标说明

法庭（c）

会议室（m）

高等法院位于建筑顶部，其他法庭在较低层

灵活性

通过侧面或纵向布局，或者在建筑端部借助悬臂将条状结构延长，使得平面能够容纳面积不同的多个法庭。

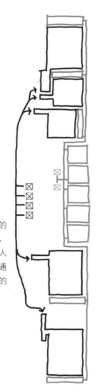

普通公众从建筑的公共面进入法庭，而法官可以从个人办公室通过独立通道到达法庭前方的高台上

环境呼应

建筑的结构轻盈，通风良好，公共空间宽敞。

司法中心的高度考虑到当地的气候状况——为了实现完全自然通风，将宽度最大化到15~18米。全年中自然通风时间达八个月，其余时间利用人工降温系统。

两个钻孔深入到地下约75米的含水层。12℃的地下水被水泵输送到地表，在嵌入中庭地板中的水管流动，直接为中庭降温。它还能够预先冷却进入制冷设备的空气，提高制冷效率。使用之后，这些水通过钻孔回到含水层，温度升高到14℃。

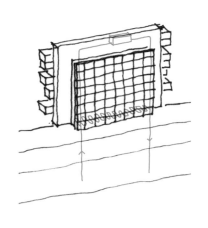

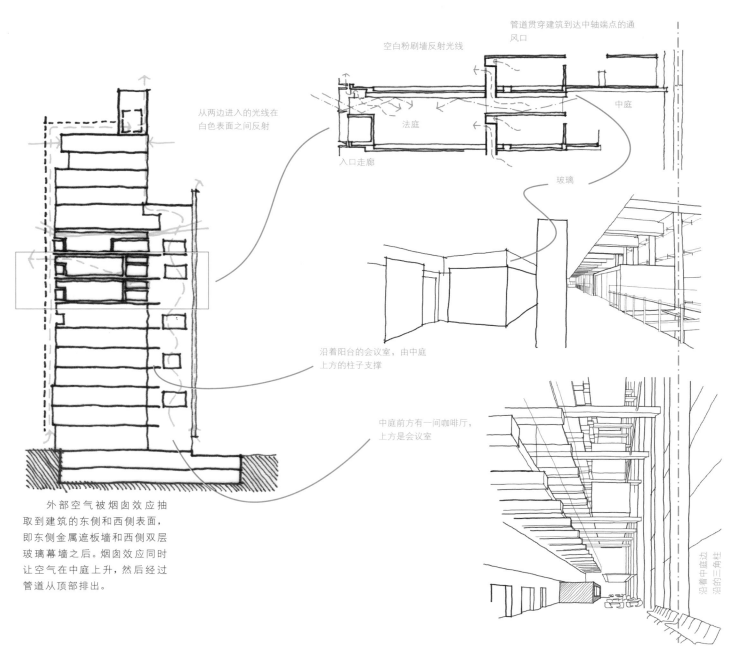

管道贯穿建筑到达中轴端点的通风口

空白粉刷墙反射光线

从两边进入的光线在白色表面之间反射

中庭

法庭

入口走廊

玻璃

沿着阳台的会议室，由中庭上方的柱子支撑

中庭前方有一间咖啡厅，上方是会议室

外部空气被烟囱效应抽取到建筑的东侧和西侧表面，即东侧金属遮板墙和西侧双层玻璃幕墙之后。烟囱效应同时让空气在中庭上升，然后经过管道从顶部排出。

沿着中庭边沿的三角柱

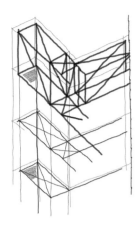

西立面

与层高相等的玻璃片构成的双层玻璃幕墙悬挂在钢桁架上。

每隔一层设有一个入口走道

双层幕墙底部的可调节玻璃百叶允许空气流通，降低了热增量

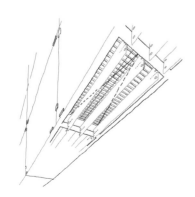

北立面和南立面

在突出到端面之外的楼层中，建筑师用第二层玻璃覆盖住楼板、屋顶和房间高度，因此悬在外部的房间看起来更高，而且楼板和屋顶似乎薄得不可思议。

东立面

不同的铝合金粉末喷涂涂层镶板通过钢架悬挂在建筑的实际边缘之外。镶板的排列是半随机形式，将房间和走廊可以看到的景色考虑在内。

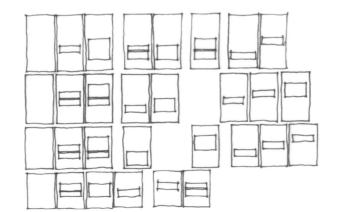

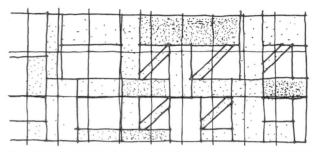

悬臂式楼板用对角线撑木支持，从内部和外部都可以看到。内层采用了黄色和灰色铝合金粉末喷涂涂层镶板，呈现出细腻的色调变化

用于审理重要案件的"超级法庭"面积巨大，位于顶层。内饰面使用了橡木，给人以传统和永恒之感

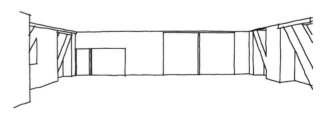

餐厅也突出在外，可以欣赏到曼彻斯特北部的美景

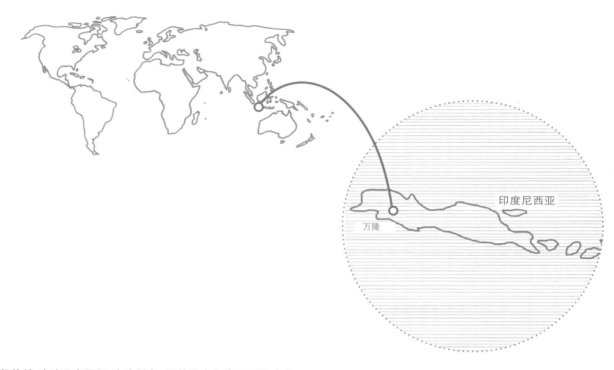

印度尼西亚

万隆

绿色学校 | 2005—2007
PT Bambu建筑事务所
印度尼西亚，巴厘岛，万隆

45

　　绿色学校由环保人士兼设计师约翰·哈迪及辛西娅·哈迪创办，目的是在印度尼西亚建立一所教育机构，帮助培养未来的环保领袖，其意义是非常深远的。使用者和设计师之间的界限在这座建筑中被模糊化，与设计密切相关的是学校的教育意义。无论是对建筑材料的选取还是对当地技术的运用，建筑师的设计理念始终秉承了对自然和文化持续性的关注。该项目证明了参与各方之间的响应式结合的重要性。

　　建造绿色学校的材料是产自当地的竹子，并且对传统工艺进行了创新性的运用。设计的实验性为将来提供了令人欣喜的范例。

阿米特·斯里瓦斯塔瓦 (Amit Srivastava)、玛丽亚姆·阿法德尔 (Maryam Alfadhel) 和西蒂·萨拉·拉姆利 (Siti Sarah Ramli)

与当地文脉的呼应

　　绿色学校绝不是僵化的建筑综合体，而是在多个结构之间以及结构与周围文脉之间存在对话的一个集合。通过共有的哲学理念，各个不同的建筑被紧密结合成一个整体：要建造一家以当地文化价值及对自然的尊重为基础，同时使之强化的教育机构。

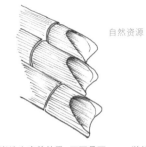

自然资源

采用了当地生产的竹子，而不是不
可持续性材料

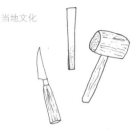

当地文化

教育机构

学校有利于将思想价值制度化并进行
传播

使用了当地的工艺和工具，而不是
工业化材料

　　综合体的设计宗旨是实现与当地文化和自然环境的呼应。为了发展与自然生态的可持续关系，使用了竹子等产自当地的各种建材，而舍弃了进口木材。建筑师不仅应用了当地材料，而且还借鉴了不依赖重机械的简单的当地建造工艺。遵循巴厘岛传统，这些结构在当地建筑师的指导下由社区开发。与当地建筑传统的关系同时也给结构的整体形式和聚集指明了方向，即慢慢地集合成一个类似村庄"班贾尔"的建筑群。学生们可以体会到建筑与自然和文化的结合，与学校的教育原则产生直接共鸣。

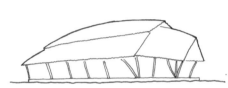

类似棚屋的结构重现了传统巴厘
岛村落的建筑风格

周围土地被用来种植
当地农产品，同时为
学生提供实践学习
机会

开放的土地

未开发绿地——丛林

阿勇河

学校的心脏

各种不同的建筑以有机形式被集中在
一起，类似名为"班贾尔"的建筑群

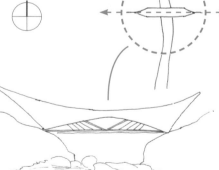

一座桥连接起学校和更大的当地社
区，为未来扩展带来了潜力

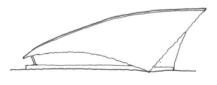

工艺与教学法的结合

学校的设计体现了支持可持续性理念的教育原则与基于文化可持续实践的建造过程之间的呼应关系。因此，整座学校成为推广用竹子工艺作为替代工业化建筑材料和过程的可持续方式的实验室。

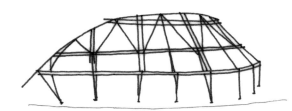

学校中几乎所有的元素，包括结构框架、家具和其他固定装置等，都是用竹子制作的，可以清楚地看到竹子材料。学生们把生态学作为一个更宽泛的概念来学习，同时也要制作自己的竹子结构，延续这种实验精神。

甚至家具都是用竹子制作的

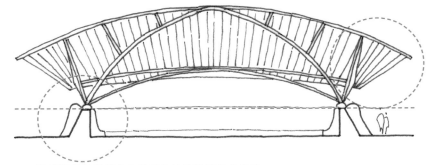

这些结构被设想为上半部分竹子结构的柔韧性和跨度大的特质与接触地面的下半部分的石头和泥土等稳定材料之间的局部互动。一些内部填充的钢和混凝土材料提高了抗风性能。

简单的材料往往用来建造临时建筑，但是绿色学校采用了当地建筑的创新技术将简单材料转化成多种多样的复杂结构。外露的巨大竹子结构部件被连接到更轻的竹子体系，并用有机材料覆盖。然后通过手工将所有这些材料绑缚在一起，令人联想到传统的编织工艺。

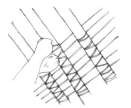

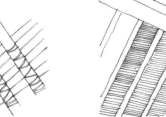

表面看来似乎复杂的屋顶形式实际上是由覆盖着当地白茅草的直线线条发展而来的

结构的形式特点与竹子的天然特性形成呼应，自然弯曲的材料构成了各种有机形状

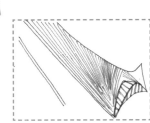

从屋顶形状的弯曲度可以看出竹子的柔韧性

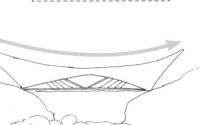

这座桥具有双曲线抛物面轮廓

与热带气候的呼应

考虑到当地的热带气候，建筑师设计了很多特色功能，实现了室内的被动降温，减少了对机械或电力系统的依赖。大部分结构没有墙壁，空气可以自由流动。半分离的天窗有助于生成向上的气流，进一步加强了空气对流。

屋顶的突出部分十分巨大，有效地抵御了热带的烈日，周围的阴凉同时也减少了地面产生的热增量。

"学校心脏"的用白茅草覆盖的螺旋形屋顶吸引空气形成向上的气流

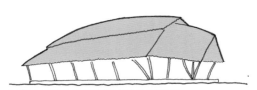

白茅草屋顶的热质量有利于保持室内的凉爽

绿色学校中最大的结构——学校的心脏，是围绕着位于中心位置的用一簇竹子构成的支撑结构建造的。中心竹子支撑着顶部半分离的天窗，结构的其余部分向外倾斜，形成了一个开放却有遮阴的空间。

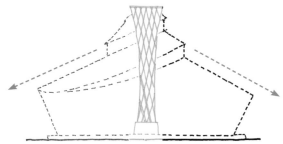

结构以位于中心位置的支撑着半分离天窗的支柱为起点向外辐射

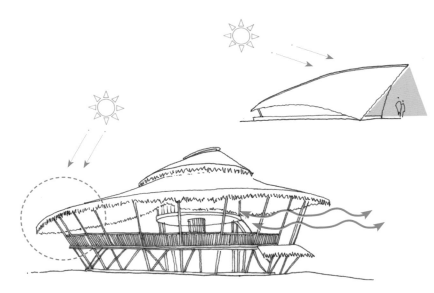

屋顶的巨大突出部分

在酷热的热带阳光中，向外倾斜的支柱和巨大的突出部分带来了大片阴凉儿

屋顶的巨大突出部分

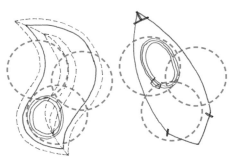

多功能的开放平面建筑为正式、非正式和私密空间布局创造了可能

绿色学校为学生提供从幼儿园到高中的教育，建筑的开放性和灵活性主题也扩展到了相应的设计程式需要。不设墙壁为发展多种空间条件创造可能，每个结构都有可能被用于正式的教室活动、非正式的创造性思维聚会空间和私密的社交活动空间。轻便的竹子家具便于移动，符合灵活布局的理念。同时，可以移动的存储单位被用作屏风。白茅草屋顶的声响特性有利于教学活动的进行。学校的供给和各种设施也是可持续性的，使用的是天然燃料、堆肥和回收再利用品。

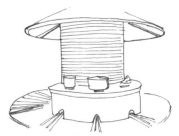

公共厨房使用的燃料是竹子屑和稻米壳

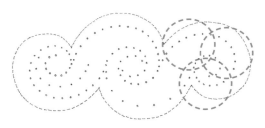

"学校心脏"是最大的结构，满足多种程序需要，可用作教学设施、图书馆、展览区和办公室

除了设计程序的一般开放性和灵活性，学校中还有用于练习Mepantigan（译者注：一种巴厘岛特色武术）的健身场馆，采用大跨度竹子屋顶，适宜这种巴厘岛特色武术的训练。场馆的土墙形状可以提供座椅，把健身馆变成了公共剧场。

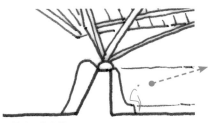

土墙被用作座椅

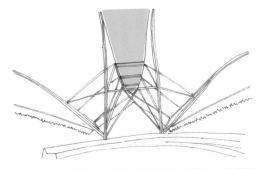

Mepantigan场馆的大跨度以及外露竹子屋顶构成了一座面积巨大的竞技场

与自然光线／景色的呼应

所有结构的设计都充分利用了自然光线。配置了巨大的中心天窗的竹子结构系统使得充沛的阳光能够进入室内深处。天窗以及无外墙设计令白天的活动可以完全不依靠人工照明。

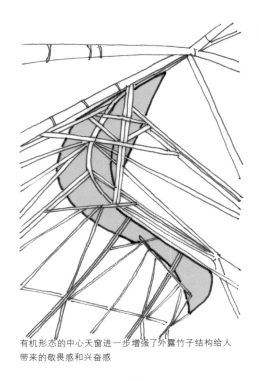

有机形态的中心天窗进一步增强了外露竹子结构给人带来的敬畏感和兴奋感

外墙的缺失同时使得室外景色完全展现在人们面前。在学校倡导的教育原则下，这种与自然界毫无障碍的视觉联系强化了启发和教育学生接受可持续的生活方式这一教学目的。内部和外部的界限被模糊化，创造出了建筑与自然景色之间的呼应关系。

天窗窗棂的复杂图案与纵横交错的竹子编织柱子相互融合

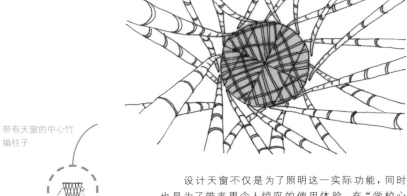

带有天窗的中心竹编柱子

设计天窗不仅是为了照明这一实际功能，同时也是为了带来更令人惊叹的使用体验。在"学校心脏"，中心圆形天窗浮在高达19米的竹编支柱结构上方。纵横交错的竹编线条延伸成天窗窗棂的复杂图案，令人着迷。随着太阳在天空中的移动，精美的窗格图案在地面投下阴影，为这座竹子建造的万神庙增添了神秘色彩。

视野

外墙的缺失带来了毫无障碍的视野，人们可以充分欣赏到外部景色

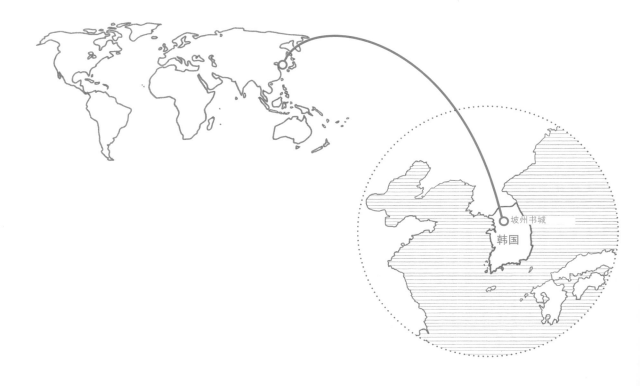

拟态博物馆 | *2007—2009*
阿尔瓦罗·西扎、卡斯唐西里亚和
巴斯太建筑设计事务所、金俊成
韩国，坡州书城

46

葡萄牙建筑师阿尔瓦罗·西扎受委托为距离韩国首尔约30千米的坡州书城设计一座美术馆及档案馆。与他合作的是卡洛斯·卡斯唐西里亚和金俊成。

拟态博物馆是对现代主义理想的情境化解释。充满趣味的弯曲的庭院被混凝土墙包围。开窗很少，大部分光线来自屋顶天窗。

博物馆共三层，供给体系被集合到地下室。首层用来接待访客并举行临时展览，上方夹层设有自助餐厅和员工区。二层是主要展览区。

伊诺克·刘·康·袁 (Enoch Liew Kang Yuen)、万·伊法·万·阿哈默德·尼扎尔 (Wan Iffah Wan Ahmad Nizar) 和塞伦·莫可 (Selen Morko)

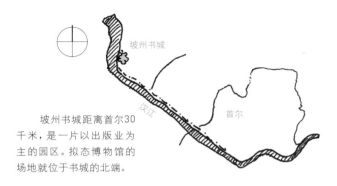

坡州书城距离首尔30千米，是一片以出版业为主的园区。拟态博物馆的场地就位于书城的北端。

形式产生（内部）

减少和增加体量的理念，同时体现在建筑的外部和内部设计中，创造了内外和谐的统一设计语言。

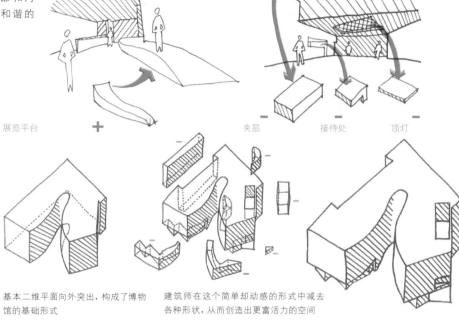

展览平台　　+　　　　　　　　　　夹层　　接待处　　顶灯

形式产生（外部）

设计的第一步是模拟附近曲折的小溪的一笔曲线

然后添加与曲线相对的直线，补足了首层平面

首层平面设计中体现了减少和增加体量的理念

基本二维平面向外突出，构成了博物馆的基础形式

建筑师在这个简单却动感的形式中减去各种形状，从而创造出更富活力的空间

元素的抽象

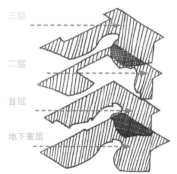 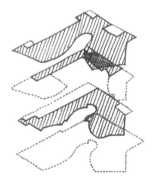 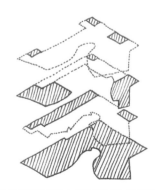 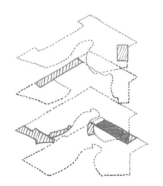  

楼面板形状多变，出人意料，与外部形式并不相同

公众可以进入的区域大部分位于首层和三层，因此参观者必须要游览整座建筑

供给区和限制进入区位于边缘，实现了建筑核心部分的灵活性

各种庭院空间不时地出现在每层楼面，给人带来惊喜

曲线元素相对简单，并且被限制在建筑的一端

直线元素更加复杂，创造出各种可用的空间片段

与自然的呼应

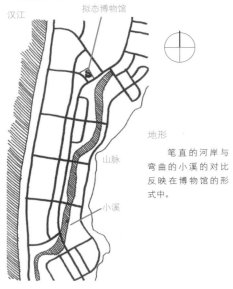

汉江

拟态博物馆

山脉

小溪

地形

笔直的河岸与弯曲的小溪的对比反映在博物馆的形式中。

气候

坡州书城全年大部分时间气候湿润。主入口外的区域和咖啡厅有遮雨设施，为人们带来舒适的过渡空间。

与场地的关系

场地已经为适宜耕作进行了大幅改造。因此，博物馆没有与人造围绕物相连，而是创造出了自身的人工环境，并且开口有限。

主入口

有遮盖的

咖啡厅

景观

在韩国文化、历史和景观中，樱桃树具有重要意义。这里选择了用樱桃树框起建筑和场地。

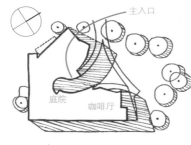

主入口

庭院　　咖啡厅

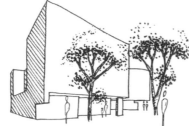

单调的灰色混凝土外墙因为樱桃树的存在变得柔和。随着季节的流转，樱桃树有荣有枯，呈现出不同的颜色

开口（窗户/门）

光线

阿尔瓦罗·西扎善于使用光线创造有趣的空间。在这座博物馆中，光线是雕塑以及功能元素。

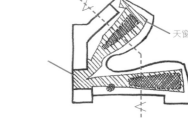

天窗

吊顶

自然光透过吊顶的边缘进入室内

吊顶

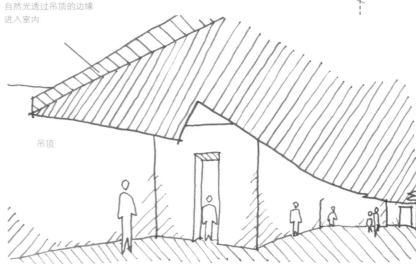

透过立面上的窗户进入室内的光线依赖于一天中阳光的不同角度，但是通过天窗采光是全天都能实现的

使用反射光可以防止展品被直射阳光损坏

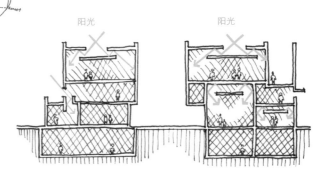

阳光　　　　　　　　阳光

与人造物的呼应

分区

博物馆位于出版园区，远离嘉裕高速公路的噪声污染，允许庭院和咖啡厅朝西面开放。

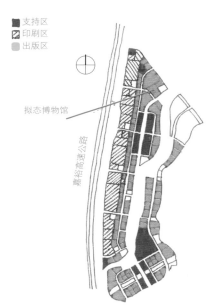

■ 支持区
▨ 印刷区
● 出版区

材料

用于拟态博物馆的现代建材也曾出现在西扎的很多其他作品中，但是仍然能从这座博物馆中找到传统韩国建筑的影子。

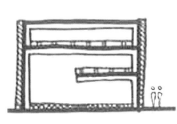

▨ 混凝土 　□ 白色石膏
▥ 木材 　▮ 白色大理石

内向性

建筑的内部和外部是相互分离的，鼓励参观者将自己沉浸在建筑内部。

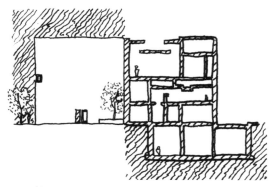

建筑的外部不加装饰，没有看点，而内部却复杂有趣，每一次转弯都能带来惊喜

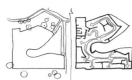

建筑的外部非常简单，毫无悬念，内部却让人惊喜连连

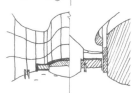

窗户将首层与庭院相连。从外部看起来，窗户似乎就是开在几乎空白立面上的小口。从内部看起来，窗户显得更大

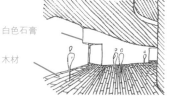

白色石膏

木材

纸 　木材

木材被广泛用于传统韩国建筑。虽然石膏是现代材料，但是颜色与质地类似纸，与木材形成对比

直接文脉

庭院和咖啡厅朝西面开放，远离公路和毗邻场地边缘的其他建筑。

天花板上增加和减少的平面帮助参观者找到方向，并且与弯曲的墙壁形成对比。

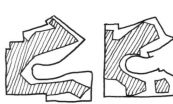

墙面向前突出或向后缩进，标示出公共区域和私密区域之间的界限

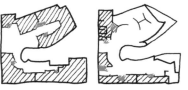

▨ 私密空间 　■ 进入墙面

其他建筑

小溪和湿地

庭院和咖啡厅

嘉裕高速公路还同时像是一道高出的路堤，可以抵御洪水。虽然视野不是博物馆的关注点，但是仍然开了一扇窗户，可以远眺高起的路堤。

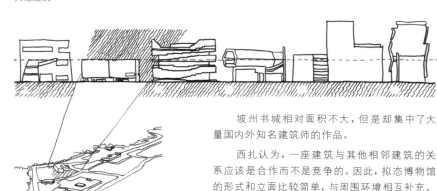

坡州书城相对面积不大，但是却集中了大量国内外知名建筑师的作品。

西扎认为，一座建筑与其他相邻建筑的关系应该是合作而不是竞争的。因此，拟态博物馆的形式和立面比较简单，与周围环境相互补充。

尺度

坡州书城中的大部分公共建筑和商业建筑有三层或四层，还有一些两层建筑。尽管拟态博物馆的混凝土外墙看起来雄伟，但是尺度并不大。混凝土墙的接缝线将体块打破，而且首层上有足够数量人体尺度的窗和门。

东立面

部分首层向内凹进，不仅减小了体块，而且更符合人体尺度。

北立面

西立面

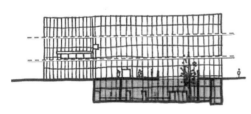

南立面

档案室和储存设施位于地下，从而减少了地面的可见楼层。地下室层延伸到南立面之外，有一座小面积开放庭院。

与设计程式的呼应

拟态博物馆就像一个大盒子，天花板高挑，开口和分隔墙数量有限。引导参观者沉浸在展览层。

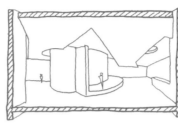

储存和服务

储存空间和服务楼梯、电梯位于每一层的角落，便于从服务通道进入。

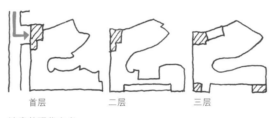

首层　　　二层　　　三层

诗意的现代主义

西扎的作品常常被形容成"诗意的现代主义"，虽然具备了现代主义特点，但是仍然充分考虑环境因素，受到路易斯·巴拉干等建筑师的影响。现代主义的简化形式和平面非常适宜用作大面积的展览空间，但是也能够轻易地被分隔墙划分成更小的可用空间。

小型展览空间　　小型被分隔的办公室　　大型展览空间

粗面清水混凝土外墙与用作展品背景的内部纯白石膏墙形成对比。

博物馆中角度最大的曲线是最有活力的空间的界限，参观者从主入口进入后，这条曲线无法被看到。

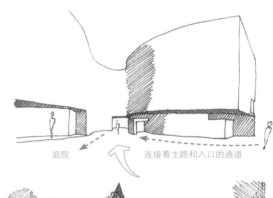

庭院　　　　　　连接着主路和入口的通道

在建筑内部可以看到这条曲线。虽然窗户很少，但是独特的曲线使得参观者能够在内部找到方向

庭院空间和时间感

每层楼都有开放空间，使参观者在窗户较少的室内也不会失去时间感。但是由于从庭院无法看到周围，因此它们强调的是与博物馆的隔离。各个庭院框起的天空形状都不相同（借助有限的开口），它们抓住并反映了帆布一样的白墙和地面上的时间的本质。

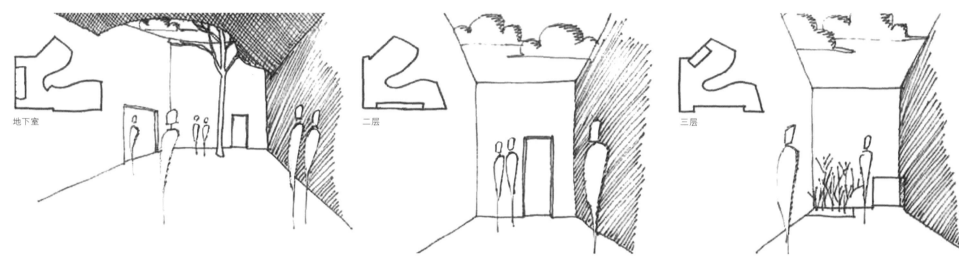

地下室　　　　　　　　　　　　　　　　　二层　　　　　　　　　　　　　　　　　三层

连接空间

连接首层和二层以及二层和三层之间的主要楼梯是相互分离的，因此参观者必须要穿过二层。同时，也设有电梯和封闭式楼梯。

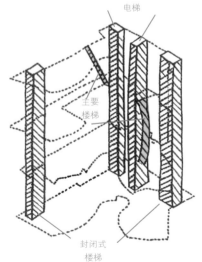

电梯

主要
楼梯

封闭式
楼梯

创造期待

虽然展览空间面积不大，但是由于墙的位置巧妙，还有不同楼层的弯曲平面和展览空间，这些都鼓励参观者不断探索。

二层上的巨大空白创造了与首层的视觉联系

有趣的节点

首层

二层

三层

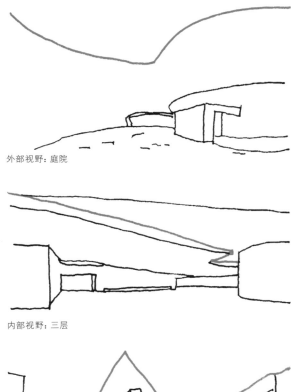

外部视野：庭院

内部视野：三层

内部视野：三层

不连贯的线条

    内部空间中锯齿状的线条与构成庭院的主要曲线形成对比。

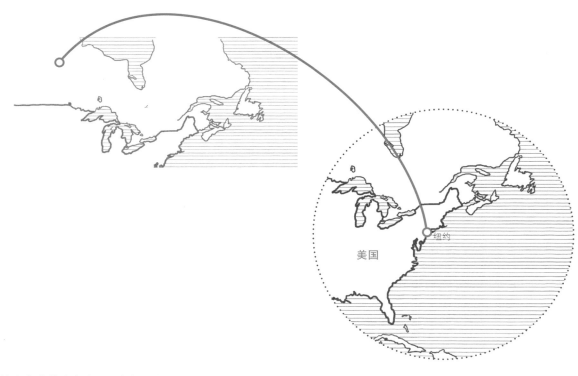

美国

纽约

茱莉亚学院和爱丽丝·塔利音乐厅 | 2003—2009
迪勒·斯科菲迪奥+兰弗洛建筑
事务所和FXFOWLE建筑事务所
美国，纽约

茱莉亚学院的扩建部分属于纽约林肯表演艺术中心，设计者是迪勒·斯科菲迪奥+兰弗洛建筑事务所，原建筑由彼得罗·贝卢斯基设计，并于20世纪60年代完工。扩建部分以原有立面中的一些元素为起点，借此实现了与原建筑的呼应。同时，还混合了与街道文脉的动态呼应，创造出与其所在的城市文脉十分协调的整体形式，并且成为公共领域和原建筑的学院设施之间的媒介。

通过对视线和透明度的精心设计，建筑师把这所表演艺术学校变成了一座城市看台，模糊了私密和公共、现实与戏剧之间的界限。

威廉姆·罗杰斯 (William Rogers)、马克·詹姆斯·伯奇 (Mark James Birch) 和阿米特·斯里瓦斯塔瓦 (Amit Srivastava)

与城市文脉的呼应

20世纪50年代，贫民窟被清拆后，建造了用于艺术表演的林肯中心。若干表演艺术学院组成了新的街区，有意打造成曼哈顿上西区的文化中心。多年以来，这片街区在周边高层建筑群中始终保持着自己的特色。

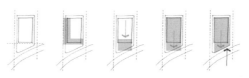

扩建部分被设计成原建筑与百老汇之间的响应性对话。原有遮盖物被移除，增大的内部体量在与百老汇斜向轴线的呼应中起到中介作用，生成了最终形式，与街道文脉之间形成了动态的响应。

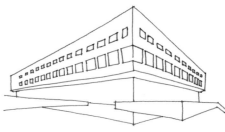

原有建筑被保留下来，朝向百老汇的未被充分利用的户外空间被组合在内，产生了新的功能

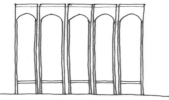

华莱士·哈里森设计的大都会歌剧院（1966）

埃罗·沙里宁设计的薇薇安·比奥蒙特剧院（1965）

林肯中心翻新工程

茱莉亚学院的扩建和开发属于林肯中心翻新工程的一部分。翻新工程的目的是（a）将中心开放，（b）统一中心内部，（c）使西65街成为公共轴线，（d）通过数字接口板推进互动性。

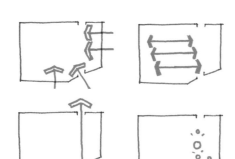

彼得罗·贝卢斯基设计的茱莉亚学院（1969）

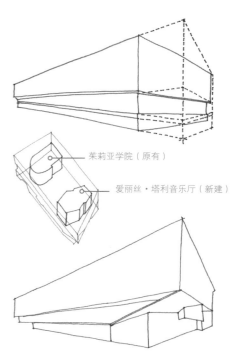

茱莉亚学院（原有）

爱丽丝·塔利音乐厅（新建）

新旧建筑的整合

新功能被整合到原有结构中，实现了新、旧建筑的统一整体。建筑朝向百老汇延伸，以便原有建筑和新功能更好地融入公共领域中。

菲利普·约翰逊设计的纽约州立剧院（1964）

麦克斯·阿布拉莫维兹设计的爱乐音乐厅（1962）

与原有建筑的结合

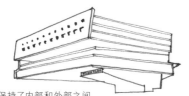

旧建筑的立面保持了内部和外部之间
的严格区分

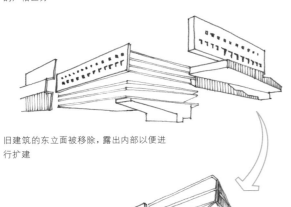

旧建筑的东立面被移除，露出内部以便进
行扩建

原有楼面板延伸到百老汇，抬高后能够更
好地适应公共领域活动

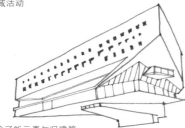

新的组合形式整合了新元素与旧建筑

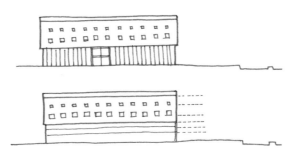

　　旧建筑的现代主义立面保持了内部和外部之间的严格
区分。因此，为了增强与周边文脉的联系，该立面被移除，从
而能够扩展内部空间。原楼面板朝百老汇延伸，但是被沿街
的公共领域打断。建筑师相应地抬升了新建筑外皮一端，创
造出与外部文脉的响应式动态关系。

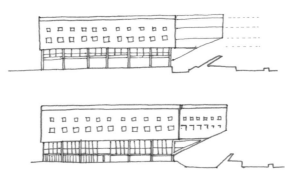

　　但是建筑师并没有舍弃被移除的立面，仍然用旧立面的
元素明确了新外皮的发展。原有东立面的图案和凹进在沿着
西65街的扩展段再次焕发了生机。新材料增补了这些元素，同
时与新的内部布局相互呼应。新需求与旧建筑的建筑语言的
整合有利于产生一个结合紧密的整体。

连续性和不连续性

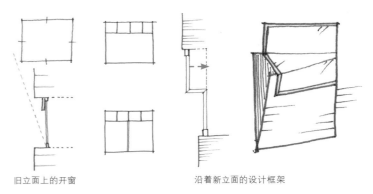

旧立面上的开窗　　　　　　沿着新立面的设计框架

　　旧建筑是由彼得罗·贝卢斯基在第二次世界大战后设计的，外立面上
有一系列重复的开窗嵌入到墙壁内，为必需的遮阳和固定细部做准备。新
立面的开窗不要求这一嵌入细节，而是要将其作为视觉语言的一部分，创
造出开口和框架的有趣组合。

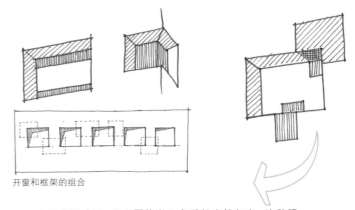

开窗和框架的组合

　　由于光影效果，旧立面的嵌入窗看起来较复杂。这种明
暗对比设计再次出现在新立面，沿用了一系列嵌入式框架。
扩建部分的真正窗户位于框架内，充满趣味，无论是站在室
外还是在建筑内欣赏，都是丰富的体验。

表演与舞蹈学校

舞蹈是两位表演者通过协调的动作成为一个动态但是结合紧密的整体，这一类比可以被用来定义特别的响应关系。茱莉亚学院的扩建部分设计与原有建筑表现出类似关系。新建部分的动态且大胆的举动被原有部分更加稳定的实体平衡并固定，在建筑美学中呈现了一场和谐的表演。

原有的稳定
固定点

新的动态表达

下沉式前院作为看台

一座下沉式前院位于新扩建部分的入口处，成为百老汇公共领域和更私密的建筑内部之间的过渡空间中的一个停留点。空间的接合部变成看台，走过前院的人们的行动成为奉献给坐在面朝建筑的台阶上的观众的一场"演出"，从而提升了过渡体验。而且，沿着台阶就座的人们观赏着以新建筑本身为背景进行的演出，使得建筑成为表演中不可或缺的一部分。

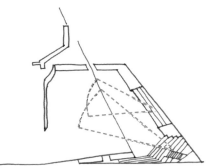

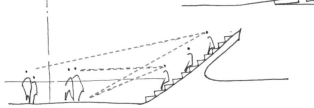

表演、媒体和组成的景色

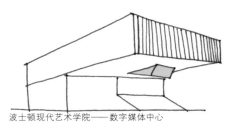

波士顿现代艺术学院——数字媒体中心

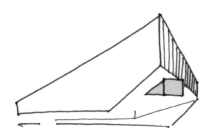

茱莉亚学院——舞蹈工作室

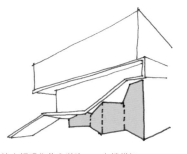

波士顿现代艺术学院——大楼梯间

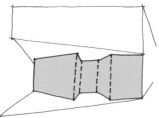

茱莉亚学院——百老汇悬臂

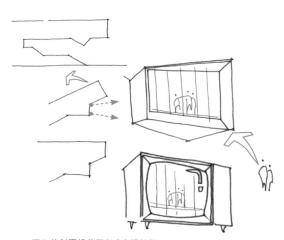

深入的斜面模仿了老式电视机框

迪勒·斯科菲迪奥+兰弗洛建筑事务所在茱莉亚学院的设计中继续了在波士顿现代艺术学院（2001—2006）的实验。波士顿现代艺术学院的数字媒体中心悬挂在悬臂式画廊的底面，捕捉到一片海港景色。在茱莉亚学院，发生了角色对调，悬浮的舞蹈工作室中的表演者反而成了一道风景，站在下方街道上的观众可以欣赏。

与波士顿现代艺术学院相比，茱莉亚学院将百老汇入口处理为揳入倾斜平面下方的折叠玻璃立面。截然不同的形式创造出与表演概念一致的视觉冲突。但是建筑师以主入口的接合部作为一个地下空间，这个空间被抬升的建筑结构暴露出来并公众化，同时也模糊了外部和内部的界限。还有其他设计特色也可以被视为模糊化实验，比如框起舞蹈工作室作为景观，或者下沉式前院作为看台。

外部和内部、公共和私密领域的模糊化

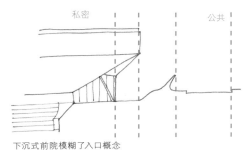

下沉式前院模糊了入口概念

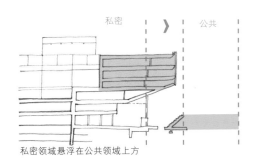

私密领域悬浮在公共领域上方

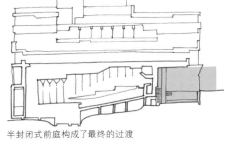

半封闭式前庭构成了最终的过渡

通过更多精妙的设计，建筑师延续了要打破内外之间的僵化界限的愿望。下沉式广场的引入模糊了入口的存在感，将入口从建筑中释放出来，并将它处理成向下走进其他开放庭院的实际行动。半封闭前庭成为公共领域和私密领域之间的未明确区域，私密的舞蹈工作室突出公共领域之外，可以窥见私密领域。

下沉式前院中的长椅和楼梯的组合甚至在参观者进入建筑之前就强制创造出了与建筑之间的直接实际互动，重新定义了外部和内部之间的界限。

即使在主入口，入口楼梯间也包含着用于其他活动的空间。楼梯间有内置接待区，楼梯上还有一系列切口和折叠，为社交或学习活动提供了长凳。不同功能之间的模糊促进了更有力的互动，并创造出"慢楼梯"。

切口、折叠和连续的表面

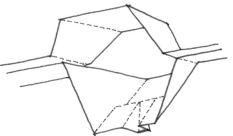

原有建筑的突出部分被切除并向下折叠成楼梯

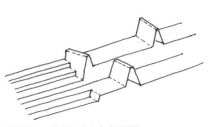

楼梯的切口和折叠将它变成了长凳

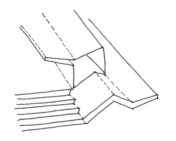

楼梯和长凳的组合在林肯中心开放空间的公园长凳/楼梯设计中尤其成功。在这里，底部台阶向上折起，形成一条底层长凳，然后经过进一步切割、折叠，构成基座层长凳。

由于建筑师将模糊界限并创造出相互呼应的不同实体作为首要考虑，因此采用了特别的设计语言，切割与折叠被用于重新协调个体表面的目的，并且将其应用到多个方面。

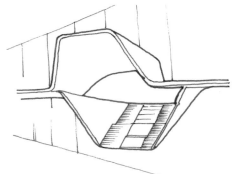

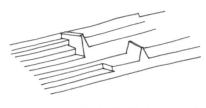

墙壁、天花板、楼梯和长凳之间的界限不能再被清晰地划定，而是成为在单一连续表面上的相互叠加。

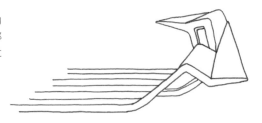

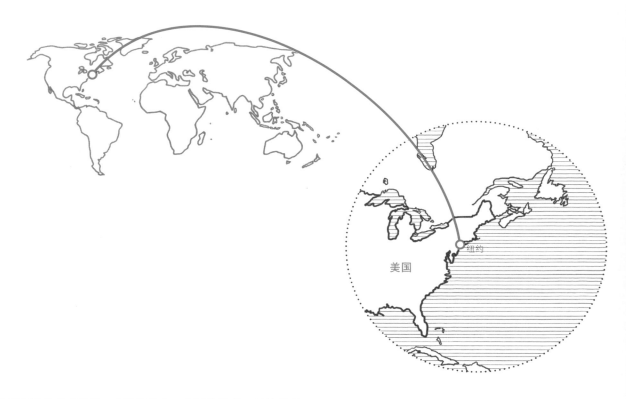

美国

纽约

库珀广场41号 | 2004—2009
墨菲西斯建筑事务所
美国，纽约

48

库珀广场41号为库珀联盟学院下设的艺术学院、建筑学院和工程学院提供了新的教学设施，位于原建校大楼和库珀广场所在街对面。这座建筑由墨菲西斯建筑事务所的汤姆·梅恩设计，采用了一种切割和折叠的建筑语言，目的是呼应更广的城市文脉，并帮助发展出对整个学院的统一理解。建筑语言延续到内部，中庭空间被设计成有助于将三个独立学院结合成一个统一整体的公共互动领域。最终，建筑中包含了一些熟悉或陌生的体量，它们被包裹在一个弯曲的表皮下，与周围的城市生活相互呼应。

刘易斯·凯文·哈迪·格拉斯顿伯里 (Lewis Kevin Hardy Glastonbury) 、布莱克·亚历山大 (Blake Alexander) 和阿米特·斯里瓦斯塔瓦 (Amit Srivastava)

THE COOPER UNTON

与库珀广场场地的呼应

　　作为库珀联盟学院综合体的一部分，新的学术大楼必须与街对面建于1859年的建校大楼相互呼应。两者的建筑风格截然不同，但是新建筑保持了建校大楼的体块和尺度，因此与整个综合体结合紧密，所采用的新材料和技术使其成为顺应时代的宣言。

库珀广场41号（2009）　　　库珀联盟学院（1859）
新学术大楼　　　　　　　　旧建校大楼

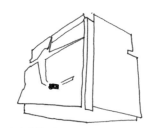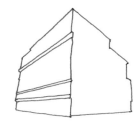

两座大楼的立面处理手法不同，分别与各自的时代和文脉相互呼应

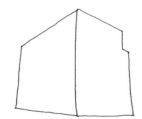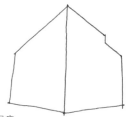

虽然两座大楼大不相同，但是却有相似的体块和尺度

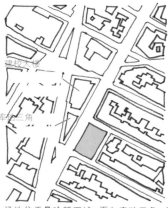

场地位于曼哈顿下城，面向库珀三角，周围是一系列新古典主义建筑和新建的高层建筑

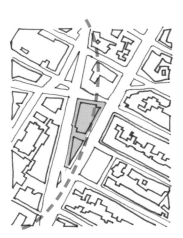

库珀三角和建校大楼构成一个锐角三角形，对整个场地影响巨大。在设计中，建筑师将它处理成强行进入立面的一道"切口"。"切口"同时允许新建筑向外开放并参与到公共广场中

与周围文脉的呼应

　　场地周围的建筑高度不同，使得新开发项目难以与其文脉协调。被打破的立面使新建筑融入了高低错落、不拘一格的混合建筑中，并且有助于将它们组成一个统一的整体。在一片都市景色中，立面的折叠和裂缝吸引了行人的目光，并且连接起周围的各种结构。

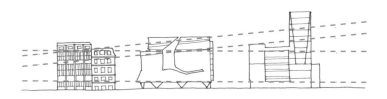

在地块的后方，建筑的外皮被移除，使其在已有一座宏伟教堂建筑的狭窄街道上显得不过分突出

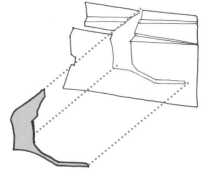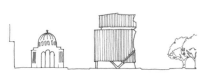

走在街道上的行人不时地可以在建筑外皮的反光部分看到映出的圣乔治乌克兰天主教会

作为外部媒介的外皮

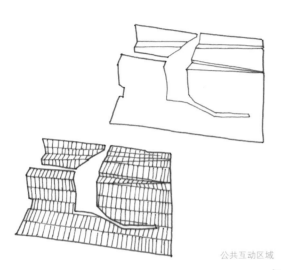

新建筑首层中有一处向外开放的公共互动区域，模糊了公共领域和私密领域的严格界限。这种对行人与私密空间进行互动的邀约进一步延伸到外部领域，有角度的柱子和扭曲的玻璃幕墙将建筑变为一座城市游乐场。

与社交领域的协调

建筑外皮上发展出一系列折叠和切口，与充满活力的城市文脉和库珀广场的公共领域相互呼应。立面的造型来自一个与沿着第四大道的公共领域流线相一致的圆环面切口，通过后退，曲线调和了公共领域的能量。为了强调公共互动的复杂本质，在这个图案中介入了多面网格。

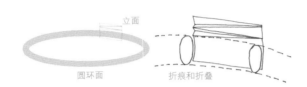

立面

圆环面　　折痕和折叠

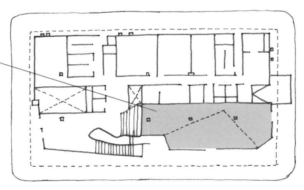

公共互动区域

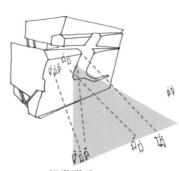

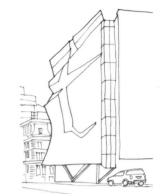

视觉联系

由于其颇具特色的"切割"立面和材料的透明性，建筑保持了与街道的视觉联系。真实并惊人的透明性组合使得身处建筑内的人能够看到外部，而外部的公众也能看到建筑中半私密的领域。模糊的内外界限强化了学院的公共性质，使之更好地融入社交领域。

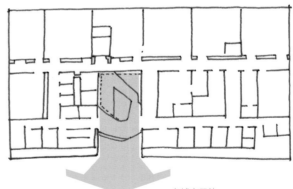

向城市开放

与气候的呼应

建筑的双层表皮有利于中和来自自然、社会和文化的影响。工业材料的运用和双层外皮的结构设计调节了建筑在夏季的热增量和冬季的热损失。外皮使得夏季热增量减半，同样也有利于冬季热量的保存。

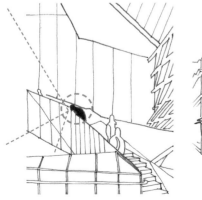

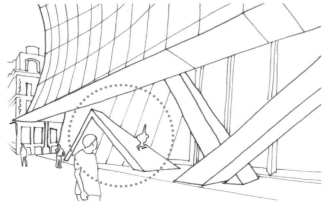

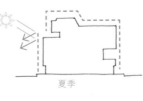

夏季

冬季

与设计程式的呼应

　　建筑师重新考虑并开发了新建筑的预期设计程式，促进跨学科交流。艺术学院、工程学院和建筑学院原本是独立运行的三个单位。新建筑将它们包裹在同一个外皮下，并且利用中心楼梯间加强了跨学科对话。建筑师路易·康曾提出"人类学院"和对"聚会"的渴望，并解释到，学习需要跨出教室，进入走廊和实现了聚会功能的中间空间。库珀广场41号中庭里的中央楼梯间正是有相似作用的"聚会空间""社交心脏"，通过创造见面机会来增强整个学生群体的结合度。

原有设计程式保持了学科的分离

新的设计程式实现了跨学科学院

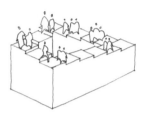

分离的学科实体带来的是没有活力的走廊

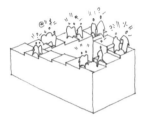

跨学科设计程式再次激活了"聚会场所"

作为内部媒介的外皮

　　建筑外皮的设计与内部空间的发展紧密相关，特别是与作为学院中的"社交心脏"的中庭相关。不同的体量切割与设计程式相适应，在外立面仿制天窗，使得内部程式与外部表皮在设计过程中实现了统一。这种相互呼应关系同样延伸到了设计程式的其他方面。

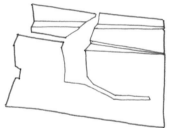

外部立面的"切口"是由内部"切口"发展而来的

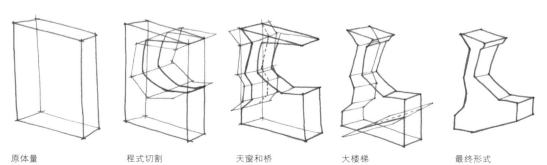

原体量　　程式切割　　天窗和桥　　大楼梯　　最终形式

设计程式和外皮

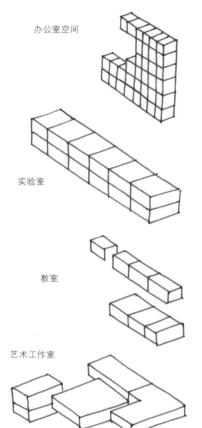

办公室空间

实验室

教室

艺术工作室

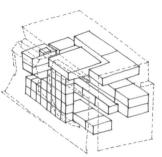

各种设计程式要求被整理在一起，实现了各个功能间的内部结合

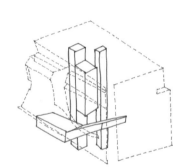

中庭楼梯是电梯的替代构件

流通和外皮

　　建筑内部的流通将各种程式元素绑定在一起，使得建筑能够以整体形式实现其功能。竖向流通围绕着中庭，由于距离较近，楼梯被用作电梯的最佳替代构件。沿着不同楼层的流通被组织成环形，与中庭楼梯共同发挥作用，为人们提供了与整体相关的方向感。

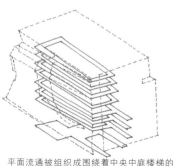

平面流通被组织成围绕着中央中庭楼梯的环形

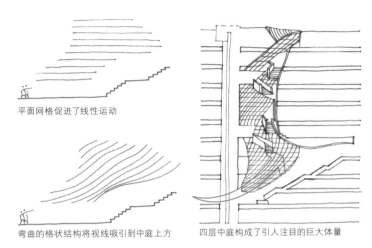

平面网格促进了线性运动

弯曲的格状结构将视线吸引到中庭上方

四层中庭构成了引人注目的巨大体量

使用者体验

在建筑的心脏地带，各种不同的元素组合在一起，创造出新的公共空间。作为一个聚会空间的中央楼梯复制了城市中早期建筑的尺度和感受，如纽约公共图书馆和哥伦比亚大学。尽管空间周围的围网乍看之下显得扭曲而且令人迷惑，但是它的形式复杂性却是公共聚会空间的性能所必需的，因为复杂才能鼓励参观者停下脚步并融入空间中，而不会将它视为毫无关联的过道。

通过对人体尺度的理解，建筑师发展了将中央中庭和楼梯用作社交集会场所的想法。在短距离内从低矮的入口区域过渡到巨大中庭给人带来张力十足的刺激体验。过渡的尺度被弯曲、变形的格状结构提升，格状结构包裹着中央中庭，吸引了参观者的目光。发展平面形式时，建筑师保留了进入一个更大、更具动感的人类互动空间的体验，当中慢慢变宽的楼梯像是一张网，把人们吸引到折叠处。

有中心喷泉的典型户外广场

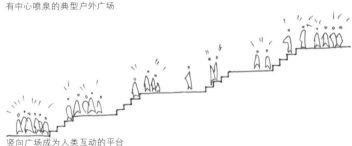

竖向广场成为人类互动的平台

几百年来，公共广场一直是人类的基本集会空间，此处的中央中庭楼梯间复制了公共广场的先例。楼梯间的宽度使其不仅仅是一个过道，台阶可以用作座椅或者讨论平台。不同楼层间的视觉联系意味着可以看到别人，从而增加参与度，空间可以成为一个公共辩论领域。

背景中扭曲的网格与典型广场中的中心喷泉作用类似，为各种人群指明方向，关联到建筑综合体的其他功能。

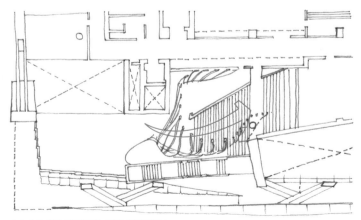

中央中庭楼梯慢慢变宽，吸引参观者进入

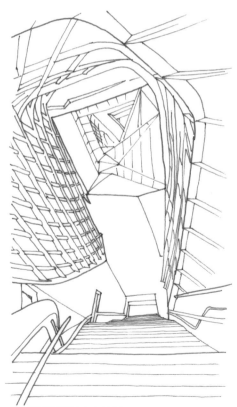

扭曲的网格附着在中央中庭上

挪威

奥斯陆

奥斯陆歌剧院 |2002—2008
**斯诺赫塔建筑事务所
挪威，奥斯陆**

49

　　如同峡湾中的一座冰山，奥斯陆歌剧院没有传统的高度和对称性设计，但是却不失宏伟壮观。斯诺赫塔建筑事务所凭借独特的设计赢得了2002年举行的设计竞赛。他们的设计将热情洋溢、充满魅力的公共领域与功能合理的后台领域结合在一起。

　　奥斯陆歌剧院是一座兼收并蓄的建筑，是对挪威人的理想、地位和文化的表达。它欢迎每个人在屋顶上探索美景，细细品味峡湾景致，在温暖的夏日里到斜坡上享受日光浴。一到夏季，歌剧院的白色大理石铺面像波光粼粼的海面一样，泛起点点光芒。奥斯陆歌剧院已经成为游客不能错过的一大景点，如同悉尼歌剧院的台阶和步行区。悉尼歌剧院矗立在世界另一边的悉尼港，由约恩·伍重设计。

安东尼·拉德福德 (Antony Radford)、理查德·勒·莫苏里耶 (Richard Le Messeurier)、杰西卡·奥康纳 (Jessica O'Connor) 和伊诺克·刘·康·袁 (Enoch Liew Kang Yuen)

文脉

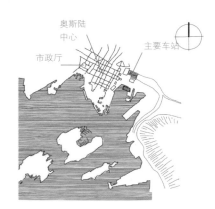

峡湾的一端深深切入挪威南部，奥斯陆就依偎在嶙峋巍峨的群山之中，是一座由海湾、岛屿和岬角构成的城市。奥斯陆中心以东的比约维卡区建造了一条隧道，替代了沉闷无趣的沥青广场和步行区，重新与峡湾直接连接。奥斯陆歌剧院是这片新区的文化发展中心。

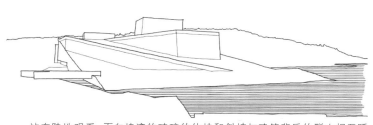

站在陆地观看，面向峡湾的破碎的体块和斜坡与建筑背后的群山相互呼应。在冬季，皑皑白雪覆盖着群山和建筑，建筑立面的尖角仿佛漂浮在海面的碎冰。

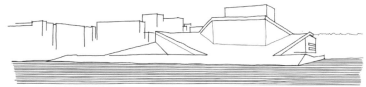

从海洋或海湾的东西海岸角度观看，从海平面延伸到舞台塔的斜坡、上层前厅和块状后部完成了到城市背景的直线形体块的过渡。

尽管建筑与城市和自然文脉之间存在这些呼应，但歌剧院仍然好像随时会漂走，就像一艘停泊在附近要驶向哥本哈根的渡船。

相连的边缘空间

公路隧道 新建筑

图标说明

1.减去部分：庭院
2.挤压：舞台塔
3.核心：马蹄形剧院
4.有棱角的碎片
5.景观地毯
6.自由形波浪状墙壁
7.直线形工厂

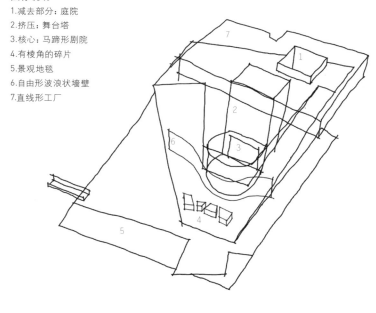

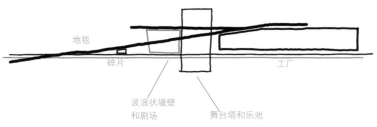

地毯

碎片 工厂

波浪状墙壁
和剧场

舞台塔和乐池

部件

竞赛设计和完工建筑共有三个主要部件。建筑师将它们称为波浪状墙壁、工厂和地毯。

波浪状墙壁是开放入口和凭票进入部分之间的边界，是前厅和观众席之间的屏障。它也象征着海水与土地、人与文化之间的分界。墙壁不是压抑的屏障，它的曲线柔和、色调温暖，还被凿出了开口。

工厂是建筑的生产端，集中了工作室、排练室和办公室，为了提高效率，它们被排列成简洁的一条直线。

地毯是雕刻般的石铺路面，覆盖着室内的大部分面积，成为从海洋到屋顶的连续表皮。这里是公共空间，跨越了墙壁的分隔。

在地毯较低一端的下方，是次要的第四部件：占据了前厅一侧边缘的碎片，与墙壁的柔和性相互矛盾。

这些部件本身是清晰独立的，但是因相互联系而形成了响应性结合。

规划

建筑被一条南北向的走廊一分为二，走廊名为"歌剧院街"。向西是公共区和舞台区，向东是生产区——"工厂"。

西侧部分被波浪状的墙壁再次分割，将前厅与观众席和舞台分离。

东侧部分被一个巨大的东西向布景装卸处分割。北侧是制作舞台布景的"硬工作间"。完成的布景通过布景装卸处被移动到后台区。南侧是面积更小的"软工作间"，用作服装和化装区，以及管理室和更衣间。阳光通过庭院洒在这片区域，建筑师将庭院称为建筑内部深处的一片"绿肺"。

"工厂"在地上有三到四层，地下有一层。子舞台区更深入三层，远远低于峡湾表面。

主要剧场是经典的马蹄形，约有1370个座位。椭圆枝形吊灯的800个LED灯透过5800个手工玻璃水晶饰品发出光芒。

内置家具经过雕塑，与建筑形式形成呼应。

透过"工厂"窗户可以看到内部的生产过程：舞者在上层房间、街道层工作间里排练。

参观者通过一条舷梯进入，如同登上一艘船

从首层和地下层可以直接进入庭院花园。这条直接通道由木甲板、白色大理石和绿色植物组合而成，大理石铺砌的楼梯连接着两个楼层。青草、攀爬植物和多年生植物围绕着一束束缆绳，连接到上层，还能为立面遮阳。

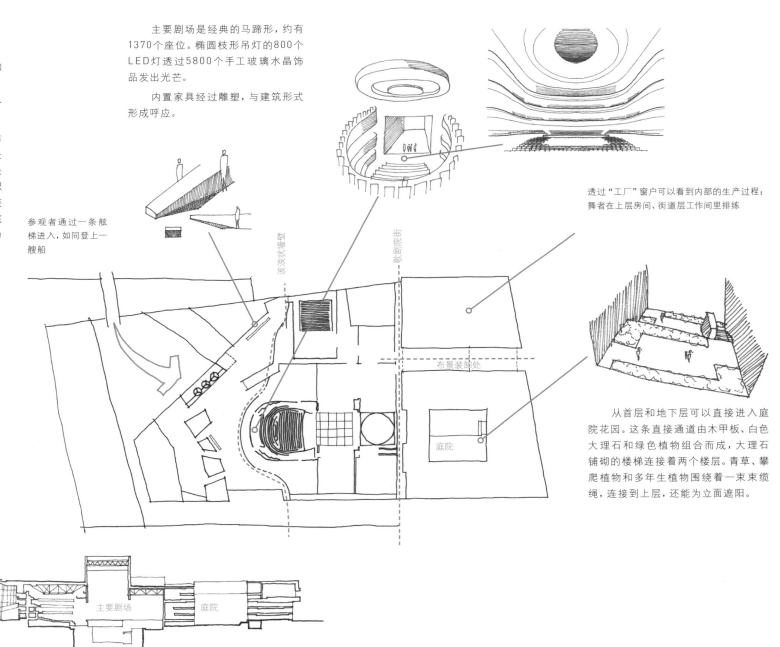

波浪状墙壁

歌剧院街

布景装卸处

庭院

主要剧场　庭院

中间空间

走过一条低吊顶门廊和紧接着的低矮边缘地带后，参观者才能到达观众席边缘及其封闭式遮盖物之间的全高度中间空间。

站在这个入口，参观者既可以看到左侧波浪状墙壁的温暖木质表面，也能看到右侧由倾斜的柱子和玻璃幕墙构成的冰冷的有棱角的边缘。

栏杆和连接着观众席的阳台的天花板之间的狭槽框起了一片全角度海边美景，可以透过前厅的玻璃幕墙欣赏。

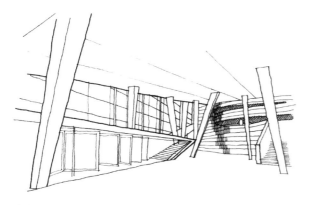 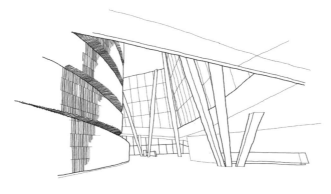 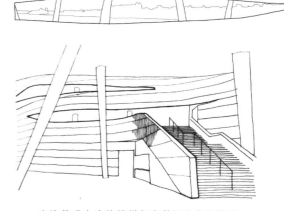

玻璃

上层前厅的玻璃幕墙高达15米。由薄片叠成的玻璃鳍状结构内部夹着最少量的钢制固定件。由于玻璃中铁含量较低，所以仍然是透明的，没有出现厚玻璃中常见的绿色。

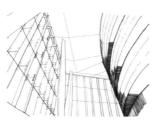

木材

为了适应弯曲的墙壁，并且为大部分覆盖着平坦、坚硬的表面的前厅提供声衰减效果，建筑师用不同横截面的橡木条拼贴出淡雅、纹理感强烈的波浪状墙面。观众席内部表面覆盖着经过氨水处理而颜色变深的橡木。

连接着观众席的楼梯包裹着与波浪状墙壁相同的包层，似乎是属于墙壁的一部分。

站在波浪状墙壁之后，仿佛身在小提琴内部。所有的表皮都是木质的。从墙壁和地面反射而来的间接光线给人带来温暖。

 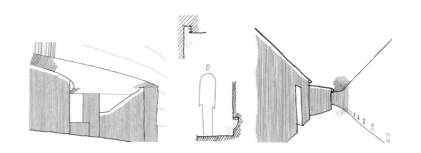

由艺术家奥拉维尔·埃利亚松设计的穿孔屏风包围着三个混凝土屋顶支柱，并遮挡着厕所。白色和绿色的光柱照亮了镶板，淡入淡出的效果令人联想到融化的冰。

公共景观

通过切割、突出和纹理对比等手法，艺术家克里斯蒂安·布雷斯塔德、卡勒·古鲁德和约鲁恩·桑内斯设计的大理石石板构成了一幅复杂且不重复的图案。

舞台塔从"地毯"中穿过。铺砌路面向后缩进，在墙壁底部附近留出了一道狭槽。

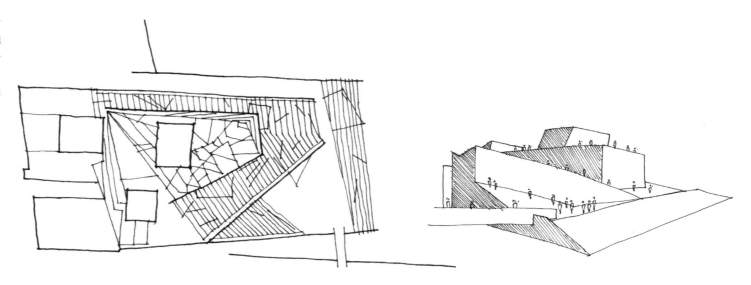

石材

铺砌"地毯"用的白色意大利大理石来自拉法西塔采石场。在阳光下十分耀眼，即便是在奥斯陆的灰色天空下，在湿润时也仍然不失光彩和色泽。

大部分铺路材料都质地粗糙，但是突出部分是光滑的，在整个表面投下的阴影也有细微的变化。

金属

出于审美和寿命考虑，舞台塔（和"工厂"）的外墙包裹着被压平的铝合金镶板，由艺术家阿斯特丽德·洛瓦和柯尔斯顿·瓦格列合作设计。以旧式纺织技术为基础，在镶板上冲压出凸球面片段和凹面圆锥形，组成图案。镶板的外观随着打在表面的光线的角度、强度和颜色而改变。

在亮白色的大理石背景衬托下，身着各色衣服的人们显得非常突出，他们的走动为场景增添了活力

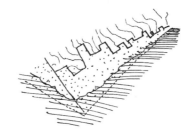

借助嵌入屋顶边缘管道中的斜坡和台阶，栏杆高度达到规范要求，而且没有暴露在屋顶上升线之上。没有分割表面的扶手出现

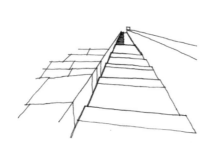

在铺路材料接触海洋的位置，使用的是灰褐色挪威花岗岩，而不是大理石。在材料衔接处，出现了一条台阶状的线条，花岗岩石板像插页一样与大理石石板相结合

罗马

意大利

50

以伦敦为总部的建筑师扎哈·哈迪德（生于伊拉克）和帕特里克·舒马赫（生于德国）赢得了1998年的国际竞赛，在罗马的历史中心外设计一座21世纪艺术博物馆和建筑博物馆。最终完成的MAXXI博物馆是围绕着"L"形城市地块的或弯曲或分叉的各种线条的组合。混凝土墙围合起展览陈列室。在陈列室之间，平行排列的竖向鳍状结构将透明的屋顶分割成条形。这种组合的连续性和流动性与大多数建筑中区分空间的集合截然不同。

MAXXI博物馆缓缓出现在人们的视野中。首先瞄见的是北侧的墙壁，然后看到它挤入南侧一座旧建筑两边。博物馆的入口是缩进式的，位于悬臂体量下方、屏风柱子之后。进入博物馆后，参观者可以自行选择——建筑具备连贯性，但是没有明确的路径。它更应该被称为"场"，而不是"物体"。如同意大利中世纪山顶小城中的通道，博物馆中有狭窄的空间、斜坡和台阶，或长或短的视野，以及陈列室分隔而形成的更宽的位置。

安东尼·拉德福德 (Antony Radford)、娜塔莎·库斯沃斯 (Natasha Kousvos) 和拉娜·格里尔 (Lana Greer)

与场地的呼应

　　博物馆与周围低层、重复的城市文脉相互呼应，这里原
是部队营房，至今仍然占据着周围的场地，同时，被抬高的
部分与沿着附近街道的更高层公寓区块相称。博物馆包围
着"L"形地块的南侧和西侧边缘，对齐了场地所处的城市区
块网络。场地北侧边缘之外，城市网格呈51°角。博物馆与这
一特别网格重叠，并且用曲线调节了不同之处。最高的陈列
室与有角度的网格对齐。

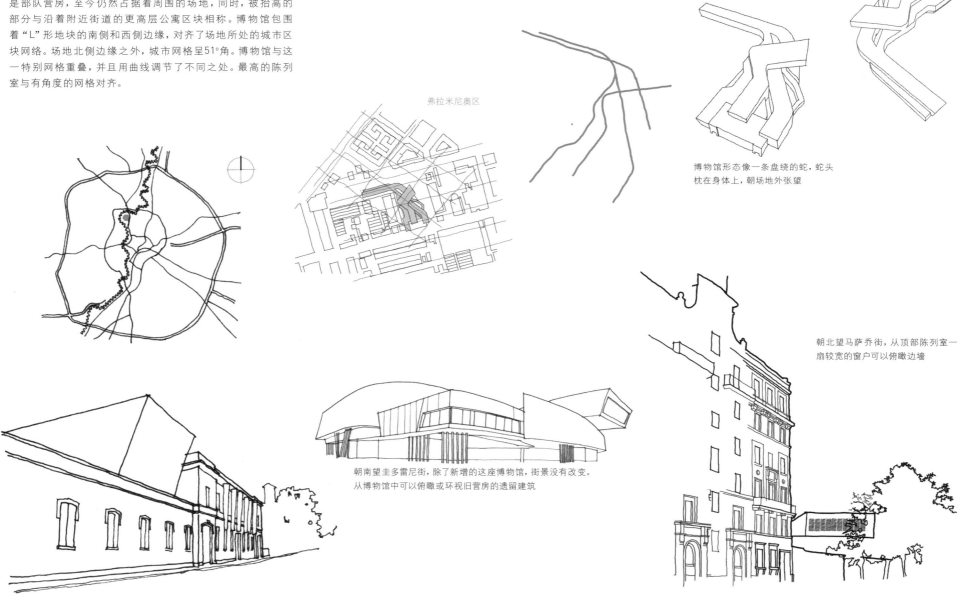

弗拉米尼奥区

博物馆形态像一条盘绕的蛇，蛇头
枕在身体上，朝场地外张望

朝北望马萨乔街，从顶部陈列室一
扇较宽的窗户可以俯瞰边墙

朝南望圭多雷尼街，除了新增的这座博物馆，街景没有改变。
从博物馆中可以俯瞰或环视旧营房的遗留建筑

结构和建筑方法

有关博物馆的建筑方法和技术的部件被隐藏在墙壁和天花板衬砌之后，保持了整个形式的整齐。建筑的基础结构是现场浇筑钢筋混凝土墙壁，支持着横向钢梁。纤细的桁架跨越了横向梁，与混凝土墙平行，外皮包裹着GRC（玻璃纤维钢筋混凝土）薄壳，排列成蜿蜒的鳍状结构，使得天花板极具特色。内墙表面是粉刷成白色的石膏板。

连续的天窗

天窗上覆盖着一层外部金属遮阳板，使其不会受到阳光直射。同时，这块遮阳板也可用作维修通道。外层玻璃可以过滤出有可能损坏艺术品的紫外线和其他太阳光线。可以通过调节玻璃下方筛选和隔绝光线的百叶窗组合，来改变照明条件。

人造灯具被嵌入鳍状结构内部，因此自然光和人造光在同一个方向进入，高出百叶窗。鳍状结构底面轨道上还安装了其他灯具，可以打光到特定物品上。

钢格栅遮阳板/走道
滤光格栅
荧光灯线条
内部格栅
可调节铝合金百叶
2.2米深钢桁架

在西北端，线状陈列室被按照一定角度切割成薄片，仿佛可以无限地继续下去。建筑和场地边墙之间的窄过道边上装置了一系列逃生楼梯

陈列室入口后缩进突出体量下方、成排的柱子之后。更高的柱子朝侧面倾斜，支撑着上面的楼层。在建筑内部，人们可以透过3号陈列室斜坡的侧面和转角的长窗看到前院，并重新找到方向。

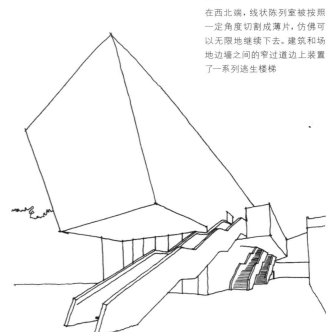

规划

在首层入口区，一端是接待处，另一端是咖啡厅。在接待处有一条直接通道，连接着观众席、商店、临时展览陈列室和一系列主要陈列室。靠近咖啡厅的1号陈列室收藏了建筑博物馆及其档案。

1号陈列室
建筑博物馆，在子空间之间有三个"挤压点"

2号陈列室
160米长，弯曲角39°

3号陈列室
分布在三个楼层，由一条斜坡连接

4号陈列室
有一处分叉

5号陈列室
位于建筑顶层，有两个倾斜楼层部分

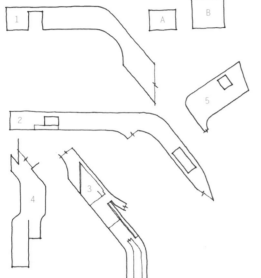

A. 收藏绘画作品的陈列室，位于旧建筑中

B. 举办临时展览的陈列室，位于旧建筑中

如果把陈列室抽取出来作为独立空间，则形状显得十分随意。参观者将其作为一个相关联的组合进行体验，空间界限显得不那么重要，除非馆长刻意制造分隔。

厚重的外墙被分层排列，为供给体系创造空间

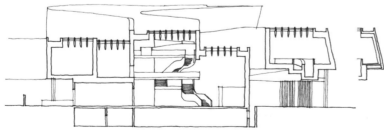

从剖面图可以看出，首层平面贯穿整个建筑，还有更低的地下室层。上层楼面各不相同，部分斜坡—平台体系向上升高

光滑的白色接待桌呈环形，表面扭曲，只有桌面是平坦的。它既是一件艺术品，也是一个功能体系

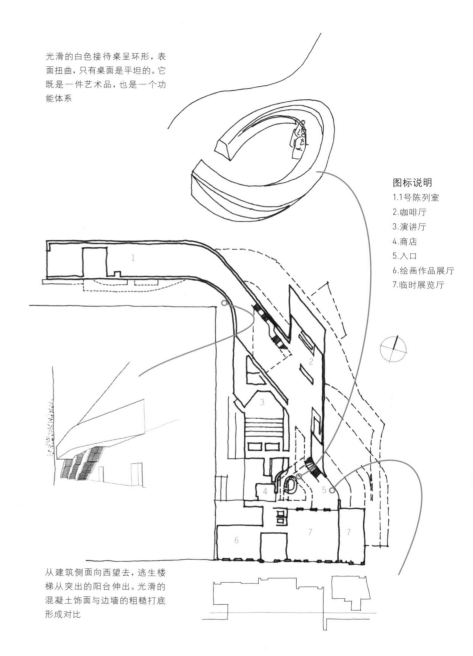

图标说明
1. 1号陈列室
2. 咖啡厅
3. 演讲厅
4. 商店
5. 入口
6. 绘画作品展厅
7. 临时展览厅

从建筑侧面向西望去，逃生楼梯从突出的阳台伸出。光滑的混凝土饰面与边墙的粗糙打底形成对比

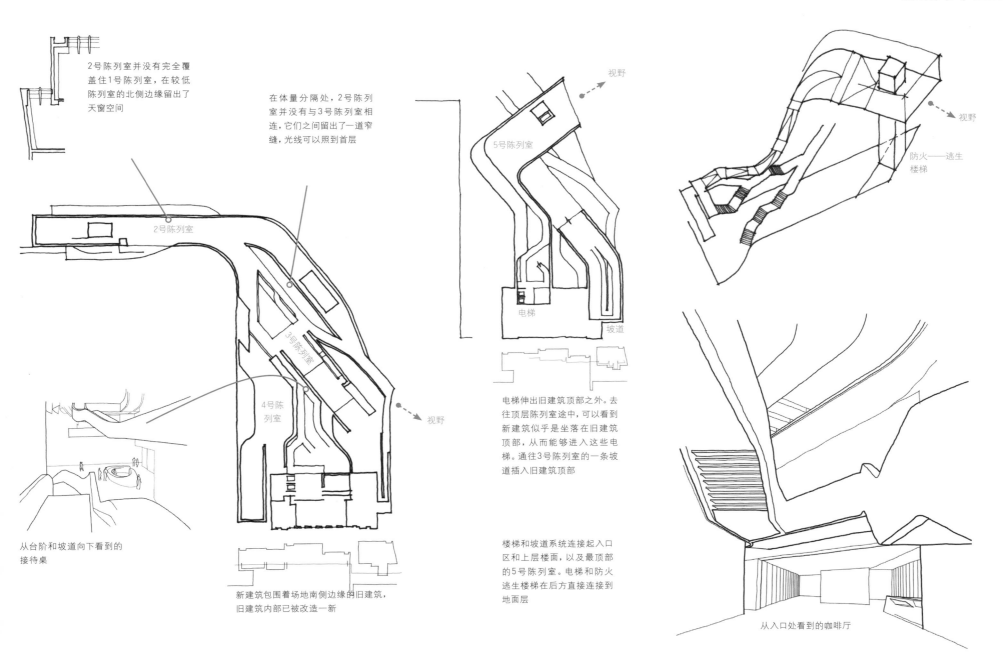

2号陈列室并没有完全覆盖住1号陈列室，在较低陈列室的北侧边缘留出了天窗空间

2号陈列室

在体量分隔处，2号陈列室并没有与3号陈列室相连，它们之间留出了一道窄缝，光线可以照到首层

3号陈列室

4号陈列室

视野

从台阶和坡道向下看到的接待桌

新建筑包围着场地南侧边缘的旧建筑，旧建筑内部已被改造一新

5号陈列室

电梯

坡道

电梯伸出旧建筑顶部之外。去往顶层陈列室途中，可以看到新建筑似乎是坐落在旧建筑顶部，从而能够进入这些电梯。通往3号陈列室的一条坡道插入旧建筑顶部

楼梯和坡道系统连接起入口区和上层楼面，以及最顶部的5号陈列室。电梯和防火逃生楼梯在后方直接连接到地面层

视野

防火——逃生楼梯

从入口处看到的咖啡厅

尾注：一些共同主题

在将一批建筑进行集中分析时，我们倾向于将它们一一对比，并发现一些共同主题以及特别之处。在尾注中，我们会特别提出一些前文中反复出现的主题供您参考。尽管对接受过建筑学教育的读者来说，这些主题已不陌生，我们仍然希望读者能够留意尤为凸显出这些主题的少量建筑。读者们也会发现其他例证。我们的清单只是各个宏大主题的一点线索。

建筑是一个整体

单独、细致地分析建筑能够揭示出建筑的复杂性，在概括性的建筑学论述中这一点很少被认可。本书认为，建筑是一个整体，而整体绝不仅是各个部分的总和（一条为人熟知的格言）。将建筑在头脑中放大或缩小会显示出难以在整体中把握的多层面集合。斯诺赫塔建筑事务所设计的奥斯陆歌剧院【49】中多种部件共同发挥作用的方式可以证实这一点。

细部反映整体

如果我们玩一个游戏，通过本书中展示的细部的随机组合来确定是哪一座建筑，我们恐怕可以猜对大多数。细部能够以集中的形式反映整体的设计风格。我们可以以丹尼尔·里伯斯金设计的柏林犹太人博物馆扩建部分【31】为例，其窗户形式和整体建筑形式即是这种关系。

细节有多重作用

单一设计元素或策略往往与若干不同设计要求或文脉相互呼应。比如，约恩·伍重设计的巴格斯瓦德教堂【13】的天花板曲线可以反射声音，调节光线，并且在象征意义上表现精神的升华。

形式模式重复出现

在所有建筑中，都存在形式模式的重复。我们可以了解建筑师是如何发展出建筑形式的全部模式，以及这些模式如何与建筑形式的功能、环境和其他条件相互呼应。在对阿尔瓦·阿尔托设计的塞伊奈约基市政厅【09】的分析中，我们阐明了相同的形式模式是以怎样的方式出现在不同的建筑位置和尺度中的。

风格是一个宽松的标签

我们对各种风格标签并不陌生，比如"有机"或者"高技派"，但是从本书的建筑中我们也能发现这些松散的标签可能会互相重叠。例如，斯特林和高恩设计的莱斯特大学工程系大楼【05】同时表现出功能主义（建筑的构成体量反映出它们的功能）和后现代主义特征（别具一格的体量布局）。最终来说，风格是每座建筑的特质。

秩序和变化是常用的组成策略

本书中的很多建筑结合了秩序（通过网格、对称、重复以及其他策略）和变化。各个部件可能属于同一体系，但是却有独立的特征，比如约恩·伍重的悉尼歌剧院【03】中的三个壳体。直线形式可能与自由形式并置，如理查德·迈耶的巴塞罗那现代艺术博物馆【21】，其中的单一弯曲体量被置于平坦的南立面前方。

优秀的建筑是清晰易懂的

优秀的建筑是清晰易懂的；它们可以被来访者"解读"并记住。不必循着标牌，就能找到入口。建筑内部的道路也容易跟随。我们可以以登顿·科克·马歇尔的曼彻斯特民事司法中心为例【44】。建筑入口明显，人们也不会找不到接待处，中庭显示出整个内部布局。

清晰的特性不需要占据主导地位

书中所有建筑都称得上出类拔萃，但是它们凭借的是自身特色，而不是压倒一切的傲慢。它们不仅融入了当地区域，而且提升了区域品质。我们可以欣赏下理查德·罗杰斯的劳埃德保险公司伦敦办公大厦【19】、圣地亚哥·卡拉特拉瓦的密尔沃基夸特希展厅【32】，以及库克-福尼尔空间实验室和ARGE美术馆设计的格拉茨现代美术馆【39】，每一座建筑都与其相邻建筑和城市文脉密切相关。

跨文化互动可以带来斐然成果

如果来自某个国家和文化的建筑师在异国设计项目，并且敏感地利用这一点，那么我们可以在成功的范例中看到建筑的特殊位置与建筑师自身背景的影响之间的响应性结合。例如，SANAA的新当代艺术博物馆【35】改造了日本建筑的透明性以适应曼哈顿下城街道的粗犷文脉。

物质性和形式是相互联系的

材料的潜力被深入挖掘并得到延伸，超越了平凡，可以参见路易·康的印度管理学院【12】（砖）、未来系统的劳德媒体中心【23】（铝）、彼得·卒姆托的瓦尔斯温泉浴场【27】（石材）、弗兰克·O.盖里联合建筑设计事务所的毕尔巴鄂古根海姆博物馆【28】（钛）以及伊东丰雄建筑设计事务所的岐阜县市政殡仪馆【43】（混凝土）。这样富于表现力的物质性组合以及穿透性的界限还出现在很多建筑中。

新、旧建筑可以成为富有生命力的组合

将新、旧建筑并置有可能创造出两者之间的对话。当全新的混凝土平台被插入海德马克博物馆【11】（位于挪威哈马尔，由斯维勒·费恩设计）的中世纪石墙之间时，新、旧结构以平等的姿态保持着自身的完整性。赫尔佐格和德梅隆设计的卡伊莎文化中心【34】则带来了完全不同的另一种对话，旧建筑被调整改造，虽然缺少了一些尊重，但是旧建筑仍然是建筑特色的核心。

光线为形式和空间注入生命

对建筑外部的阳光的调动以及内部屋顶或墙壁天窗的不同手段的动态互动可以根本地改变表皮和空间的特点。可以参考卡洛·斯卡帕的卡诺瓦博物馆【02】的屋顶天窗，让·努维尔的巴黎阿拉伯世界文化中心【20】的呼应式穿孔墙，以及韩国坡州书城中拟态博物馆【46】（建筑师：阿尔瓦罗·西扎、卡斯唐西里亚和巴斯太建筑设计事务所、金俊成）的弯曲白色外墙。

参考书目

利用具体化体验建筑

从图画中我们无法获得对这些建筑的动觉体验。但是我们可以想象动觉的乐趣和具体化体验（我们的思想、身体和世界之间的互相作用），这些想象来自于走上台阶或坡道、转弯、穿过光与影、从压缩的空间移步到突然被释放的开阔空间。我们可以想象探索詹姆斯·斯特林与迈克尔·威尔福德联合建筑设计事务所的斯图加特新国立美术馆【16】或扎哈·哈迪德的MAXXI博物馆【50】的过程。

建筑能够体现道德观

建筑会不可避免地反映它们的业主和设计者的价值观。比如由PT Bambu建筑事务所设计的位于巴厘岛的绿色学校【45】。通过开放的规划并选用当地可持续性材料，实现了与当地气候和文化的呼应，由此反映出业主的道德观念。从对相邻建筑、人类居住者的尊重，抑或对环境和文化可持续性的追求中，我们也能看到价值观。

建筑是合作的产物

从香港的汇丰银行总部大厦【15】（福斯特事务所）或位于哈拉雷的东门中心【26】（皮尔斯建筑事务所）中，我们可以发现结构与环境行为以及与其他设计特点之间的响应式结合。本书中的建筑是各个团队间的高效合作的产物，包括建筑师、工程师、建筑工人、业主、以及常常发挥作用的景观设计师、艺术家、规划师和其他人。我们没有在本书中列出这些团队的名字，但是您可以在"推荐书目"中找到相关信息。

Baker, Geoffrey H., Design Strategies in Architecture: An Approach to the Analysis of Form, London: Van Nostrand Reinhold (1989)

Bruton, Dean, and Radford, Antony, Digital Design: A Critical Introduction, London: Berg (2012)

Fox, Warwick, A Theory of General Ethics: Human Relationships, Nature, and the Built Environment, Cambridge, MA: MIT Press (2006)

Fox, Warwick, 'Foundations of a General Ethics: Selves, Sentient Beings, and Other Responsively Cohesive Structures', in Anthony O'Hear (ed), Philosophy and the Environment (Royal Institute of Philosophy Supplement: 69), pp. 47–66, Cambridge: Cambridge University Press (2011)

Pallasmaa, Juhani, The Embodied Image: Imagination and Imagery in Architecture, AD Primer Series, West Sussex: Wiley (2011)

Radford, Antony, 'Responsive Cohesion as the Foundational Value in Architecture', The Journal of Architecture 14 (4), pp. 511–32 (2009)

Scruton, Roger, The Aesthetics of Architecture, London: Methuen (1979) (republished by Princeton: Princeton University Press, 1980)

Unwin, Simon, Analysing Architecture, Abingdon and New York: Routledge (2003)

Valéry, Paul, 'Man and the Sea Shell', in The Collected Works of Paul Valéry,
vol. 1, selected with an introduction by J. R. Lawler, Princeton: Princeton University Press (1956)

Williamson, Terence, Radford, Antony, and Bennetts, Helen, Understanding Sustainable Architecture, London and New York: Spon Press (2003)

致谢

2) 2008年，我们在澳大利亚的阿德雷德大学（University of Adelaide）开设了一门研究生课程，由此开始了一系列的建筑分析。这门课程以全局化视角探讨了建筑设计作为一个集合而与多种文脉的相互呼应。我们必须要感谢为项目分析贡献了自己精力和图画的学生们和其他人。本页下方以及相关建筑页面中已经列出了他们的名字。

编写此书耗费了大量时间，在此要感谢我们的家人的耐心。

最后，感谢这些建筑的发起者、设计者、建造者以及维护者。

安东尼·拉德福德（Antony Radford）、塞伦·莫可（Selen Morkoç）和阿米特·斯里瓦斯塔瓦（Amit Srivastava）

澳大利亚，阿德雷德大学

特此感谢以下人士：

Blake Alexander, Maryam Alfadhel, Rumaiza Hani Ali, Gabriel Ash, Rowan Barbary, Marguerite Therese Bartolo, Mark James Birch, Hilal al-Busaidi, Zhe Cai, Brendan Capper, Sze Nga Chan, Ying Sung Chia, Sindy Chung, Alan L. Cooper, Leo Cooper, Gabriella Dias, Alix Dunbar, Philip Eaton, Brent Michael Eddy, Adam Fenton, Simon Fisher, Janine Fong, Douglas Lim Ming Fui, Saiful Azzam Abdul Ghapur, Lewis Kevin Hardy Glastonbury, Leona Greenslade, Lana Greer, Tim Hastwell, Simon Ho, Katherine Holford, Amy Holland, Celia Johnson, Felicity Jones, Rimas Kaminskas, Paul Anson Kassebaum, Sean Kellet, Lachlan Knox, Natasha Kousvos, Victoria Kovalevski, Verdy Kwee, Chun Yin Lau, Wee Jack Lee, Richard Le Messeurier, Megan Leen, Xi Li, Yifan Li, Huo Liu, Sam Lock, Hao Lv, Mohammad Faiz Madlan, Michelle Male, Matthew Bruce McCallum, Doug McCusker, Susan McDougall, Ben McPherson, Allyce McVicar, Mun Su Mei, Peiman Mirzaei, William Morris, Samuel Murphy, Michael Kin Pong Ng, Thuy Nguyen, Wan Iffah Wan Ahmad Nizar, Jessica O'Connor, Daniel O'Dea, Kay Tryn Oh, Tarkko Oksala, Sonya Otto, John Pargeter, Michael Pearce, Georgina Prenhall, Alison Radford, Siti Sarah Ramli, Nigel Reichenbach, William Rogers, Matthew Rundell, Ellen Hyo-Jin Sim, Katherine Snell, Wei Fen Soh, Sarah Sulaiman, Halina Tam, Daniel Turner, Hui Wang, Charles Whittington, Wen Ya, Lee Ken Ming Yi, Wing Kin Yim, Enoch Liew Kang Yuen, Stavros Zacharia, Xuan Zhang and Kun Zhao.

图片出处

扩展阅读

01 萨拉巴伊住宅

Curtis, W.J.R., *Le Corbusier, Ideas and Forms*, New York: Rizzoli, 1986

Frampton, K., *Le Corbusier*, London: Thames & Hudson, 2001

Masud, R., 'Language Spoken Around the World: Lessons from Le Corbusier' (thesis, Georgia Institute of Technology), 2010

Park, S., *Le Corbusier Redrawn: The Houses*, New York: Princeton Architectural Press, 2012

Serenyi, P., 'Timeless but of Its Time: Le Corbusier's Architecture in India', *Perspecta* 20, 1983: 91–118

Starbird, P., 'Corbu in Ahmadabad', *Interior Design*, February 2003: 142–49

Ubbelohde, S.M., 'The Dance of a Summer Day: Le Corbusier's Sarabhai House in Ahmedabad, India', *TDSR* 14, no. 2, 2003: 65–80

02 卡诺瓦博物馆

Albertini, B. and Bagnoli, A., *Carlo Scarpa: Architecture in Details*, Cambridge MA: MIT Press, 1988

Beltramini, G. and Zannier, I., *Carlo Scarpa: Architecture and Design*, New York: Rizzoli, 2007

Buzas, Stefan, *Four Museums: Carlo Scarpa, Museo Canoviano, Possagno; Frank O. Gehry, Guggenheim Bilbao Museum; Rafael Moneo, the Audrey Jones Beck Building, MFAH; Heinz Tesar, Sammlung Essl, Klosterneuburg*, Stuttgart and London: Edition Axel Menges, 2004

Carmel-Arthur, J. and Buzas, S., *Carlo Scarpa, Museo Canoviano, Possagno* (photographs by Richard Bryant), Stuttgart and London: Edition Axel Menges, 2002

Los, Sergio, *Carlo Scarpa: 1906–1978: A Poet of Architecture*, New York: Taschen America 2009

Schultz, A., *Carlo Scarpa: Layers*, Stuttgart and London: Edition Axel Menges, 2007

03 悉尼歌剧院

Drew, Philip, *Sydney Opera House: Jørn Utzon*, London: Phaidon, 1995

Fromonot, Françoise, *Jørn Utzon: The Sydney Opera House*, trans. Christopher Thompson, Corte Madera CA: Electa/Gingko, 1998

Moy, Michael, *Sydney Opera House: Idea to Icon*, Ashgrove Qld: Alpha Orion Press, 2008

Norberg-Schulz, Christian and Futagawa, Yukio, *GA: Global Architecture: Jørn Utzon Sydney Opera House, Sydney, Australia, 1957–73*, Tokyo: A.D.A. Edita, 1980

Perez, Adelyn, 'AD Classics: Sydney Opera House / Jørn Utzon', *ArchDaily*, http://www.archdaily.com/65218/ad-classics-sydney-opera-house-j%C3%B8rn-utzon/ (viewed 20 Sep 2013)

04 所罗门·R.古根海姆博物馆

http://www.guggenheim.org/

Hession, J.K. and Pickrel, D., *Frank Lloyd Wright in New York: The Plaza Years 1954–1959*, Gibbs Smith, 2007

Laseau, P., *Frank Lloyd Wright: Between Principle and Form*, New York: Van Nostrand Reinhold, 1992

Levine, N., *The Architecture of Frank Lloyd Wright*, Princeton NJ: Princeton University Press, 1996

Quinan, J., 'Frank Lloyd Wright's Guggenheim Museum: A Historian's Report', *Journal of the Society of Architectural Historians* 52, 1993: 466–82

05 莱斯特大学工程系大楼

Eisenman, Peter, *Ten Canonical Buildings 1950–2000*, New York: Rizzoli, 2008

Hodgetts, C., 'Inside James Stirling', *Design Quarterly* 100, no. 1, 1976: 6–19

Jacabus, John, 'Engineering Building, Leicester University', *Architectural Review*, April 1964

McKean, J., *Leicester University Engineering Building*, Architectural Detail Series, London: Phaidon, 1994. Republished in James Russell et al, *Pioneering British High-Tech*, London: Phaidon, 1999

Walmsley, Dominique, 'Leicester Engineering Building: Its Post-Modern Role', *Journal of Architectural Education* 42, no. 1, 1984: 10–17

06 索尔克生物研究所

Brownlee, David and De Long, David, *Louis I. Kahn: In the Realm of Architecture*, New York: Rizzoli, 1991

Crosbie, Michael J., 'Dissecting the Salk', *Progressive Architecture* 74, no. 10, Oct 1993: 40+

Goldhagen, Sarah Williams, *Louis Kahn's Situated Modernism*, New Haven CT and London: Yale University Press, 2001

Leslie, Thomas, *Louis I. Kahn: Building Art, Building Science*, New York: George Braziller, 2005

McCarter, Robert, *Louis I. Kahn*, London and New York: Phaidon, 2005

Steele, James, *Salk Institute Louis I Kahn*, London: Phaidon, 2002

Wiseman, C., *Louis I. Kahn: Beyond Time and Style, A Life in Architecture*, London: W.W. Norton, 2007

07 路易斯安娜现代艺术博物馆

Brawne, Michael, and Frederiksen, Jens, *Jorgen Bo, Vilhelm Wohlert: Louisiana Museum*, Humlebaek, Berlin: Wasmuth, 1993

Faber, Tobias, *A History of Danish Architecture*, Copenhagen: Danske Selskab, 1963

Pardey, John, *Louisiana and Beyond – The Work of Wilhelm Wohlert*, Hellerup: Bløndel, 2007

08 代代木国立体育馆

Altherr, Alfred, *Three Japanese Architects; Mayekawa ,Tange and Sakakura*, New York: Architectural Books, 1968

Boyd, R. *Kenzo Tange*, New York: Braziller, 1962

Kroll, Andrew, 'AD Classics: Yoyogi National Gymnasium / Kenzo Tange', *ArchDaily*, 15 Feb 2011, http://www.archdaily.com/109138 (viewed 25 Aug 2013)

Kultermann, U., *Kenzo Tange*, Barcelona: Gustavo Gili, 1989

Riani, P., *Kenzo Tange*, London: Hamlyn, 1970

Tagsold, Christian, 'Modernity, Space and National Representation at the Tokyo Olympics 1964', *Urban History* 37, 2010: 289–300

Tange, K. and Kultermann, U. (eds), *Kenzo Tange, 1946–1969: Architecture and Urban Design*, London: Pall Mall, 1970

09 塞伊奈约基市政厅

Baird, George, *Library of Contemporary Architects: Alvar Aalto*, New York: Simon and Schuster, 1971

Fleig, Karl, *Alvar Aalto: Volume II 1963–70*, London: Pall Mall, 1971

Radford, Antony, and Oksala, Tarkko, 'Alvar
    Aalto and the Expression of Discontinuity',
The
    Journal of Architecture 12, no. 3, 2007: 257–80
Reed, Peter, *Alvar Aalto: Between Humanism
and Materialism*, New York: MoMA, 1998
Schildt, Goran, *Alvar Aalto: The Complete
    Catalogue of Architecture, Design and Art*,
    London: Academy Editions, 1994
Weston, Richard, *Alvar Aalto*, London: Phaidon
1995

10 圣玛丽大教堂

Boyd, Robin, *Kenzo Tange*, New York: Braziller,
    1962
Giannotti, Andrea, 'AD Classics: St. Mary
    Cathedral / Kenzo Tange', *ArchDaily*, 23 Feb
    2011 http://www.archdaily.com/114435
    (viewed 25 Aug 2013)
Riani, Paolo, *Kenzo Tange [translated from the
    Italian]*, London and New York: Hamlyn, 1970
Tange, Kenzo, *Kenzo Tange, 1946–1969:
    Architecture and Urban Design*, London: Pall
    Mall, 1970

11 海德马克博物馆

Fjeld, Per Olaf, *Sverre Fehn: The Art of
    Construction*, New York: Rizzoli 1983
Fjeld, Per Olaf, *Sverre Fehn: The Pattern of
    Thoughts*, New York: Random House 2009
Mings, Josh, *The Story of Building: Sverre
    Fehn's Museums*, San Fransciso: Blurb 2011,
    preview available at http://www.blurb.com/
    books/2537931-the-story-of-building-sverre-
    fehn-s-museums (viewed 12 May 2013)
Pérez-Gómez, Alberto, 'Luminous and Visceral.
    A comment on the work of Sverre Fehn', *An

Online Review of Architecture*, 2009, http://
    www.architecturenorway.no/questions/
    identity/perez-gomez-on-fehn/ (viewed 27
    Apr 2013)

12 印度管理学院

Ashraf, Kazi Khaleed, 'Taking Place: Landscape
    in the Architecture of Louis Kahn', *Journal of
    Architectural Education* 61, no. 2, 2007: 48–58
Bhatia, Gautam, 'Silence in Light: Indian
    Institute of Management (Ahmedabad)'
    in *Eternal Stone: Great Buildings of India*, ed.
    Gautam Bhatia, New Delhi: Penguin Books,
    2000: 29–39
Brownlee, David and De Long, David, *Louis
    I. Kahn: In the Realm of Architecture*, New
    York: Rizzoli, 1991
Buttiker, Urs, *Louis I. Kahn Light and Space*,
    New York: Watson-Guptill, 1994
Doshi, Balkrishna, Chauhan, Muktirajsinhji,
    and Pandya, Yatin, Le *Corbusier and Louis I.
    Kahn: The Acrobat and the Yogi of
Architecture*,
    Ahmedabad: Vastu-Shilpa Foundation for
    Studies and Research in Environmental
    Design, 2007
Fleming, S., 'Louis Kahn and Platonic Mimesis:
    Kahn as Artist or Craftsman?' *Architectural
    Theory Review* 3, no. 1, 1998: 88–103
Ksiazek, S., 'Architectural Culture in the
    Fifties: Louis Kahn and the National Assembly
    Complex in Dhaka', *The Journal of the Society
    of Architectural Historians* 52, no. 4, 1993:
    416–35
Srivastava, A., 'Encountering materials in
    architectural production: The case of Kahn
    and brick at IIM' (doctoral thesis, University

of Adelaide, Adelaide), 2009

13 巴格斯瓦德教堂

Balters, Sofia, 'AD Classics: Bagsvaerd
    Community Church', *ArchDaily*, http://www.
    archdaily.com/160390/ad-classics-bagsvaerd-
    church-jorn-utzon/ (viewed 20 Sep 2013)
Norberg-Schulz, Christian, *Jørn Utzon: Church
at Bagsvaerd*, Tokyo: Hennessey & Ingalls, 1982
Utzon, Jørn and Bløndal, Torsten, *Bagsvæd
    Church / Jørn Utzon*, Hellerup, Denmark:
    Edition Bløndal, 2005
Weston, Richard, *Jørn Utzon Logbook V II*,
    Copenhagen: Edition Blondel, 2005

14 米兰别墅

Bradbury, Dominic, 'La Maison Jardin', *AD –
    Architectural Digest* 98, France, 2011: 133–39
Marcos Acayaba Arquitetos, 'Milan House', *GA
    Houses* 106, 2008: 128–45
Marcos Acayaba Arquitetos, 'Residência na
    cidade jardim', http://www.marcosacayaba.
    arq.br/lista.projeto.chain?id=2 (viewed 22
    Aug 2013)

15 汇丰银行总部大厦

Jenkins, D. (ed), *Hongkong and Shanghai Bank
    Headquarters, Norman Foster Works 2*,
    Munich: Prestel, 2005: 32–149
Lambot, I. (ed), *Norman Foster – Foster
    Associates: Buildings and Projects Volume 3
    1978–1985*, Hong Kong: Watermark, 1989:112–255
Quantrill, M., *Norman Foster Studio:
    Consistency Through Diversity*, New York:
    Routledge, 1999

16 斯图加特新国立美术馆

Arnell, P. and Bickford, T. (eds), *James Stirling:
    Buildings and Projects: James Stirling,
Michael Wilford and Associates*, London:
Architectural Press, 1984
Baker, Geoffrey, *The Architecture of James
    Stirling and His Partners James Gowan and
    Michael Wilford: A Study of Architectural
    Creativity in the Twentieth Century*,
Burlington: Ashgate, 2011
Dogan, Fehmi and Nersessian, Nancy, 'Generic
    Abstraction in Design Creativity: The Case of
    Staatsgaleire by James Stirling', *Design
    Studies* 31, 2010: 207–36
Stirling, James, *Writings on Architecture*, Milan:
    Skira, 1998
Vidler, Anthony, 'Losing Face: Notes on the
    Modern Museum', *Assemblage* No. 9, June
    1989: 40–57
Wilford, Michael, and Muirhead, Thomas, *James
    Stirling, Michael Wilford and Associates:
    Buildings & Projects, 1975–1992*, New York:
    Thames & Hudson, 1994

17 玛莎葡萄园别墅

Holl, Steven, *Idea and Phenomena*, Baden,
    Switzerland: Lars Müller, 2002
Holl, Steven, *House: Black Swan Theory*, New
    York: Princeton Architectural Press, 2007
House at Martha's Vineyard (Berkowitz-Odgis
    House)' *El Croquis 78+93+108: Steven Holl
    1986–2003*, 2003: 94–101

18 水之教堂

Drew, Philip, *Church on the Water, Church
    of the Light*, Singapore: Phaidon, 1996
Frampton, Kenneth, *Tadao Ando/Kenneth

Frampton, New York: Museum of Modern Art, 1991

Futagawa, Yukio (ed.), *Tadao Ando. V: IV, 2001–2007*, Tokyo: A.D.A. Edita, 2012

19 劳埃德保险公司伦敦办公大厦

Burdett, Richard, *Richard Rogers Partnership*, New York: Monacelli Press, 1996

Charlie Rose: interview with Richard Rogers, PBS, 1999

Powell, Kenneth, *Lloyd's Building*, Singapore: Phaidon, 1994

Sudjic, Deyan, *Norman Foster, Richard Rogers, James Stirling: New Directions in British Architecture*, London: Thames & Hudson, 1986

Sudjic, Deyan, *The Architecture of Richard Rogers*, New York: Abrams, 1995

20 阿拉伯世界文化中心

Baudrillard, Jean and Nouvel, Jean, *The Singular*
Objects of Architecture, Minneapolis: Minnesota Press, 2002

Casamonti, Marco, *Jean Nouvel*, Milan: Motta, 2009

Jodidio, Philip, *Jean Nouvel: Complete Works, 1970–2008*, Cologne and London: Taschen, 2008

Morgan, C.L., *Jean Nouvel: The Elements of Architecture*, London: Thames & Hudson, 1998

21 巴塞罗那现代艺术博物馆

Frampton, Kenneth, *Richard Meier*, London: Phaidon Press, 2003

Frampton, Kenneth and Rykwert, Joseph, *Richard Meier, Architect: 1985–1991*, New York:

Rizzoli, 1991

Meier, Richard, *Richard Meier: Barcelona Museum of Contemporary Art*, New York: Monacelli Press, 1997

Werner, Blaser, *Richard Meier: Details*, Basel: Birkhäuser, 1996

22 维特拉消防站

Ackerman, Matthias, 'Vitra; Ando, Gehry, Hadid, Siza: Figures of Artists at the Gates of the Factory', *Lotus International 85*, 1995: 74–99

Kroll, Andrew. 'AD Classics: Vitra Fire Station / Zaha Hadid', 19 Feb 2011, *ArchDaily*, http://www.archdaily.com/112681 (viewed 20 Sep 2013)

Monninger, Michael, 'Zaha Hadid: Fire Station, Weil am Rhein', *Domus 752*, 1993: 54–61

Woods, Lebbeus, 'Drawn into Space: Zaha Hadid', *Architectural Design 78/4*, 2008: 28–35

23 劳德媒体中心

Buro Happold, 'NatWest Media Centre, Lord's Cricket Ground', *Architect's Journal*, 17 September 1998, http://www.architectsjournal.co.uk/home/natwest-media-centre-lords-cricket-ground/780405.article (viewed 15 Sep 2013)

Field, Marcus, *Future Systems*, London: Phaidon, 1999

Future Systems, *Unique Building (Lord's Media Centre)*, Chichester: Wiley-Academy, 2001

Future Systems, *Future Systems Architecture*, http://www.future-systems.com/architecture/architecture_list.html (viewed 28 May 2010)

Kaplicky, Jan, *Confessions*, Chichester: Wiley-

Academy 2002

24 梅纳拉UMNO大厦

Gauzin-Muller, D., *Sustainable Architecture & Urbanism: Design, Construction, Examples*, Basel: Birkhäuser, 2002

Richards, I., *Groundscrapers + Subscrapers of Hamzah & Yeang*, Weinheim: Wiley-Academy, 2001

Yeang, K., *Tropical Urban Regionalism: Building in*
a South-east Asian City, Singapore: Concept Media, 1987

Yeang, K., *Designing with Nature: The Ecological Basis for Architectural Design*, New York: McGraw-Hill, 1995

Yeang, K., *The Green Skyscraper*, London: Prestel, 2000

Yeang, K., *Ecodesign: A Manual for Ecological Design*, Chichester: Wiley-Academy, 2008

25 跳舞的房子

Cohen, Jean-Louis and Ragheb, Fiona, *Frank Gehry, Architect*, New York: Guggenheim Museum and London: Thames & Hudson, 2001

Dal Co, Francesco, *Frank O. Gehry: The Complete*
Works, New York: Monacelli Press, 1998

Gehry, Frank, 'Frank Gehry: Nationale Nederlanden Office Building, Prague', *Architectural Design 66/1–2*, 1996: 42–45

26 东门中心

Baird, George, 'Eastgate Centre, Harare, Zimbabwe', in George Baird, *The Architectural Expression of Environmental Control Systems*, London and New York: Taylor and Francis,

2001: 164–80

Jones, D.L., *Architecture and the Environment: Bioclimatic Building Design*, Woodstock and New York: Overlook Press, 1998: 200–1

27 瓦尔斯温泉浴场

Binet, Hélène and Zumthor, Peter, *Peter Zumthor, Works: Buildings and Projects, 1979–1997*, Basel and Boston: Birkhäuser, 1999

Buxton, Pamela, 'Spas in their eyes', *RIBAJ (Magazine of the Royal Institute of British Architects)*, http://www.ribajournal.com/pages/pamela_buxton__zumthors_thermal_baths_204250.cfm (viewed 20 Sept 2013)

Hauser, Sigrid, *Peter Zumthor-Therme Vals / Essays*, Zürich: Scheidegger & Spiess, 2007

Zumthor, Peter, *Atmospheres: Architectural Environments; Surrounding Objects*, Basel and
Boston: Birkhäuser, 2006

28 毕尔巴鄂古根海姆博物馆

Buzas, Stefan, *Four Museums: Carlo Scarpa, Museo Canoviano, Possagno; Frank O. Gehry, Guggenheim Bilbao Museum; Rafael Moneo, the Audrey Jones Beck Building, MFAH; Heinz Tesar, Sammlung Essl, Klosterneuburg, Stuttgart*
and London: Edition Axel Menges, 2004

Eisenman, Peter, *Ten Canonical Buildings 1950–2000*, New York: Rizzoli, 2008

Hartoonian, Gevork, 'Frank Gehry: Roofing, Wrapping, and Wrapping the roof', *The Journal of Architecture 7*, no. 1, 2002: 1–31

Hourston, Laura, *Museum Builders II*, Chichester: Wiley-Academy, 2004

Mack, Gerhard, *Art Museums into the 21st*

Century, Boston: Birkhäuser, 1999

Van Bruggen, Coosje, *Frank O. Gehry: Guggenheim Museum Bilbao*, New York: Guggenheim Museum Publications, 2003

29 ESO 酒店

Auer+Weber+Assoziierte, 'Eso Hotel -Auer und Weber', available online, http://www.auer-weber.de/eng/projekte/index.htm

LANXESS, *Colored Concrete Works: Case Study Project: ESO Hotel*, available online, http://www.colored-concrete-works.com/upload/Downloads/Downloads/Downloads_Case_Study_ESO_Hotel.pdf

Vickers, Graham, *21st Century Hotel*, London: Laurence King 2005

30 亚瑟和伊冯·博伊德教育中心

'Arthur and Yvonne Boyd Education Centre', *El Croquis 163/164: Glenn Murcutt 1980–2012: Feathers of Metal*, 2012: 282–313

Beck, Haigh and Cooper, Jackie, *Glenn Murcutt – A Singular Architectural Practice*, Melbourne:
Images, 2002

Bundanon Trust, Riversdale Property, http://www.bundanon.com.au/content/riversdale-property (viewed 6 Oct 2013)

Drew, Philip, *Leaves of Iron: Glen Murcutt: Pioneer of an Australian Architectural Form*, Sydney: Law Book Company, 2005

Fromonot, F., *Glenn Murcutt – Buildings and Projects 1962–2003*, London: Thames & Hudson, 2003

Heneghan, Tom and Gusheh, Maryam, *The Architecture of Glenn Murcutt*, Tokyo: TOTO, 2008

Murcutt, Glenn, *Thinking Drawing, Working Drawing*, Tokyo: TOTO, 2008

31 柏林犹太人博物馆

Binet, Hélène, *A Passage Through Silence and Light*, London: Black Dog, 1997

Dogan, Fehmi and Nersessian, Nancy, 'Conceptual Diagrams in Creative Architectural Practice: The case of Daniel Libeskind's Jewish Museum', *Architectural Research Quarterly* 16, no. 1, 2012: 15–27

Kipnis, Jeffrey, *Daniel Libeskind: The Space of Encounter*, London: Thames & Hudson, 2001

Kroll, Andrew, 'AD Classics: Jewish Museum, Berlin / Daniel Libeskind', *ArchDaily*, 25 Nov 2010, http://www.archdaily.com/91273 (viewed 25 Aug 2013)

Libeskind, Daniel, *Between the Lines: The Jewish
Museum. Jewish Museum Berlin: Concept and
Vision*, Berlin: Judisches Museum, 1998

Schneider, Bernhard, *Daniel Libeskind: Jewish Museum Berlin*, New York: Prestel, 1999

32 夸特希展厅

Jodidio, Philip, *Calatrava: Santiago Calatrava, Complete Works 1979–2007*, Hong Kong and London: Taschen, 2007

Kent, Cheryl, *Santiago Calatrava Milwaukee Art Museum Quadracci Pavilion*, New York: Rizzoli, 2006

Tzonis, Alexander, *Santiago Calatrava: The Complete Works – Expanded Edition*, New York:
Rizzoli, 2007

Tzonis, Alexander and Lefaivre, Liane, *Santiago

Calatrava's Creative Process: Sketchbooks*, Basel: Birkhäuser, 2001

33 B2 住宅

Aga Khan Award for Architecture, B2 House, 2004, http://www.akdn.org/architecture/project.asp?id=2763 (viewed 20 Sep 2013)

Bradbury, Dominic, *Mediterranean Modern*, London: Thames & Hudson, 2011

Lubell, Sam and Murdoch, James, '2004 Aga Khan Award for Architecture: Promoting Excellence in the Islamic World', *Architectural Record 192/12*, 2004: 94–100

Sarkis, Hashim, *Han Tümertekin – Recent Work*, Cambridge MA: Aga Khan Program, Harvard University Graduate School of Design, 2007

34 卡伊莎文化中心

Arroya, J.N., Ribas, I.M. and Fermosei, J.A.G., *Caixaforum Madrid*, Madrid: Foundacion La Caxia, 2004

'Caixaforum-Madrid', *El Croquis 129/130: Herzog & de Meuron 2002–2006*, 2011: 336–47

Cohn, D., 'Herzog & de Meuron Manipulates Materials, Space and Structure to Transform an Abandoned Power Station into Madrid's Caixaforum', *Architectural Record* 196, no. 6, 2008: 108

Mack, Gerhard (ed.) *Herzog & de Meuron 1997–2001. The Complete Works. Volume 4*, Basel, Boston and Berlin: Birkhäuser, 2008

Pagliari, F., 'Caixaforum', *The Plan: Architecture and Technologies in Detail* 26, 2008: 72–88

Richters, C., *Herzog & de Meuron: Caixaforum*, http://www.arcspace.com/features/herzog--de-

meuron/caixa-forum/ (viewed 22 Apr 2013)

35 新当代艺术博物馆

'New Museum of Contemporary Art, New York', *El Croquis 139: SANAA 2004–2008, 2008*: 156–71

36 苏格兰议会大厦

Scottish Parliament, *Scottish Parliament Building*, http://www.scottish.parliament.uk/visitandlearn/12484.aspx (viewed 21 Apr 2013)

Jencks, Charles, *The Iconic Building*, London: Frances Lincoln, 2005

LeCuyer, Annette, *Radical Tectonics*, London: Thames & Hudson, 2001

'Scottish Parliament', *El Croquis 144: EMBT 2000–2009*, 2009: 148–95

Spellman, Catherine, 'Projects and Interpretations: Architectural Strategies of Enric Miralles', in Catherine Spellman (ed.), *Re-Envisioning Landscape/Architecture*, Barcelona: Actar, 2003: 150–63

37 横滨国际港口码头

AZ.PA 2011, Yokohama International Port Terminal, London, http://azpa.com/#/projects/465

Foreign Office Architects, Yokohama International Port Terminal http://www.f-o-a.net/#/projects/465

Fernando Marquez, Cecilia and Levene, Richard, *Foreign Office Architects, 1996–2003: Complexity and Consistency*, Madrid: El Croquis Editorial, 2003

Hensel, Michael, Menges, Achim and Weinstock, Michael, *Emergence: Morphogenetic design strategies*, Chichester: Wiley-Academy, 2004

Ito, Toyo, Kipnis, Jeffrey and Najle, Ciro, *2G N.16 Foreign Office Architects*, Barcelona: Gustavo Gili, 2000

Kubo, Michael and Ferre, Albert in collaboration with Foreign Office Architects, *Phylogenesis: FOA's Ark*, Barcelona: Actar, 2003

Machado, Rodolfo and el-Khoury, Rodolphe, *Monolithic Architecture*, Munich and New York:
Prestel-Verlag, 1995

Melvin, Jeremy, *Young British Architects*, Basel and Boston: Birkhäuser, 2000

Scalbert, I., 'Public space – Yokohama International Port Terminal – Ship of State', in Rowan Moore (ed.), *Vertigo: The Strange New World of the Contemporary City*, Corte Madera CA: Gingko Press, 1999

38 沃斯堡现代艺术博物馆

Brettell, Richard R., 'Ando's Modern: Reflections on Architectural Translation' *Cite* 57, Spring 2003: 24–30, http://citemag.org/wp-content/uploads/2010/03/AndosModern_Brettell_Cite57.pdf (viewed 25 Aug 2013)

Dillon, David, 'Modern Art Museum of Fort Worth', *Architectural Record*, March 2003: 98–113

Frampton, Kenneth, *Tadao Ando/Kenneth Frampton*, New York: Museum of Modern Art, 1991

Futagawa, Yukio (ed.), *Tadao Ando. V: IV, 2001-2007*, Tokyo: A.D.A. Edita, 2012

'Modern Art Museum of Fort Worth', *El Croquis 92: Worlds Three: About the world, the Devil and Architecture*, 1998: 42–47

Morant, Roger, 'Boxing with Light', *Domus* 857,
March 2003: 34–51

39 格拉茨现代美术馆

Lubczynski, Sebastian and Karopoulos, Dimitri, *Plastic: Kunsthaus Graz, Analysis of the Use of Plastic as a Construction Material at the Kunsthaus Graz*, 2010, http://www.issuu.com/sebastianlubczynski/docs/kunsthaus_graz (viewed 22 Apr 2013)

Lubczynski, Sebastian, *Advanced Construction Case Study: Kunsthaus Graz, Further Study of the Kunsthaus Graz and its Construction Materials*, undated, http://www.issuu.com/sebastianlubczynski/docs/construction_case_study_project_2/10 (viewed 22 Apr 2013)

Morrill, Matthew, *Precedent Study: Kunsthaus Graz*, 2004, http://www-bcf.usc.edu/~kcoleman/Precedents/ALL%20PDFs/Spacelab_KunsthausGraz.pdf (viewed 22 Apr 2013)

Nagel, Rina, and Hasler, Dominique, Kunsthaus Graz, London: Spacelab, 2006

Richards, B., and Dennis, G., *New Glass Architecture*, London: Laurence King, 2006: 218–21

Slessor, Catherine, 'Mutant Bagpipe invades Graz', *Architectural review*, 213 (1282), Dec 2003: 24

Sommerhoff, Emilie W., 'Kunsthaus Graz, Austria', *Architectural Lighting* 19, no. 3, 2004: 20

LeFaivre, Liane, 'Yikes! Peter Cook's and Colin Fournier's Perkily Animistic Kunsthaus in Graz Recasts the Identity of the Museum and Recalls a Legendary Design Movement', *Architectural Record* 192, no. 1, 2004: 92

Universalmuseum Joanneum, *Kunsthaus Graz*,
http://www.arcspace.com/features/spacelab-cook-fournier/kunsthaus-graz (viewed 22 Apr 2013)

40 当代MOMA

Fernández Per, Aurora, Mozas, Javier and Arpa, Javier, 'This is Hybrid', Vitoria-Gasteiz, Spain: a+t, 2011

Frampton, K., *Steven Holl Architect*, Milan: Electa
Architecture, 2003

Futagawa, Y., *Steven Holl*, Tokyo: A.D.A. Edita, 1995

Holl, Steven, *Steven Holl: Architecture Spoken*, New York: Rizzoli, 2007

Holl, S., Steven Holl, Zürich: Artemis Verlags, 1993

Holl, S., Pallasmaa, J. and Perez, A., *Questions of Perception: Phenomenology of Architecture*,
San Francisco: William Stout Publishers, 2006

Pearson, Clifford A., 'Connected Living', *Architectural Record* 1, 2010: 48–55

41 圣卡特琳娜市场

Cohn, David, 'Rehabilitation of Santa Caterina Market, Spain', *Architectural Record* V 194/2, 2006: 99-105

Miralles, Enric and Tagliabue, Benedetta, *Architecture and Urbanism*, Tokyo: A+U Publishing, V 416, 2005: 88–99

'Renovations to Santa Caterina Market', *El Croquis 144: EMBT 2000–2009*, 2009: 124–47

42 南十字星车站

Dorrel, Ed, 'Grimshaw set to create waves in Melbourne Rail Station Redesign', *Architects' Journal* 219/1–8, 2004: 7–8
Roke, Rebecca, 'Southern Skies', *Architectural Review* 221/1319-24, 2007: 28–36

Southern Cross Station Redevelopment Project, Melbourne, Australia, *Railway-Technology* undated, http://www.railway-technology.com/projects/southern-cross-station-redevelopment-australia/ (viewed 24 Aug 2013)

43 岐阜县市政殡仪馆

C+A, 'Meiso no Mori Crematorium Gifu, Japan', *C+A Online* 12: 12–24 Cement Concrete and Aggregates Australia, http://www.concrete.net.au/CplusA/issue10/Meiso%20no%20Mori%20Issue%2010.pdf (viewed 24 Aug 2013)

'Meiso no Mori Municipal Funeral Hall', *El Croquis 147: Toyo Ito 2005–2009*, http://www.elcroquis.es/Shop/Project/Details/891 (viewed 20 Sep 2013)

Web, Michael, 'Organic Architecture', *Architectural Review 222/1326*, 2007: 74–78

Yoshida, Nobuyuki, *Toyo Ito: Architecture and Place: Feature*, Tokyo: A + U Publishing, 2010

44 民事司法中心

Allied London, *The Manchester Civil Justice Centre*, London: Alma Media International, 2008

Bizley, Graham, 'In Detail: Civil Justice Centre, Manchester', *bdonline*, 14 September 2007, http://www.bdonline.co.uk/buildings/in-detail-civil-justice-centre-manchester/3095199.article (viewed 5 Jun 2013)

Denton Corker Marshall, *Manchester Civil Justice Centre*, London: Denton Corker Marshall, 2011

Tombesi, Paolo, 'Raising the Bar', *Architecture*

Australia, 97:1, Jan 2008, http://
architectureau.com/articles/raising-the-bar/
(viewed 5 Jun 2013)

45 绿色学校
http://www.ecology.com/2012/01/24/balis-
green-school/
Hazard, Marian, Hazzard, Ed and Erickson,
Sheryl, 'The Green School Effect: An
Exploration of the Influence of Place, Space
and Environment on Teaching and Learning
at Green School, Bali, Indonesia', http://www.
powersofplace.com/pdfs/greenschoolreport.pdf
James, Caroline, 'The Green School : Deep
within the jungles of Bali, a School Made
Entirely of Bamboo Seeks to Train the Next
Generations of Leaders in Sustainability',
Domus, 2012, http://www.domusweb.it/en/
architecture/2010/12/12/the-green-school.html
Saieh N, 'Green School PT Bambu', *ArchDaily*,
http://www.archdaily.com/81585/the-green-
school-pt-bambu/

46 拟态博物馆
El Croquis 140: *Álvaro Siza 2001–2008*, 2008
Figueira, Jorge, *Álvaro Siza: Modern Redux*,
Ostfildern: Hatje Cantz, 2008
Gregory, Rob, 'Mimesis Museum by Álvaro
Siza, Carlos Castanheira and Jun Saung
Kim, Paju Book City, South Korea',
Architectural Review, 2010, http://www.
architectural-review.com/mimesis-
museum-by-alvaro-siza-carlos-castanheira-
and-jun-saung-kim-paju-book-city-south-
korea/8607232.article (viewed 20 Sep 2013)
Jodidio, Philip, *Álvaro Siza: Complete Works
1952–2013*, Cologne: Taschen, 2013

Leoni, Giovanni, *Álvaro Siza*, Milan: Motta
Architettura, 2009

47 茱莉亚学院和爱丽丝·塔利音乐厅
Guiney, Anne, 'Alice Tully Hall, Lincoln Center,
New York', *Architect*, April 2009: 101–9
Incerti G., Ricchi D., Simpson D., *Diller +
Scofidio
(+ Renfro): The Cilliary Function*, New York:
Skira, 2007
Kolb, Jaffer, 'Alice Tully Hall by Diller Scofidio
+ Renfro, New York, USA', *Architectural
Review*
225, no. 1346, 2009: 54–59
Merkel, Jayne, 'Alice Tully Hall, New York',
Architectural Design 79, no. 4, 2009:
108–13
Otero-Pailos, Jorge, Diller, Elizabeth and
Scofidio, Ricardo, 'Morphing Lincoln Center',
Future Anterior 6, no. 1, 2009: 84–97

48 库珀广场41号
Goncharm Joann, '41 Cooper Square, New
York City, Morphosis', *Architectural Record*
197, no. 11, 2009: 97
Doscher, Martin, 'New Academic Building
for the *Cooper Union* for the Advancement
of Science and Art – Morphosis', *Architectural
Design* 79, no. 2, 2009: 28–31
Morphosis Architects, Cooper Union, http://
morphopedia.com/projects/cooper-union
Mayne, Thom, *Fresh Morphosis: 1998–2004*,
New
York: Rizzoli, 2006
Mayne, Thom, *Morphosis; Buildings and
Projects,
1993–1997*, New York: Rizzoli, 1999

Merkel, Jayne, 'Morphosis Architects'
Cooper Union Academic Building, New York',
Architectural Design 80, no. 2, 2010: 110–13
Millard, Bill, *Meta Morphosis: Thom Mayne's
Cooper Union*, http://www.designbuild-
network.com/features/feature75153
'41 Cooper Square', arcspace, 2009, http://www.
arcspace.com/features/morphosis/41-
cooper-square/

49 奥斯陆歌剧院
Craven, Jackie, 'Oslo Opera House in Oslo,
Norway', undated, http://architecture.about.
com/od/greatbuildings/ss/osloopera.htm
(viewed 8 Jun 2013)
GA Document, 'Snøhetta: New Opera House
Oslo', *GA document* (102), 2008: 8
Gronvold, Ulf, 'Oslo's New Opera House –
Roofscape and an Element of Urban
Renewal', *Detail* (English edn), 3 274, May/
June 2009
'Oslo Opera House / Snøhetta', *ArchDaily*, 07
May 2008, http://www.archdaily.com/440
(viewed 8 Jun 2013)

50 MAXXI 博物馆
MAXXI, http://www.fondazionemaxxi.it/?lang=en
(viewed 22 Apr 2013)
Zaha Hadid Architects, http://www.zaha-
hadid.com/architecture/maxxi/ (viewed 22
Apr 2013)
Anon, 'Zaha Hadid MAXXI Museum',
Architectuul,
http://architectuul.com/architecture/maxxi-
museum (viewed 22 Apr 2013)
C+A, '*MAXXI Roma*', C+A 13: 12-28 Cement
Concrete and Aggregates Australia, http://

www.concrete.net.au/CplusA/issue13/ (viewed
24 Aug 2013)
Janssens, M., and Racana G. (eds), *MAXXI: Zaha
Hadid Architects*, New York: Rizzoli, 2010
Mara, F. 'Zaha Hadid Architects', *Architect's
Journal* 232, no. 12, 2010: 62–68
Schumacher, Patrik, 'The Meaning of MAXXI
– Concepts, Ambitions, Achievements'
in Janssens and Racana, 2010: 18–39.
Also available online at http://www.
patrikschumacher.com/Texts/The%20
Meaning%20of%20MAXXI.html (viewed
22 Apr 2013)

索引